반려동물관리사를 위한 기본 지침서

반려동물관리학

Companion animal management

김옥진 · 김현주 · 이시종 · 유지현 · 홍선화 지음

동일출판사

머리말
preface

반려동물관리학은 사람과 더불어 사는 동물인 반려동물에 대한 이해와 반려동물의 건강한 관리에 대한 연구를 수행하는 학문이다. 본 강좌는 반려동물의 종류와 특성, 사육방법, 건강관리 및 위생 관리에 대한 기본 지식을 함양하는데 강의의 주목적이 있다. 본 교과목을 통하여 반려동물의 역사, 반려동물의 종류 및 특성, 사양관리, 질병 발생의 예방 및 위생관리 등을 체계적으로 학습한다.

현대사회에서 동물은 과거 축산 위주의 산업동물 이외에 사람과 함께 유대감을 나눌 수 있는 애완동물과 반려동물의 영역이 더욱 넓어지고 있는 실정이다. 과거 동물자원은 산업동물 중심이었으나 현재 애완동물의 증가와 사회적 중요성 때문에 애완동물 나아가 반려동물을 효과적으로 사육하고 관리하기 위한 연구들이 수행되어 많은 자료들이 축적되고 있는 현실이다. 현재, 반려동물 및 애완동물 자원을 체계적으로 학습하기 위한 교과목의 개설이 늘고 있으나 학생들이 학습 재료로 사용할 수 있는 교재가 극히 제한되어있는 것이 사실이다. 더욱이 기존 학습교재가 산업동물에 치우치는 경향이 많아 현대 사회에서 요구되는 반려동물과 애완동물 관련 내용이 부재하여 이의 내용 전달이 어려운 상황이다. 저자들은 이러한 문제점을 개선하고자 부족한 자료이지만 개, 고양이, 토끼, 햄스터, 관상조류, 관상어류, 관상파충류 등의 반려동물과 애완동물들을 포함하는 애완동물 자원에 대한 소개와 관리학에 대한 내용을 담아 학습 교재를 만들고자 하였다.

동물자원학개론, 반려동물학, 애완동물학, 동물관리학, 애완동물관리학 등으로 세분하여 교과목이 개설되고 각각에 맞는 내용이 알차게 채워진다면 가장 바람직한 교과목이 될 것으로 생각되지만, 현실적으로 대학의 교과목 개설에 제한점이 있고 방대한 내용을 담기에는 개설되어야 할 교과들의 수가 너무도 많아 안타깝게도 이들 교과목을 각각 세분하여 강의하지 못하는 현실이라 이들을 통합하여 강의할 수 있는 반려동물관리학 강좌를 개설하여 교습하는 상황에서 이에 맞는 학습교재의 개발이 절실한 상황이었다. 이에 저자들은 부족한 자료들을 모아 교재를 집필하고자 계획을 세웠으나 내용이 방대하고 시간에 쫓기어 만족할 만한 내용을 담지 못하였음을 아쉽게 생각한다. 그러나 첫 걸음을 떼는 것이 중요하다는 생각으로 엄두가 나지 않는 방대한 분량을 정리하여 어느 정도 틀을 갖춘 교재로 완성하여 효율적인 학습교재로 사용하고자 부족한 내용이지만 본 교재를 세상에 내어 놓기로 하였다. 시간이 지나서 보다 많은 자료들을 수집하고 내용의 오류를 수정하여 보다 완성된 교재를 다시 내리라 다짐하며 현재 부족한 교재에 대한 아쉬움을 뒤로 미루어 본다.

본 교재의 완성을 위하여 인용 및 발췌를 허락하여 주신 여러 선배님들에게 또한 감사드린다.

본 교재가 반려동물관리사를 꿈꾸는 수험생들에게 올바른 방향을 제시하여 줄 수 있으면 하는 바람으로 이 글을 맺을까 한다.

저자 일동

목 차
Contents

Chapter 01. 반려견의 품종과 특징 / 1

I. 반려견의 품종과 특징 ········· 2
1. 반려견의 크기에 따른 분류 ········· 2
2. 반려견의 품종 종류와 특징 ········· 2

Chapter 02. 반려견 생리 및 특성 / 33

I. 반려견 생리 및 특성 ········· 34
1. 신생자견 ········· 34
2. 강아지 선택 ········· 38
3. 강아지 성장에 영향을 미치는 요인 ········· 39
4. 왜 강아지는 특별한 영양을 필요로 하나? ········· 39
5. 강아지 먹이 급여요령 ········· 40
6. 먹는 습관 길들이기 ········· 40

Chapter 03. 반려견 행동학 / 41

I. 반려견 행동학 ········· 42
1. 행동의 발달 ········· 42
2. 반려동물행동학의 기초적 개념 ········· 43
3. 행동의 구조 ········· 47

Chapter 04. 반려견 영양과 먹이 관리 / 57

I. 반려견 영양과 먹이 관리 ········· 58
1. 반려견 에너지 요구량 ········· 58
2. 강아지 영양 ········· 59
3. 식성 ········· 61
4. Pet Food 급여 방법 ········· 61
5. 필요 영양소 ········· 62
6. 사료급여 ········· 63
7. 사료분석 ········· 64
8. 사료급여량/횟수 ········· 66

9. 직접 만드는 먹이 ………… 68
10. 주의해야 할 먹이 ………… 68

Chapter 05. 반려견 위생 관리 / 71

I. 반려견 위생 관리 ………… 72
1. 반려견의 일반 관리 ………… 72

Chapter 06. 반려견 질병 관리/ 79

I. 반려견 질병 관리 ………… 80
1. 반려견의 질병과 예방 ………… 80

Chapter 07. 반려견 연령별 사양 관리 / 119

I. 반려견 연령별 사양 관리 ………… 120
1. 반려견 연령별 사양 관리 ………… 120
2. 연령에 따른 먹이 ………… 120
3. 강아지의 성장에 따른 음식 ………… 121
4. 자견의 사육 기초 ………… 122

Chapter 08. 반려견 출산 및 신생 자견 관리 / 127

I. 반려견 출산 및 신생 자견 관리 ………… 128
1. 반려견의 번식생리 ………… 128
2. 신생 자견 관리 ………… 139

Chapter 09. 반려견 기초 미용 관리 / 143

I. 반려견 기초 미용 관리 ………… 144
1. 브러싱 ………… 144
2. 피부와 털 ………… 145
3. 샴푸하기 ………… 145
4. 린스하기 ………… 146
5. 드라이 하기 ………… 146
6. 귀 청소 ………… 148
7. 발톱깎기 ………… 148

Chapter 10. 반려 고양이 품종 및 특성 / 149

I. 반려 고양이 품종 및 특성 150
1. 고양이 기원 150
2. 고양이 종류 152

Chapter 11. 반려 고양이 생리 및 특성 / 167

I. 반려 고양이 생리 및 특성 168
1. 새끼 고양이의 암수 구별법 168
2. 고양이의 신체적 특징 168
3. 고양이 타입 170
4. 고양이의 연령과 사람의 연령 비교 171
5. 고양이의 습성 171

Chapter 12. 반려 고양이 행동학 / 175

I. 반려 고양이 행동학 176
1. 어린 고양이의 행동발달 176
2. 스킨십 178
3. 일광욕하기 178
4. 애정을 가지고 끈기 있게 교육하기 179
5. 혼자 있는 법에 익숙해지기 179
6. 불규칙 속의 규칙 찾기 179
7. 발달행동학적으로 본 고양이의 문제행동 180
8. 고양이의 행동학적 특징 181

Chapter 13. 반려 고양이 영양과 먹이 관리 / 183

I. 반려 고양이 영양과 먹이 관리 184
1. 고양이의 먹이 184
2. 건강한 고양이 187
3. 먹이와 돌보기 187

Chapter 14. 반려 고양이 위생 관리 / 189

I. 반려 고양이 위생 관리 190
1. 청결한 화장실 190

2. 목욕 192
3. 발톱깍기 192

Chapter 15. 반려 고양이 질병과 예방 / 193

I. 반려 고양이 질병과 예방 194
1. 고양이의 비전염성 질병 194
2. 고양이의 전염병 198
3. 전염병의 예방접종 202

Chapter 16. 반려 고양이 기초 미용 관리 / 205

I. 반려 고양이 기초 미용 관리 206
1. 미용 206

Chapter 17. 반려견 용품 및 특성 / 209

I. 반려견 용품 및 특성 210
1. 반려견 용품의 종류 210

Chapter 18. 반려 고양이 용품 및 특성 / 213

I. 반려 고양이 용품의 종류 214
1. 반려 고양이의 특성 214
2. 반려 고양이의 용품 215
II. 반려 고양이 용품의 선택 218
1. 반려 고양이 용품의 선택 218

Chapter 19. 반려동물 입양 개론 / 225

I. 반려동물 입양 226
1. 입양 환경 확인 226
2. 건강한 반려동물 선택 요령 227
3. 새로운 환경 적응하기 229
II. 유기동물 입양 231
1. 유기동물 개요 231
2. 유기동물 입양 232

3. 유기동물 입양자 준수사항 ······ 234

Chapter 20. 반려동물 장례 개론 / 235

I. 반려동물 장례문화 ······ 236
1. 반려동물 장례문화 ······ 236
2. 장례서비스 ······ 237
3. 반려동물 장례절차 ······ 238

II. 장례관련법 및 외국현황 ······ 239
1. 우리나라 반려동물 장례관련법 ······ 239
2. 외국의 장례문화 ······ 240

Chapter 21. 반려동물 법규 / 243

I. 동물보호법 ······ 244
1. 동물 유기·학대행위 방지법 ······ 244
2. 동물의 사육 관리방법 ······ 245
3. 동물판매 및 판매업 ······ 246
4. 이동수단 이용 ······ 248
5. 주거 관련 ······ 249
6. 농림축산식품부 '반려견 안전관리 대책' ······ 249

II. 그 외 동물관련법 ······ 252
1. 사료관리법 ······ 252
2. 가축전염병예방법 ······ 253
3. 수의사법 ······ 253
4. 그 외 관련법 ······ 253

Chapter 22. 반려동물 복지학 / 255

I. 반려동물 복지학 ······ 256
1. 반려동물의 의미 ······ 256
2. 반려동물의 보호 및 관리의 필요성 ······ 256

II. 반려동물 관련 법령 ······ 258
1. 개별법상 반려동물의 범위 ······ 258
2. 반려동물복지 관련 동물보호법 ······ 259
3. 동물의 사육 및 관리방법에 관한 기준 ······ 262

4. 동물판매업자의 준수사항 263
III. 동물복지 관련 사회문제 265
1. 애니멀 호더 265
2. 학대받는 종견 266

Chapter 23. 고객 상담론 / 267

I. 상담의 이론과 실제 268
1. 상담의 기본 개념 268
2. 기본적인 상담기법 271
3. 상담의 과정 273
4. 상담 윤리 277
5. 상담에 영향을 미치는 요인들 279
II. 고객 상담 실무 281
1. 고객 상담의 필요성 281
2. 고객 상담의 과정 282
3. 고객 상담에서 지켜야 할 에티켓 285

Chapter 24. 관련 직업 및 전망 / 291

I. 반려동물관리사 292
1. 반려동물관리사란? 292
2. 반려동물관리사의 비전과 전망 292
II. 펫헬스테라피의 이해 294
1. 펫헬스테라피 정의 294
2. 용어의 정의 294
III. 펫헬스테라피 종류 298
1. 펫아로마테라피 298
2. 펫푸드테라피 300
3. 펫요가 301
4. 펫마사지 303
5. 펫뮤직테라피 305
6. 펫하이드로테라피 307

참고 문헌 309
저자 약력 310

Chapter 01

반려견의 품종과 특징

Companion dog breeds and characteristics

I. 반려견의 품종과 특징

I 반려견의 품종과 특징

학습목표
1. 반려견의 용도에 따른 분류에 대해서 알 수 있다.
2. 반려견의 품종에 대하여 알 수 있다.

1. 반려견의 크기에 따른 분류

(1) 초소형견 품종 (25 cm 미만, 5 kg 미만)
(2) 소형견 품종 (25~40 cm, 6~10 kg)
(3) 중형견 품종 (40~55 cm, 10~22 kg)
(4) 대형견 품종 (55~70 cm, 23~45 kg)
(5) 초대형견 품종 (70 cm 이상, 45 kg 이상)

2. 반려견의 품종 종류와 특징

1) 초소형견

(1) 포메라니언(Pomeranian)

- FCI 스탠다드 No. 97
  (그룹5) 스피츠 및 프리미티브
  (섹션4) 유러피언 스피츠(애견연맹)
- 독일령이었던 발트해 연안의 포메라니아지방에서 기원

• 털 관리 주의, 더위 주의
• 체고 : 20~28 cm
• 체중 : 1.3~3.2.3 kg
• 연혁 : 사모예드 소형화
• 8세기 애호, 19세기 견종 고정
• 특징 : 털이 풍성하고 우아함

(2) 말티즈 (Maltese)

• FCI 스탠다드 No. 65
(그룹 9) 반려견 및 애완견 '토이독'
(섹션 1) 비숑계통 & 관련 견종(애견연맹)
• 역사가 오래된 견종
• 원산지 : 지중해 몰타섬
• 용도 : 반려견
• 잦은 손질 필요, 추위, 더위주의
• 흰털의 강아지는 눈물이 착색, 관리주의
• 대형견에 비해 소형견은 약하므로 관심을 필요로 한다.
• 연혁 : 배의 생쥐 등 사냥하는 개(조상)
• 고대 로마에서 부녀자들로부터 가장 사랑 받음
• 체고 : 21~25 cm
• 체중 : 2~3 kg
• 눈 : 크고 생기 있음
• 귀 : 삼각형으로 늘어졌음
• 꼬리 : 방모가 있고 등에 굽어 있음
• 털 : 모량이 많고, 장모, 광택이 있으며 견사와 같은 촉감

(3) 치와와 (Chihuahua)

• FCI 스탠다드 No. 218
(그룹 9) 반려견 및 애완견 '토이독'
(섹션 6) 치와와 (애견연맹)
• 원산지 : 멕시코 치와와 지방
• 최소형견

- 용도 : 반려견
- 체력 약함, 추위 주의, 난산 위험
- 급식 어려움
- 단모종이 털이 더 잘 빠짐
- 체격이 작은 편이라 눈이 커 보임
- 체고 : 13 cm 내외
- 체중 : 0.9~2 kg 정도
- 눈 : 흑, 청, 밤색으로 또렷
- 귀 : 폭이 넓고 45도로 부착
- 꼬리 : 길고 굽어 있다.
- 털 : 장단이 있고 모색의 지정은 없다.
- 특징 : 애플헤드, 작을수록 이상적

(4) 요크셔 테리어(Yorkshire terrier)

- FCI 스탠다드 No. 86
  (그룹 3) 테리어
  (섹션 4) 토이 테리어(애견연맹)
- 19세기 중엽 스코틀랜드로부터 요크셔지방
- 혼합 교잡종
- 용도 : 반려견, 쥐 사냥용
- 연혁 : 공업지대에서 쥐를 잡던 견종
  (커다란 체구)
- 상류사회 애완용
- 체고 : 15~18 cm
- 체중 : 1.5~3.0 kg
- 눈 : 암색으로 빛난다.
- 귀 : V자 형으로 서 있다.
- 꼬리 : 꼬리를 단미 수술을 한다.
- 털 : 견사처럼 촉감이 좋다.
- 색은 어두운 청색으로 가슴, 머리,
- 다리에는 황갈색의 무늬를 가지고 있다.

(5) 비숑 프리제(Bichon Frise)

- FCI 스탠다드 No. 215
  (그룹 9) 반려견 및 애완견 '토이독'
  (섹션 1) 비숑 & 관련 견종(애견연맹)
- 원산지 : 프랑스 / 벨기에
- 용도 : 반려견
- 체고 : 22~30 cm
- 체중 : 4~5 kg
- 연혁 : 카나리아 군도의 토착견을 16세기 프랑스에서 소형화
- 프랑스 귀부인들에게 인기
- 특징 : 길고 말린 털로 산양피모와 흡사
- 명랑, 쾌활하며, 독립심이 강함

(6) 페키니스(Pekingese)

- FCI 스탠다드 No. 207
  (그룹 9) 반려견 및 애완견 '토이독'
  (섹션 8) 친 및 페키니즈(애견연맹)
- 원산지 : 중국 티베트
- 용도 : 반려견
- 연혁 : 조상견은 라사압소
- 고대 중국 왕실
- 짧은 주둥이 특징
- 난산 다발, 백내장, 녹내장 다발
- 비강협소 다발
- 품종 중 흰색견이 더 약함
- 체고 : 20 cm 전후
- 체중 : 3~7 kg 정도
- 눈 : 크고 돌출됨
- 귀 : 하트형으로 머리에 부착되어 늘어짐
- 꼬리 : 등에 굽어 있음
- 털 : 길고 직립. 색은 백색 및 적갈색 이외는 관계없음

(7) 친(Chin)

- FCI 스탠다드 No. 206
  (그룹 9) 반려견 및 애완견 '토이독'
  (섹션 8) 친 및 페키니즈(애견연맹)
- 원산지 : 일본
- 용도 : 반려견
- 시츄, 페키니즈와 흡사
- 신라에서 일본으로 건너갔다.
- 활기 넘치는 경쾌한 걸음걸이, 우아한 태도
- 애완견으로써 자신의 집과 주인에게 애착, 하지만 타인경계
- 체고 : 23 cm 정도
- 체중 : 2~3 kg
- 눈 : 아몬드형으로 돌출되었음
- 귀 : 우모상의 털로 텁수룩하게 늘어진 귀
- 꼬리 : 말린 꼬리
- 털 : 견사처럼 촉감이 부드러운 긴 직모
- 색은 백색에 검정이나 붉은 반점
- 고온다습에 약하므로 외출이나 운동 할 때, 시간을 선택하여 실시할 것

2) 소형견

(1) 빠삐용(Papillon)

- FCI스탠다드 No. 77
  (그룹 9) 반려견 및 애완견 '토이독'
  (섹션 9) 콘티넨탈 토이 스파니엘(애견연맹)
- 원산지 : 유럽(프랑스, 벨기에)
- 용도 : 반려견
- '빠삐용'이라는 이름은 얼굴과 양쪽 귀의 무늬가 마치 나비가 날개를 펼친 것처럼 보여서 붙여졌다.
- 애정 필요, 노년에 적합

- 밝고 쾌활한 성격
- 주위 물건에 호기심
- 체고 : 20~28 cm
- 체중 : 3.5~4.5 kg
- 눈 : 아몬드형으로 표정이 풍부
- 꼬리 : 깃털 모양 우상 장식모로 등위에 말려 있다.
- 털 : 모량이 풍부, 광택은 있으나 촉감은 적다.
- 색은 백 적 황, 흑색 중의 2색 또는 3색

(2) 킹 찰스 스파니엘(King charles spaniel)

- FCI스탠다드 No.128
  (그룹 9) 반려견 및 애완견 '토이독'
  (섹션 7) 잉글리쉬 토이 스파니엘(애견연맹)
- 원산지 : 영국
- 용도 : 반려견
- 체고 : 30~33 cm
- 체중 : 4.5~8.2 kg
- 연혁 : 17세기 찰스 1,2세의 사랑을 독차지한 견종(100년 전부터 출현)
- 털색 : 흑갈색, 적색, 적색에 흰색
- 왕족과 대통령의 개
- 사교적이고 매력적인 작은 개
- 잉글리시 토이 스파니엘과 자주 혼동
- 귀족적인 품격이 넘친다.
- 우아한 가운데 활기와 강인함이 숨은 외유내강형의 개다.

(3) 시츄(Shih Tzu)

- FCI 스탠다드 No. 208
  (그룹 9) 반려견 및 애완견 '토이독'
  (섹션 5) 티벳 견종(애견연맹)

- 원산지 : 중국(티베트 지방), 라사압소에서 유래
- 용도 : 반려견
- 애완견으로 인기 증가
- 체고 : 22~26 cm
- 체중 : 4~7 kg
- 색깔 : 모든 색이 가능
- 감성이 풍부하고 애교도 많다.
- 장모종이라 매일 털 손질의 요한다.
- 영국인 여행자가 중국에서 데리고 가 유럽에 소개

(4) 웰시코기 펨브로크(Pembroke Welsh Corgi)

- FCI 스탠다드 No. 39
  (그룹 1) 쉽독 및 캐틀독 '스위스 캐틀독 제외'
  (섹션 1) 쉽독(애견연맹)
- 원산지 : 영국
- 용도 : 목양견
- 체고/체중 : 25~30 cm / 약 10 kg
- 연혁 : 1107년대 까지 거슬러 올라가는 오래된 견종
- 주로 웰즈펨브록샤 지방에서 사육
- 특징 : 다리가 짧고 힘이 있으며 몸이 김
- 활동적, 외향적이나 공격적이지 않음

(5) 퍼그(Pug)

- FCI 스탠다드 No. 253
- (그룹 9) 반려견 및 애완견 '토이독'
- (섹션 11) 소형 몰로시안 타입 독(애견연맹)
- 원산지 : 중국에서 기원, 티베트의 승원에서 사육

- 용도 : 반려견
- 주둥이가 나올수록 잡종임.
- 성격 : 완고하고 게으른 점도 있다.
- 주인에게는 가지고 있는 애정을 모두 줄 정도로 우호적.
- 호기심 왕성 → 훈련 용이.
- 체고 : 25 cm 전후 이상
- 체중 : 3~6 kg
- 눈 : 동공은 암색으로 빛난다.
- 귀 : 작은 검정색으로 융단 모양의 버튼 귀.
- 꼬리 : 전형적으로 말린 꼬리.
- 털 : 짧고 부드럽다. 색은 황갈색, 은색, 흑색 등
- 주름이 많아 추한 것처럼 보이지만 이것은 결점이 되지 않고 오히려 보기가 좋은 모습을 하고 있다.

(6) 차이니즈 크레스티드(Chinese crested)

- FCI 스탠다드 No. 288
  (그룹 9) 반려견 및 애완견 '토이독'
  (섹션 4) 헤어리스독 (애견연맹)
- 원산지 : 중국(터키, 아프리카, 멕시코 설)
- 용도 : 반려견
- 체고/체중 : 23~33 cm / 5.5 kg 이하
- 연혁 : 아즈텍인(멕시코인 조상)의 식용견의 후예
- 1883년에 미국에서 공인
- 중국 청나라 남자의 두발과 비슷해서 이름 지어짐
- 특징 : 두발, 하지, 꼬리에만 털이 있음
- 자존심이 강하고 영리함

(7) 닥스훈트(Dachshund)

- FCI스탠다드 No. 148
  (그룹4) 닥스훈트(애견연맹)
- 원산지 : 독일
- 용도 : 지상 및 지하 수렵견(오소리)
- 연혁 : 산악지방의 쥬라하운드＋중형 핀셔, 그 외 테리어, 슈나우져와 교배
- 수십 년간 개량되어 현재 3가지
- 짧은 다리, 긴 허리 특징. 훈련 어려움.
- 척추손상 호발, 비만 주의.
- 피모 – smooth, long, wire의 3종류
- 체고 : 표준형 35, 소형종 20 cm
- 체중 : 표준형 7~12, 소형종 4 kg 미만
- 눈 : 난형으로 중간 크기
- 귀 : 머리에 밀착되어 늘어졌다.
- 꼬리 : 등에서 곡선으로 뻗어 있다.
- 털 : 짧고 광택이 있다. 색을 황갈색, 초콜릿색에 황갈색, 적갈색 반점

(8) 일본 스피츠(Japanese spitz)

- FCI 스탠다드 No. 262
  (그룹5) 스피츠 및 프리미티브타입
  (섹션 5) 아시아 스피츠 및 관련 견종(애견연맹)
- 원산지 : 일본
- 용도 : 반려견
- 연혁 : 1920년경 시베리아 대륙에서 온 져먼스피츠가 기원
- 캐나다 사모이드 → 수입하여 소형화.
- 체고 : 30~38 cm
- 체중 : ♂ 7~10, ♀ 6~9 kg
- 눈 : 아몬드 형
- 귀 : 작은 삼각형으로 직립

• 꼬리 : 등에 부착
• 털 : 순백색으로 상모와 하모가 있다.
• 예민, 영리, 밝은 성격, 아름다운 자세
• 피모 손질은 환모기에 신경 써서 사모를 제거해주고, 운동은 산책 정도 시키고, 야외에서 기를 때는 따로 시킬 필요가 없다.

(9) 스므스 폭스 테리어(Smooth fox terrier)

• FCI 스탠다드 No. 12
(그룹 3) 테리어
(섹션 1) 대형 및 중형 테리어(애견연맹)
• 원산지 : 영국 (굴속 사냥, 여우사냥)
• 용도 : 반려견, 서커스 견
• 단미, 충실, 훈련용이, 짖지 않게 교육 필요
• 체고 : ♂ 39 cm, ♀ 수컷보다 약간 작음
• 체중 : 7~8 kg
• 눈 : 둥글고 생기 있음
• 귀 : V자형으로 앞으로 굽음
• 꼬리 : 높이 붙었고 말리지 않음
• 털 : 짧고 부드럽게 밀생. 색은 흰색이 많은 면적을 차지함

(10) 미니어쳐 슈나우저(Miniature schnauzer)

• FCI 스탠다드 No. 183
(그룹 2) 핀셔 및 슈나우저, 몰로시안 견종, 스위스 마운틴 독 및 스위스 캐틀독, 관련견종
(섹션 1) 핀셔 및 슈나우저타입(애견연맹)
• 원산지 : 독일
• 독특한 눈썹과 턱수염이 특징
• 애정이 깊고 주인과 같이 생활하기를 즐김
• 타인 경계, 하지만 투쟁심은 없다.

• 체고 : 30~35 cm
• 체중 : 5~7 kg
• 눈 : 암색으로 난형, 돌출되지 않음
• 귀 : 높게 부착, 반직립(유럽에서는 귀를 단이 수술을 해서 세운다.)
• 꼬리 : 제3 미추에서 단미 수술을 한다.
• 털 : 길고 뾰족한 눈썹 털과 굵고 억센 수염색은 검정이나 검정에 은색 등의 혼색

(11) 푸들(Poodle)

• FCI 스탠다드 No. 172
(그룹 9) 반려견 및 애완견 '토이독'
(섹션 2) 푸들(애견연맹)
• 원산지 : 원래는 독일이나 러시아가 발생지로 추정
• 오랫동안 프랑스와 대표적인 국견으로 인정
• 수금류 사냥에 이용(헤엄치는 것을 용이)
• 잦은 손질 필요
• 체고 : standard 45~55, miniature 25~35, toy 25 cm 이하
• 체중 : standard 22, miniature 12, toy 3~7 kg 이하
• 눈 : 검정 눈동자에 백색 흰자로 표정이 풍부
• 귀 : 뺨에 늘어진 귀
• 꼬리 : 보통 1/3 길이에서 단미 수술을 한다.
• 털 : curl 또는 줄을 꼰 것처럼 치장. 색은 흑, 백, 밤색, 회색 등

(12) 라사 압소(Lhasa apso)

• FCI 스탠다드 No. 227
(그룹 9) 반려견 및 애완견 '토이독'
(섹션 5) 티벳 견종(애견연맹)
• 용도 : 반려견
• 티베트 왕족 상징
• 호화스런 삶. 외부 접촉 없이 살아옴

- 체고 : 25~28 cm(암컷은 더 작다.)
- 체중 : 5.9~6.8 kg
- 색깔 : 황금색, 모래색, 흰색, 갈색 등
- 용도 : 종교 상징

(13) 토이 맨체스터 테리어 (Toy Manchester Terrier)

- FCI 스탠다드 No. 13
  (그룹 3) 테리어
  (섹션 4) 토이 테리어(애견연맹)
- 19세기에 맨체스터 테리어를 선발 교배시켜서 소형화한 품종
- 체력, 추의 약한 편
- 토이 테리어와 미니어쳐 핀셔와도 깊은 혈연 관계를 가지고 있다.
- 체고 : 25~30 cm
- 체중 : 2~4 kg
- 눈 : 암색으로 돌출되어 있다.
- 귀 : 끝이 뾰족하고 직립
- 꼬리 : 단미 수술을 함
- 털 : 매끄럽고, 광택이 있다. 색은 흑색이거나 흑에 황갈색 무늬

(14) 비글 (Beagle)

- FCI 스탠다드 No. 161
  (그룹 6) 세인트 하운드 및 관련 견종
  (섹션 1) 세인트 하운드(애견연맹)
- 원산지 : 영국 (인기 있는 엽견으로 토끼사냥에 주로 이용)
- 용도 : 수렵견
- 목소리 울림
- 훈련 필요
- 집중력 떨어짐

- 식욕 왕성, 비만주의
- 체고 : 33~38 cm
- 체중 : 7~12 kg
- 눈 : 밤색으로 온화한 표정
- 귀 : 길게 늘어진 귀
- 꼬리 : 높게 들여 있다.
- 털 : 매끄럽고 두껍다. 색을 청혹 반점, 백, 흑, 오렌지, 황갈색 반점 등

3) 중형견

(1) 불 테리어(Bull terrier)

- FCI스탠다드 No. 11
  (그룹 3) 테리어
  (섹션 3) 불 타입 테리어(애견연맹)
- 원산지 : 영국(화이트 잉글리쉬 테리어와 불독을 교배시켜 만들었다.)
- 소 싸움 → 가정견
- 근육질이며, 견고함
- 광폭한 견종 → 애정 있는 견종
- 체고 : 50 cm 정도
- 체중 : 20~28 kg
- 눈 : 아몬드 형
- 귀 : 작고 서 있다.
- 꼬리 : 중간 정도 길이로, 뒤쪽으로 뻗침.
- 털 : 짧고 억세다. 색은 백색, 백과 담황갈색, 호모 등

(2) 셔틀랜드 쉽독(Shetland Sheepdog)

- FCI 스탠다드 No.88
  (그룹 1) 쉽독& 캐틀독 '스위스 캐틀독을 제외'
  (섹션 1) 쉽독(애견연맹)
- 원산지 : 셔틀랜드 셔틀랜드 섬

- 콜리와 흡사한 외모, 두부가 짧다.
- 충실한 면이 있는가 하면 모르는 사람은 경계하며 짖는다.
- 행동이 재빠르고, 훈련 용이
- 체고 : 33~41 cm
- 체중 : ♂9~12, ♀8~11 kg
- 눈 : 아몬드형태의 암색
- 귀 : 반직립
- 꼬리 : 비절까지 늘어져 있다.
- 털 : 상모, 하모 모두 풍부함. 색은 흑색, 황갈색, 백색의 3종류

(3) 불독(Bulldog)

- FCI 스탠다드 No. 149

  (그룹 2) 핀셔 & 슈나우저, 몰로시안 견종, 스위스 마운틴 독 & 스위스 캐틀독, 관련 견종

  (섹션 2) 몰로시안 견종(애견연맹)
- 원산지 : 영국
- 황소와 싸움 시키려고 개량한 투견이다.
- 아랫입술이 튀어 나온 것이 특징적이다.
- 강한 턱을 가지고 있으며, 머리가 클수록 좋다.
- 공격성 억제 훈련 필요
- 출산에 어려움이 많다.
- 체고 : 33~41 cm
- 체중 : ♂25 전후, ♀23 kg 전후
- 눈 : 눈 사이가 넓게 벌어져 있음
- 귀 : 로즈 귀
- 꼬리 : 항상 늘어져 있음
- 털 : 짧고 밀생. 색은 흑색과 황갈색이 조합된 이외의 어떤 색도 좋다.

(4) 시바(Shiba)

- FCI스탠다드 No. 257
  (그룹 5) 스피츠 및 프리미티브타입
  (섹션 5) 아시아 스피츠 & 관련 견종(애견연맹)
- 중국 → 일본 유래설
- 소동물 엽견, 변견, 애완견
- 일본 천연기념물
- 산악지방 혹독한 환경에 적응
- 체고 : ♂ 36~42, ♀ 36~39 cm
- 체중 : ♂ 6~10, ♀ 7~8 kg
- 눈 : 작은 암색으로 삼각형
- 귀 : 작은 삼각형으로 직립
- 꼬리 : 등위로 말렸는데 낫 모양
- 털 : 뻣뻣한 직모, 색은 적, 흑, 백, 호모색 등

(5) 잉글리쉬 코커 스파니엘(English cocker spaniel)

- FCI 스탠다드 No. 5
  (그룹 8) 리트리버플러싱독, 워터 독
  (섹션 2) 플러싱독(애견연맹)
- 원산지 : 영국
- 이용 측면 : 조립견, 가정견
- 특징 : 귀가 크다.(주의 먹이 먹을 경우, 귀 청소 잘하기)
- 체고 : ♂ 39~41 , ♀ 38~39 cm
- 체중 : ♂ 11~15, ♀ 11~15 kg
- 눈 : 크고 다색
- 귀 : 낮게 부착, 길고 늘어짐
- 꼬리 : 단미해준다.
- 털 : 견사처럼 부드럽다.
- 색 : 적갈색, 오렌지색, 황색, 검정색 등

(6) 바셋트 하운드(Basset hound)

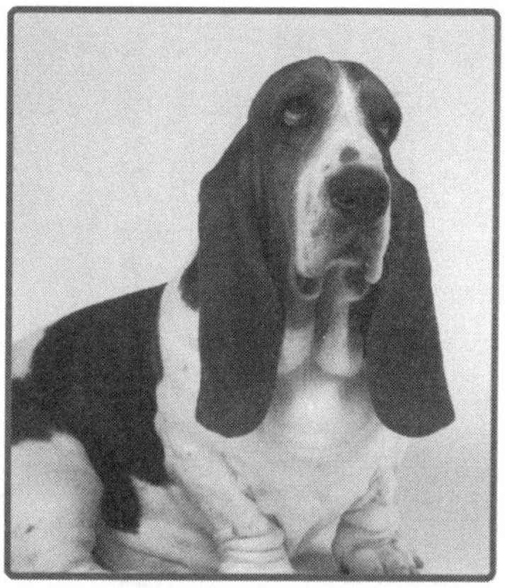

- FCI 스탠다드 No. 163
  (그룹 6) 세인트 하운드 및 관련 견종
  (섹션 1) 세인트 하운드(애견연맹)
- 원산지 : 프랑스
- 후각 발달. 사냥 능숙. 훈련 어려움
- 비만, 변비, 고창증 호발
- 큰 귀(상처 호발), 피부질환 호발
- 다산 - 칼슘부족, 골격이상, 산욕열 호발
- 체고 : ♂ 약 36, ♀ 약 34 cm
- 체중 : ♂ 약 28, ♀ 약 26 kg
- 눈 : 우묵 들어갔음
- 귀 : 길어서 머리 아래 부위까지 늘어짐
- 꼬리 : 위로 굽음
- 털 : 윤기가 있고 짧은 털색은 검정과 갈색, 흰색의 삼색

4) 대형견

(1) 차우 차우(Chow chow)

- FCI 스탠다드 No. 205
  (그룹 5) 스피츠 및 프리미티브타입
  (섹션 5) 아시아 스피츠 & 관련 견종(애견연맹)
- 원산지 : 중국
- 용도 : 경비견, 반려견
- 체고/체중 : 46~56 cm / 21~32 kg
- 연혁 : 티베탄 마스티프 + 사모예드
- 약 3000년 전부터 썰매견, 수렵견으로 사육
- 특징 : 사자와 같은 외모. 털이 많음
- 혀가 자색이며 시력이 좋지 않음
- 침착, 독립심이 강함

(2) 시베리안 허스키 (Siberian Husky)

- FCI 스탠다드 No. 270
  (그룹 5) 스피츠 및 프리미티브타입
  (섹션 1) 북방의 썰매견(애견연맹)
- 원산지 : 미국
- 용도 : 썰매견
- 체고/체중 : 53~60 cm / 16~27 kg
- 연혁 : 북극점을 중심으로 고위도 지방 견종
- 에스키모견의 일종
- 시베리아 북동부의 이뉴잇족 중 하나인 추크치족이 사육하던 개
- 특징 : 풍부한 털, 직립 귀, 브러쉬 같은 꼬리
- 빠르고 가벼운 발걸음. 추위에 강함
- 온순, 순종, 영리, 집단 사육에 적합

(3) 알래스칸 말라뮤트 (Alaskan Malamute)

- FCI 스탠다드 No. 243
  (그룹 5) 스피츠 및 프리미티브 타입
  (섹션 1) 북방의 썰매 끄는 견(애견연맹)
- 원산지 : 미국
- 용도 : 썰매견
- 체고/체중 : 58~70 cm / 35~40 kg
- 연혁 : 알래스카 서부 해안지방의 에스키모 말라뮤트족의 썰매견, 수렵견
- 백인이 알래스카 상륙 후 썰매 레이스를 위해 개량(1909년부터 10년)
- 1926년 이후 순수견 보존으로 다시 개량
- 특징 : 뼈대가 굵고 근육이 튼튼, 이중모
- 온순, 충성심, 집단행동에 익숙

(4) 그레이하운드(Greyhound)

- FCI 스탠다드 No. 158
  (그룹10) 사이트 하운드
  (섹션 3) 거친 털을 가진 사이트 하운드(애견연맹)
- 원산지 : 영국, 이집트
- 용도 : 시각형 수렵견
- 체고/체중 : 69~77 cm / 27~32 kg
- 연혁 : 약 3000년 전부터 존재
- 사슴 사냥 등에 사용
- 16세기 토끼 쫓기 경기가 도그 레이스로 변화
- 특징 : 시속 70 km 빨리 달림
- 늘씬하고 힘이 좋음
- 관찰력, 이해력, 충성심이 좋음

(5) 콜리(Collie)

- FCI 스탠다드 No. 156
  (그룹 1) 쉽독 및 캐틀독 '스위스 캐틀독 제외'
  (섹션 1) 쉽독(애견연맹)
- 원산지 : 영국(스코틀랜드)
- 용도 : 목양견
- 체고/체중 : 56~66 cm / 23~34 kg
- 연혁 : 스코틀랜드 하이랜드 지방 산악 지대에 목양 작업에 종사
- 1860년도 빅토리아 여왕이 데리고 감
- 특징 : 트라이 컬러가 주류
- 얼굴이 길고 목의 털이 우아
- 온순한 성격

(6) 올드 잉글리쉬 쉽독(Old English Sheepdog)

- FCI 스탠다드 No. 16
  (그룹 1) 쉽독 및 캐틀독 '스위스 캐틀독 제외'
  (섹션 1) 쉽독(애견연맹)
- 원산지 : 영국
- 용도 : 목양견
- 동작 느림, 훈련 어려움.
- 백내장, 호흡기, 피부병 호발
- 체고 : 56 cm 전후
- 체중 : 25~40 kg
- 눈 : 암색이 좋음
- 귀 : 늘어졌음
- 털 : 모량이 풍부하며 회색 또는 암청색

(7) 에어데일 테리어(Airedale terrier)

- FCI 스탠다드 No. 7
  (그룹 3) 테리어
  (섹션 1) 대형 및 중형 테리어(애견연맹)
- 원산지: 영국
- 용도: 테리어
- 테리어 중에서 가장 크기가 큼
- 수영 능숙 - 수달, 수금류를 능숙하게 사냥
- 이용 측면 : 경찰견, 호신견, 번견, 애완견
- 끈기 있는 훈련 필요
- 체고 : ♂ 58~61 cm, ♀ 수컷보다 약간 작음
- 체중 : 21~27 kg
- 눈 : 암색으로 작음
- 꼬리 : 단미하며 높게 직립하고 늘어지지 않음
- 털 : 바늘처럼 딱딱하고 손질이 필요하며 검거나 회색 바탕에 암갈색이나 황갈색의 무늬이며 머리와 다리는 밝은 동색

(8) 골든 리트리버(Golden Retriever)

- FCI 스탠다드 No. 111
  (그룹8) 리트리버플러싱독, 워터 독
  (섹션 1) 리트리버(애견연맹)
- 원산지 : 영국
- 용도 : 조렵견(건독), 반려견
- 체고/체중 : 51~61 cm / 25~35 kg
- 연혁 : 연혁은 거의 알려진 바 없음
- 1858년 영국 서커스단에서 활약 하던 러시아견이 조상견
- 셰터나 웨이비코티드 리트리버 혼혈
- 특징 : 털이 풍부하고, 부드러운 표정
- 온화, 순종, 침착
- 지능이 좋아 훈련 능력 탁월

(9) 라브라도 리트리버(Labrador retriever)

- FCI 스탠다드 No. 122
  (그룹8) 리트리버 플러싱독, 워터 독
  (섹션 1) 리트리버(애견연맹)
- 원산지 : 캐나다(19세기 영국으로 건너감)
- 용도 : 조렵견(건독), 반려견
- 체고/체중 : 54~62 cm / 25~34 kg
- 연혁 : 연혁은 거의 알려진 바 없음
- 16세기 영국의 어선에 동승한 캐나다 래브라도반도에 건너간 견종의 후예
- 1880년대 유럽에 처음 소개(개량)
- 추운 바닷가에서 작업하던 개
- 특징 : 털이 짧고 조밀하며 방수성 귀라 쳐지고 수달 꼬리
- 온순, 총명, 상냥, 적응성 좋음

(10) 독일 세퍼드(German Shepherd Dog)

- FCI 스탠다드 No. 166
  (그룹 1) 쉽독 및 캐틀독 '스위스 캐틀독 제외'
  (섹션 1) 쉽독(애견연맹)
- 원산지 : 독일
- 용도 : 목양견, 유틸리티독, 허딩독, 가드독, 사역견등 다목적
- 체고/체중 : 55~65 cm / 26~38 kg
- 연혁 : 셰퍼드 독 협회(1899)에서 철저히 관리
- 다양한 직업이 가능한 종으로 대대적인 노력으로 개량
- 1차 세계대전 당시 독일에서 인기
- 2차 세계대전 연합군의 군용견
- 특징 : 만능견으로 민첩, 후각, 청각 좋음
- 지능, 충성심 높고, 인내심 좋음

(11) 아프간 하운드(Afghan Hound)

- FCI 스탠다드 No. 228
  (그룹 10) 사이트 하운드
  (섹션 1) 장모 또는 술 장식이 있는 사이트 하운드(애견연맹)
- 원산지 : 아프가니스탄
- 용도 : 시각형 수렵견
- 체고/체중 : 63~73 cm / 23~27 kg
- 연혁 : 기원전 4000년 시나이반도 고대 이집트 왕실의 수렵견
- 사막 아라비아사막 아프가니스탄 산악견
- 1차 세계대전 이후 각국에 소개
- 특징 : 뾰족한 얼굴, 비단결 피모
- 경계 강함. 위엄 있고, 초연함

(12) 복서 (Boxer)

- FCI 스탠다드 No. 144

  (그룹 2) 핀셔 & 슈나우저, 몰로시안견종, 스위스 마운틴 및 스위스 캐틀독, 관련 견종

  (섹션 2) 몰로시안견종(애견연맹)
- 원산지 : 독일
- 용도 : 반려견, 경비견, 작업견
- 불독 및 그레이트 덴과 혈연관계가 있음
- 이용 측면 : 군용견, 경찰견, 집 지키는 개, 가정견 등 사용
- 앞발을 들고 싸우는 모습이 권투선수와 닮음
- 복종 훈련 필요, 비만 주의
- 체고/체중 : 54~64 / 28~30 kg
- 귀 : 늘어진 귀, 유럽에서는 귀를 단이 수술하여 직립시킴
- 꼬리 : 높게 부착, 꼬리를 단미함
- 털 : 매끄럽고 광택 있음. 색은 담황갈색, 황적색

(13) 도벨만 (Doberman)

- FCI 스탠다드 No. 143

  (그룹 2) 핀셔 및 슈나우저, 몰로시안견종, 스위스 마운틴 독 및 스위스 캐틀독, 관련 견종

  (섹션1) 핀셔 및 슈나우저 타입(애견연맹)
- 원산지 : 독일
- 용도 : 반려견, 경비견, 작업견
- 주인에게 충실, 타인 경계, 훈련 용이
- 체고/체중 : 68~70 cm / 30~40 kg
- 눈 : 짙은 암색
- 귀 : 서 있는 것이 좋음. 단이 수술로 직립시킴.
- 꼬리 : 단미 수술을 함.
- 털 : 짧고 부드러우며 검정, 적색, 청색 등 여러 종류

(14) 달마티안(Dalmatian)

- FCI 스탠다드 No. 153
  (그룹6) 세인트 하운드 & 관련 견종
  (섹션 3) 관련 견종(애견연맹)
- 원산지 : 유고슬라비아 달마치 지방
- 용도 : 반려견, 사냥 추적견, 서커스 견 등
- 달마시안으로도 불림
- 정규 운동 필요
- 청각 장애. 피부질환 다발
- 훈련 필요, 잘 짖는 대형견으로 주의 요망
- 체고/체중 : 56~61 cm / 22~29 kg
- 눈 : 둥글고 흑색, 밤색
- 귀 : 넓고 머리에 달라붙은 늘어진 귀
- 털 : 짧고 억세며 순백에 검정이나 적갈색의 무늬

(15) 아키다(Akita)

- FCI 스탠다드 No. 255
  (그룹 5) 스피츠 및 프리미티브타입
  (섹션 5) 아시아 스피츠 및 관련견종(애견연맹)
- 원산지 : 일본 동북 지방 유래
- 용도 : 가정견
- 1931년 일본 천연기념물로 지정
- 일본을 대표하는 견종
- 성품은 침착, 충실, 순종
- 체고/체중 : 60~71 cm / 34~50 kg
- 털색 : 모든 색이 가능
- 감각이 예민하고 민첩하며 성심이 강함, 성격은 감각이 예민한 편

(16) 잉글리쉬 세터(English setter)

- FCI 스탠다드 No. 2
  (그룹 7) 포인팅 독
  (섹션 2) 영국 및 아일랜드의 포인터 & 세터(애견연맹)
- 원산지 : 영국
- 용도 : 조렵견
- 방향 지시, 지구력, 민첩성이 우수하며 후각 발달, 충직, 온순, 민첩
- 털이 늘어지는 품종 - 피부가 약하므로 관리가 필요함
- 체고/체중 : 61~68 cm/29~32 kg
- 눈 : 검은 밤색
- 귀 : 부드러운 피모로 늘어짐
- 꼬리 : 약간 굽음
- 털 : 길고 견사의 촉감이며 흑백, 오렌지와 백, 적갈색과 백색 등

(17) 포인터(Pointer)

- FCI 스탠다드 No. 119
  (그룹7) 포인팅 독
  (섹션 1) 컨티넨탈 포인팅 독 (애견연맹)
- 원산지 : 독일
- 용도 : 조렵견
- 폭스 하운드, 불 테리어, 그레이하운드, 불독 여러 품종 혼합 교배
- 이용 측면 : 엽견, 경주용, 가정견
- 철저한 훈련과 규칙적 운동 필요
- 체고/ 체중 : 61~69 cm / 20~25 kg
- 눈 : 밤색으로 선량한 표정
- 귀 : 머리에 밀착되어 늘어짐
- 꼬리 : 동체에 수평으로 들려 있음
- 털 : 짧고 아름다우며 레몬과 백색, 오렌지와 백색, 흑과 백, 적갈색과 백색 등

5) 초대형견

(1) 그레이트 피레니즈(Great Pyrenees)

- FCI 스탠다드 No. 137
  (그룹 2) 핀셔 & 슈나우저, 몰로시안 견종,
  스위스 마운틴 독 및 스위스 캐틀
  독, 관련 견종
  (섹션 2) 몰로시안 견종(애견연맹)
- 원산지 : 프랑스
- 용도 : 경호, 사역용
- 체고/체중 : 65~82 cm / 46~54 kg
- 연혁 : 조상견은 티베탄 마스티프
- 프랑스의 토착견과 교잡하여 탄생
- 양치기, 성을 지키는 개로서 오랜 역사
- 성질이 사나웠던 고대에는 전쟁용
- 특징 : 털이 많고, 총명, 적응력 좋음
- 온화, 독립심, 고집이 있음

(2) 로트와일러(Rottweiler)

- FCI 스탠다드 No. 147
  (그룹 2) 핀셔 및 슈나우저, 몰로시안 견종,
  스위스 마운틴 독 및 스위스 캐틀
  독, 관련 견종
  (섹션 2) 몰로시안 견종(애견연맹)
- 원산지 : 독일
- 용도 : 반려견, 서비스견, 작업견
- 체고/체중 : 58~68 cm / 45~55 kg
- 연혁 : 조상견은 티베탄 마스티프
- 로트바일러로- 독일어 명칭
- 독일 로트바일러 지방에서 개량
- 로마제국의 군 식용 소를 인솔하던 견종(평상 시 목양견)
- 목양견 → 수레견 → 경찰견(1910년)

• 특징 : 골격이 좋고 꼬리가 짧음
• 영리, 순종, 용기, 복종심, 경계심이 강함

(3) 세인트 버나드(Saint bernard)

• FCI 스탠다드 No. 61
(그룹 2) 핀셔 & 슈나우저, 몰로시안견종, 스위스 마운틴 독 및 스위스 캐틀독, 관련 견종
(섹션 2) 몰로시안 견종(애견연맹)
• 원산지 : 스위스
• 용도 : 반려견, 호위견, 산악구조견, 농장견
• 체고/체중: 65~90 cm / 54~91 kg
• 연혁: 조상견은 티베탄 마스티프
• 알프스수도원에서 겨울 조난객을 구조하기 위해 사육
• 개량을 거쳐 세인트 버나드로 등록
• 특징: 가장 큰 품종
• 추위에 강하고 후각 발달
• 상냥, 영리, 순종적

(4) 마스티프(Mastiff)

• FCI 스탠다드 No. 230
(그룹 2) 핀셔 및 슈나우저, 몰로시안 견종, 스위스 마운틴 독 및 스위스 캐틀독, 관련 견종
(섹션 2) 몰로시안 견종(애견연맹)
• 원산지 : 티베트
• 용도 : 반려견, 경비견, 호위견
• 체고/체중 : 61 cm 이상 / 40~52 kg
• 연혁 : 오래된 견종 중 하나(대형개 원종)

• 고대의 군용견으로 마르코 폴로가 동방견문록에서 티베탄 마스티프라 명명
• 거의 멸종되었다가 1931년 번식 후 개량
• 특징 : 튼튼한 골격과 넓은 이마
• 갈기털이나 사자개라고 불림
• 침착, 냉담, 낮은 짖음

(5) 그레이트 덴(Great dane)

• FCI 스탠다드 No. 235
(그룹 2) 핀셔 및 슈나우저, 몰로시안 견종, 스위스 마운틴 독 및 스위스 캐틀독 관련 견종
(섹션 2) 몰로시안 견종(애견연맹)
• 원산지 : 독일
• 용도 : 반려견, 경비견
• 단이(귀를 잘라줌) 주인에 순종, 규칙적 운동 필요
• 복종 훈련 필요- 훈련이 되지 않는 대형견은 타인에게 위험함
• 체고/체중 : 72~80 cm 이상/ 45~54 kg 이상
• 눈 : 둥근 암색이 좋음
• 귀 : 중간 정도로 늘어짐
• 꼬리 : 늘어졌으나 흥분하면 세워서 구부림
• 털 : 짧고, 색은 단색, 호모, 얼룩점 등

(6) 도사견(Tosa)

• FCI 스탠다드 No. 260
(그룹 2) 핀셔 및 슈나우저, 몰로시안 견종, 스위스 마운틴 독 및 스위스 캐틀독, 관련 견종
(섹션 2) 몰로시안 견종(애견연맹)
• 원산지 : 일본 도사지방 (일본 재래종)
• 용도 : 투견(과거), 경비견(현재)
• 일본 재래종 + 마스티프 + 불독 + 그레이트덴
• 타인 경계

- 철저한 훈련 필요
- 체고/체중 : 55~60 cm 이상/ 60~67 kg 이상
- 눈 : 암색이지만 밝은 표정
- 귀 : 얇고 머리에 밀착되어 늘어졌음
- 털 : 짧은 털이 발생하며 붉은색, 갈색 등

(7) 보르조이(Borzoi)

- FCI 스탠다드 No. 193
  (그룹 10) 사이트 하운드
  (섹션 1) 장모 또는 술 장식이 있는 사이트 하운드(애견연맹)
- 원산지 : 러시아(교잡종)
- 용도 : 목양견, 수렵견, 경주견
- 감각 예민, 신경 섬세, 성격 온화, 익살과 재롱을 잘 부림
- 체고/체중 : 66~86 cm / 27~48 kg
- 눈 : 타원형으로 암색
- 귀 : 늘어졌음
- 꼬리 : 겸상미로 늘어져 있음
- 털 : 길고 곱슬곱슬하며 대개 백색, 백색에 황색이나 적색의 무늬

6) 한국의 개

(1) 진돗개(Jindo)

- FCI 스탠다드 No. 334
  (그룹 5) 스피츠 및 프리미티브타입
  (섹션 5) 아시아 스피츠 및 관련 견종(애견연맹)
- 원산지 : 대한민국 전남 진도
- 용도 : 수렵견, 번견
- 체고/체중 : 43~58 cm / 15~23 kg
- 연혁 : 기원에 대한 기록 없음

- 진도 지역의 원시 토착견
- 특징 : 귀는 직립, 꼬리는 말림
- 경계심이 강하고 민첩
- 용감, 신중, 충성심, 방향감각
- 애착심이 강하고, 고집이 셈

(2) 삽사리 (Sapsaree)

- 원산지 : 한국(신라 왕궁 유래) 경북 경산시
- 체고 : 45.5~53.4 cm
- 체중 : 15.4~21.8 kg
- 털색 : 황색, 청색
- 용도 : 반려견
- 1992년도에 천연기념물 제 368호 지정
- 귀 : 아래로 쳐짐
- 머리 : 숫사자를 연상할 정도로 큼
- 꼬리 : 선 꼬리, 말린 꼬리
- 경계심, 충성심이 강함

(3) 풍산개 (Poongsan)

- 원산지 : 한국(북한견) 함경도
- 체고 : 55~60 cm
- 체중 : 20~30 kg
- 털색 : 흰색, 잿빛 섞인 색
- 이용 측면 : 사냥, 경비견
- 북한에서 1964년도에 천연기념물 제 128호 지정
- 현재 북한의 국가적 보호 아래 사육되고 있음

(4) 동경이

- 원산지 : 한국 경북 경주시(신라)
- 댕견 혹은 동경개(東京犬)라고도 불림
- 체고 : 44~50 cm
- 체중 : 14~18 kg
- 눈 : 둥글고 눈썹이 발달
- 귀 : 앞을 향해 쫑긋
- 꼬리 : 꼬리 없거나 아주 짧은 것이 큰 특징
- 털 : 흰색, 검은색, 누런색 다양
- 2012년도에 천연기념물 제 540호로 지정

한국의 천연기념물로 지정된 개는 진돗개, 삽사리, 동경이 3종이다.
이 중에서 국제 애견단체인 FCI에 등록된 개는 진돗개 하나이다.

※ 크기에 따른 반려견 분류

- **초소형견**

포메라니안, 말티즈, 치와와, 요크셔테리어, 비숑프리제, 페키니즈,친

- **소형견**

빠삐용, 킹 찰스 스파니엘, 시츄, 웰시코기, 퍼그, 차이니즈크레스티드, 닥스훈트, 제페니즈 스피츠, 스무스폭스 테리어, 미니어쳐 슈나우저, 푸들, 라사압소, 토이 맨체스터 테리어, 비글

- **중형견**

불테리어, 셔틀랜드 쉽독, 불독, 시바, 잉글리쉬 코커스파니엘, 바셋트 하운드

- **대형견**

차우차우, 시베리안 허스키, 알래스칸 말라뮤트, 그레이 하운드, 러프 콜리, 올드잉글리쉬 쉽독, 에어데일테리어, 골든 리트리버, 래브라도 리트리버, 져먼 셰퍼트독, 아프간하운드, 복서, 도베르만, 달마시안, 아키다, 잉글리쉬 세터, 포인터

- **초대형견**

피레니즈, 로트와일러, 세인트 버나드, 티베탄 마스티프, 그레이트 덴, 도사견, 보르조이

- **한국견**

진돗개, 삽사리, 풍산개, 동경이

Chapter **02**

반려견 생리 및 특성

Companion dog and physiological characteristics

I. 반려견 생리 및 특성

I 반려견 생리 및 특성

학습목표
1. 반려견의 성장에 따른 생리에 대해서 알 수 있다.
2. 반려견의 특성에 대하여 알 수 있다.

1. 신생자견

강아지는 태어나서 2주 정도가 지나면 눈을 뜨고 3주 정도 지나면 엉금엉금 걸어 다닐 수 있게 되는데, 이때까지가 갓 난 강아지에 속한다. 사람 갓난아기에 비하면 굉장히 빨리 자라는 편이다. 그러니까 생후 3주령 까지가 신생자견이다. 이때는 아직 너무 어리기 때문에 조그마한 자극에도 강아지가 쉽게 아플 수 있다. 엄마가 애기를 조심스럽기 돌보는 것 같이 어미개도 강아지를 정성스럽게 보살핀다. 만일 집에서 이 나이 또래의 강아지를 기르게 된다면, 아주 주의해야 하는 때이다. 쉽게 아프고 쉽게 사망할 수 있기 때문이다. 건강기록 일지나 동물병원에서 제공하는 건강수첩 등을 통해 강아지의 체중과 발육 상태 등을 체크하면 도움이 된다.

개의 출생부터 포유, 이유, 성장, 번식에 이르기까지의 모든 사항에 대한 이해가 있어야 개와 사람이 오랜 기간 동안 바람직한 유대관계를 유지할 수 있다. 구충과 질병에 대한 면역반응, 사람과의 접촉, 복종훈련은 육체적, 정신적으로 건강한 개를 만드는데 필수적인 것들이다. 본 교재는 애완견과 더불어 사육가들이 부딪치는 크고 작은 어려움을 극복하는데 도움이 될 수 있는 유익한 길잡이가 될 것이다.

1) 어린 자견(출생 직후 신생아기)

출생 직후의 어린 강아지는 치아가 없을 뿐만 아니라 눈, 귀가 모두 닫혀있고, 강아지의 체온은 성견의 정상 체온보다 약 11~14℃까지 떨어지기도 하지만 그래도 생존한다. 갓 태어난 어린 강아지의 체성분은 수분이 84%(우유의 수분함량은 87%)정도로 높고, 지방이 1% 정도로 매우 낮아 출생 직후 어린강아지가 체온유지를 위한 충분한 열을 생산하기란 거의 불가능 한 일로 출생 직후의 어린 강아지는 저온 스트레스를 받기 쉽다.

어린 강아지의 정상적인 체온유지는 지속적으로 온기를 보충해줄 수 있는 모견이나 보온등, 보온패드 등 주위의 열 공급원에 의존한다. 어린 강아지의 보온을 위해서는 출생 후 1~2주 동안은 보온 상자의 온도를 30~32℃정도 유지해 주어야 한다.

어린 강아지는 출생 직후 질병 감염을 방어할 수 있는 항체 수준이 매우 낮은데 이는 태아가 성장하는 동안 태아를 둘러싸고 있는 태반이 고분자 단백질의 일종인 면역항체의 자유로운 이동을 막기 때문이다.

따라서 출생 직후의 강아지는 전염병에 대한 감수성이 매우 높다. 강아지의 소화기관은 출생 직후 완벽하게 발달하지 못한 관계로 출생 후 24~36시간 이내에 소장을 통해 항체를 흡수하여 동화시킬 수 있다.

다행히도 모견의 초유에는 항체가 농축되어 있어 일반 전염성질병(개홍역 포함)에 저항 할 수 있는 면역 능력을 어린 강아지에게 제공해 준다. 모견으로부터 획득한 면역을 수동면역이라 하고 이 수동면역은 출생 후 몇 주 이내에 소진이 된다.

따라서 전염성질병에 대한 항체를 생성할 수 있도록 백신처리를 해주는 것이 중요하다. 모견은 분만 후 강아지의 제대를 끊어주고 핥아주며, 때로는 태반이나 태아를 감싸고 있는 후산 물질을 먹기도 한다. 갓 태어난 어린강아지는 듣지도 보지도 못하기 때문에 접촉을 통하여 더듬어서 한배새끼나 어미와 유두를 찾는다.

어린 강아지는 냉기보다 온기에 반응을 한다. 생후 2~3일령의 어린 강아지를 어미로부터 조금 떨어뜨리면 머리를 흔들면서 울거나 낑낑거리면서 기기 시작한다. 물론 강아지의 귀는 열리지 않아 들을 수 없고 눈 역시 그 기능을 다하지 못하여 볼 수 없다. 그러나 어린 강아지의 울음소리는 모견의 관심을 끄는 데 도움이 된다. 모견이 길을 잃고 추워하는 어린 강아지를 발견하면 대개는 한배새끼에게 돌아올 수 있도록 도와준다.

모견은 몸이 식은 어린 강아지를 무시하는 경향이 있다. 모견이 무시하면 어린 강아지는 머리를 흔들면서 울고 짖고 하면서 계속해서 주위를 배회하다 머리가 다른 강아지나 모견에 접촉 하게 되면 어린 강아지는 배회를 멈추고 접촉부위로 기어간다. 어미의 젖을 찾게 되면 머리를 계속 흔들어 대는데 이러한 행동은 어린 강아지가 유두를 찾거나 무는데 도움이 되며 모유분비를 자극한다.

분만 후 첫 2~3주 동안 한배 새끼와 모견은 서로 인접한 곳에 머물면서 먹고 자고 한다. 어린 강아지가 약 2주정도 됐을 때 보고, 듣기 시작하고 젖니도 나오기 시작한다. 어린 강아지가 성장하면서 체격이 커지고 힘이 붙게 되지만 계속 접촉에 의해 탐색하며 경험을 쌓는다.

강아지는 움직임이 느리고 비능률적이기 때문에 개 번식가들은 보호상자를 어린 강아지의 우리로 사용한다. 어미가 사료섭취나 배변 및 기타의 이유로 인해서 우리를 잠시 떠나는 경우 새끼들은 보통 우리상자 안에 뭉쳐 있다. 어미개가 새끼들이 있는 곳으로 다시 돌아와서 누운 후 어린 강아지의 복부를 꾹꾹 찌르거나 복부 밑 부분을 핥아주고 비벼준다. 모견의 이러한 행동은 새끼들이 움직이게 하고 포유할 수 있도록 하기 위한 것이다.

모견이 계속해서 어린 강아지의 복부와 항문부분을 핥아 주는 것은 어린 강아지의 배변을 자극하기 위한 행동이고 어린 강아지의 배설물을 어미가 먹는다. 우리 안이 어린 강아지들의 배변에 의해 더럽혀지지 않는 것은 바로 이러한 이유 때문이다.

2) 과도기(2~3 주령)

2주령이 되면 어린 강아지의 반응력이 변화하기 시작하고 젖병을 이용해 효과적으로 포유를 시킬 수 있다. 2주령 이전의 어린 강아지에게 모유 이외의 음식물을 공급할 필요가 있을 경우 가장 쉬운 직접 넣어 주는 방법이다.

이 방법은 젖병을 이용한 포유시 공기를 들이키는 것을 방지하고 섭취된 공기를 배출시키기 위해 트림을 시켜야 하는 수고를 덜 수 있다. 2주에서 3주 사이의 어린 강아지의 발육변화는 놀랄 만하다.

이 시기는 어린 강아지의 귀가 열려 들을 수 있게 되고 짖을 수 있을 뿐만 아니라 눈의 망막에 물체의 형상이 만들어져 볼 수 있게 되고 또 앞뒤로 움직일 수 있게 된다. 대부분의 어린 강아지는 3주령에 일어설 수 있고 또 효과적인 방법으로 먹고 마실 수 있게 된다.

어린 강아지는 배변을 하기 위해 보호 상자 밖을 걸어 다니기 시작한다. 어린 강아지들은 배변을 위한 모견의 자극이 더 이상 필요하지 않다. 3주령의 강아지들은 한배 새끼들끼리 놀기 시작하고 으르렁거리고 장난 끼의 싸움도 한다.

생후 2주에서 3주령 사이에 나타나는 변화는 정상적인 개의 일생 중 짧은 기간 동안 나타나는 변화로는 가장 큰 것이다.

3주령 강아지는 일주전후의 강아지와 비교시 커다란 차이가 나타난다. 이러한 변화는 올챙이가 개구리로 변하는 것과 같은 획기적인 변화인 것이다. 3주령의 어린 강아지는 모유 이외에 성견사료를 섭취하기 시작한다.

3) 사교화(社交化) 시기(3~12 주령)

강아지의 사교화시기는 새로운 환경에 대한 행동양식의 적응기로 주위환경의 조정이 매우 중요하다. 이 기간 동안 다른 동물이나 사람, 소음 등 아주 다양한 환경에 접촉할 수 있도록 해주어야 하며 이 기간 동안의 경험이 일생동안 사람과 얼마나 친밀해질 수 있는 지를 결정한다.

자견을 약 12주령까지의 사교화 기간 동안 다양한 상태의 환경조건에 충분하게 접할 수 있도록 해주지 않으면 이 시기 이후에는 결핍된 사교화 능력을 교정하는 것이 매우 어렵거나 불가능하다.

3주령에 눈이 뜨이고 서투른 운동을 하고 청각은 들을 수 있을 정도로 발달되어 소리에 반응하고 기타 동물이나 사람의 모습에 대해 관심을 갖기 시작한다. 자견은 우리 인근의 구석구석을 탐구하기 시작하나 10~12 주령까지는 좀처럼 4.5~6m 이상을 벗어나지 않는다.

하지만 대부분의 강아지는 6주령 정도면 이유(離乳)하며 새로운 환경에 놓이게 된다. 이유 자견을 한배새끼로부터 분리하여 키우는 훈련이 필요하다. 그렇지 않으면 한배 새끼끼리만 서로 의지하므로 후에 분리하게 되면 독자적인 환경에 잘 적응하지 못하게 된다.

이유시기에 근접하면 모견은 자견으로부터 장시간 자주 떠나기 시작하며 자견들이 포유를 원한다 해도 포유를 위해 매번 눕지 않는다. 이러한 행동은 이유의 한 과정이며 강아지가 고형물 사료를 먹도록 도와주게 된다. 자견이 5~7주령에 포유하면 모견이 으르렁거리는 소리를 내는데 이렇게 되면 곧바로 이유를 하게 된다. 으르렁거리는 소리를 내는 이유 중의 하나는 자견의 날카로워진 치아가 모견의 유두에 고통을 가하기 때문이다.

일부 자견들은 10주령까지 포유 하는 경우도 있지만 6주령에 이유를 하게 되면 자견이 조기에 새로운 환경을 접할 수 있는 기회와 사교화를 위해 필요한 시간을 많이 제공해주는데 도움이 된다. 사교화 기간 동안 자견들은 우리 밖의 특정한 지역을 배변 장소로 이용하기 시작하는데 강아지가 우리를 벗어나올 때 땅에 코를 대고 냄새흔적을 따라가는 모습을 볼 수 있는데 이러한 냄새는 배설 반사작용을 촉발시킨다.

자견은 배변 없이 오랜 시간동안 잠을 잘 수 있다. 그러나 잠에서 깨어 있을 때는 배변을 빈번히 하게 한다. 이러한 생리적 특성을 이용하여 강아지가 특정장소에 배설하도록 훈련시킬 수 있는데 이 배설 장소에서 나는 냄새는 강아지가 와서 배설장소로 계속 이용하도록 하게 만든다.

이러한 특징을 이용하여 자견의 집안 길들이기를 빠른 시간 내에 할 수 있다. 새집으로 왔을 때 자견을 한 시간 정도 우리 주변에서 놀린 다음 우리 속에 가두어 둔다(필요에 따라 자견 케이지 안에 머물게 한다).

강아지의 반응에 따라 수분에서 한 시간 가량 가두어 둔 다음 배설장소에 데리고 가 배설시킨다. 이러한 방법은 자견을 단시간 내에 집안 길들이기를 하는데 도움이 된 다. 이 기간 동안 자견은 어미의 고형물 사료를 점진적으로 섭취하게 되는데 어미의 젖을 더 이상 먹을 수 없는 6주령이 되면 자견은 영양소 요구량을 전적으로 고형물 사료로부터 섭취할 수 있게 된다.

따라서 모견 사료 급이기는 자견들이 쉽게 사료에 접근할 수 있고 섭취할 수 있도록 가능한 낮게 해준다. 물통의 턱이 높으면 자견이 물통에 빠져 죽을 위험이 있기 때문에 물통의 턱이 높지 않아야 한다. 이유(離乳)는 매우 간단하다.

자견을 같은 장소에서 키우려하면 어미를 다른 곳으로 보내고 자견을 다른 곳으로 이동시키려면 모견, 보호상자, 사료로부터 떠나 새로운 집으로 보내면 쉽게 새로운 환경에 적응하게 된다.

4) 이유에서 새로운 집으로

새집으로 데려온 이유자견은 갑자기 바뀐 환경 때문에 어려움을 겪는다. 대부분의 이유자견들은 친숙한 보호상자나 제한된 공간 이외의 새로운 세계에 노출되면 스트레스를 받는다. 새로운 환경을 접하게 된 자견은 관리 방법에 따라 새로운 환경과 좋은 관계를 맺든지 아니면 참담한 결과를 초래하게 된다.

새집에 오게 된 이유자견은 주위 환경에 대한 친근감이 없어 밤에는 외로움을 느껴 울거나 짖는다. "조용히 해"하고 소리치는 것은 강아지가 주인의 관심을 끌기 위해 짖는데 대한 긍정적인 반응으로 간주되므로 나중에 관심을 끌기 위한 수단으로 계속 짖어 대기도 한다.

이러한 문제는 밤중에 작은 케이지를 집으로 이용하게 하거나 옛 우리에 있었던 깔짚의 일부를 집어넣어 주고, 괘종시계나 라디오 같이 소리를 낼 수 있는 기구를 이용하면 쉽게 극복할 수 있다.

고통스러워하거나 관심을 필요로 하는 경우는 주인이 관찰하면 쉽게 알 수 있다. 강아지가 나중에 자라서 출입이 허용되는 장소에 한하여 출입을 허락하고 나중에 환영받지 못할 지역은 처음부터 출입을 제한하여야 한다. 그러기 위해서는 개를 쫓는 도구나 임시 문을 이용할 필요가 있다.

이러한 방법은 개의 출입을 집의 일부분으로 제한하거나 출입 금지된 곳의 출입을 제한할 수 있다. 개는 자기만의 특정 제한할 수 있다. 개는 자기만의 특정 제한 구역을 인식하도록 쉽게 훈련시킬 수 있다.

2. 강아지 선택

개를 키우려는 것은 중대한 결심으로, 내가 돌봐주지 않으면 이후 10년간을 혼자서는 살지 못하는 동물과 함께 살아야 되는 것이다. 따라서 개와 가족이 서로 호흡이 맞아야 된다. 우선 개를 기르기 시작하면 집과 정원을 어지럽히기 쉽고 털이 잘 빠지는 개는 그것만으로도 일손이 증가하게 된다는 점을 알아야 된다. 그러므로 자기가 사육하고자 하는 개를 선택할 때는 개의 크기, 피모타입, 성별, 연령, 혈통서 유무, 순종인가 잡종인가, 어떤 목적으로 기르는가, 어디서 구입할 것인가 등을 충분히 고려해야 한다.

초대형종의 체격은 당당하게 크지만 성격은 반대로 온순한 것이 많아, 집안에서 조용히 지정된 장소에서 얌전하게 앉아 있다. 다만 차에 태울 때는 넓은 공간이 필요하고, 수명이 짧은 단점이 있으며 운동을 시키기 위해서는 넓은 공간이 필요로 하므로 이를 참조해야 한다.

대형종 보통 성격이 매우 활달해 철저히 제지하지 않으면 다른 개나 사람에게 영향을 미친다. 이 대형종 역시 초대형과 같이 운동을 시키기 위해서는 넓은 공간이 필요로 하므로 이를 생각하고 구입해야 한다.

중형종은 대체로 가족과 집, 차에 어울리기 쉬운 적당한 크기로, 종류가 대단히 많아서 선택의 폭이 넓다.

소형종은 안고 다니기에 적당한 크기로 초대형견이나 대형견처럼 운동을 시키기 위해 넓은 공간이 필요치 않고 비교적 다루기가 수월하므로 처음 개를 기르는 사람에게 알맞다.

3. 강아지 성장에 영향을 미치는 요인

① 유전(Genetic potential)
② 환경(Environment Condition)
③ 신체상태(Physical condition)
④ 품종(Breed)
⑤ 지역분포(Geographical distribution)

4. 왜 강아지는 특별한 영양을 필요로 하나?

① 강아지의 성장은 생후 1년에 이루어지기 때문에 이 시기에 영양공급은 매우 중요하며 특히, 처음 몇 달 동안은 급속하게 성장한다.
② 이 성장기간에 골격형성, 근육형성, 모질개선, 질병에 대한 저항성을 갖추게 되며 이를 위해 성장하는 강아지는 성견에 비해 체중 대비 2배 정도의 영양을 필요로 한다.
③ 강한 골격과 치아를 갖기 위해 필요한 영양이 요구되고 원활한 몸의 기능, 맑은 눈, 빛나는 모질, 그리고 건강한 성견이 되기 위해 필요한 영양이 요구된다.
④ 애견의 일생 중 가장 큰 스트레스 요인은 성장기와 임신기(포유기, 비유기)인데 전람회 출전

견, 사냥견, 스포츠견 들이 되는 강아지는 추가적인 영양을 필요로 한다.

5. 강아지 먹이 급여요령

① 갓 젖 뗀 강아지에게는 소화되기 쉬운 가장 쉬운 상태의 먹이를 주어야 한다.

② 초소형 견종은 6개월, 소형 견종은 10개월, 중대형 견종은 12 ~24 개월 만에 발육이 완성된다. 최소한 이 기간에는 강아지용 애견 식품을 급여해야 한다.

③ 소형 애완견의 경우 이유 전(6~8주)까지는 습식 상태로 급여한다.

④ 밥그릇은 매일 청소하고 신선하고 깨끗한 물을 항상 급여하며, 건조식품을 물에 불려 줄 때는 가능한 너무 차지 않은 물에 불려 주어야 한다.

⑤ 우유는 오히려 좋지 않다.(강아지는 유당소화능력이 사람에 비해 떨어지므로 설사를 할 수도 있다)

6. 먹는 습관 길들이기

① 가족들이 식사하면서 사람이 먹던 것을 주지 말 것

② 정해진 시간에 정해진 곳에서 애견 식품을 준다.

③ 가급적 시간은 가족들의 식사시간에 맞춘다.

④ 식탁 옆에서 구걸할 때 음식대신 가볍게 쓰다듬어 줄 것.

⑤ 바닥에 떨어진 음식을 주어먹지 않도록 가르친다.

⑥ 애견의 입맛이 까다로운 것은 애견에 원인이 있는 것이 아니라 사람에게 그 원인이 있다.

⑦ 가족 모두가 간식을 일절 주지 말고 물과 애견식품만을 먹도록 유도한다.

⑧ 시간을 정해놓고 애견식품을 주되 20분이 지나서 남는 먹이는 치워버리고 정해진 다음 시간까지 어떤 먹이도 주지 않는다. 다음에도 같은 방법을 반복해서 2~3일 지나면 대부분 애견 식품을 먹게 된다.

⑨ 인정에 끌려 다시 사람이 먹는 음식을 주게 되면 다음에는 그 만큼 더 습관을 고치기 어렵게 된다.

⑩ 애견은 자기가 음식을 거부하면 더 맛있는 것을 줄 줄 알고 고집을 부리는 것. 따라서 고집을 꺾어야 한다.

⑪ 아무리 고집이 강한 애견이라 하더라도 먹을 것을 놔두고 굶어 죽지는 않는다.

Chapter 03

반려견 행동학

The behavior of companion dogs

I. 반려견 행동학

I 반려견 행동학

학습목표
1. 반려동물 행동학의 기본개념을 이해한다.
2. 행동이 일어나는 구조에 대해 이해한다.

1. 행동의 발달

'동물'이란 무엇일까? 당연하게 생각하는 것도 조금 파헤쳐 보면 다양한 의문이 피어나게 된다. 동물이란 글자그대로 '움직이는 것'이며 사전에는 '운동과 감각의 기능을 가진 생물군으로 일반적으로 식물과 대치되는 것'이라고 되어 있다. 그리고 영어의 animal이라는 말도 '살아 있다'를 의미하는 라틴어 anima에서 온 것이다.

어찌됐든 동물들이 보이는 다양한 행동은 동물들의 겉모습과 마찬가지로, 또는 그 이상으로 사람들의 마음을 사로잡아 온 요소이며 동물에 대해 더 알고 싶다는 우리들의 욕구의 동기부여이기도 하다. 아마도 이러한 배경으로 옛날부터 동물의 행동에 관한 기재는 동서양을 막론하고 수없이 남겨져 있는 것인데 동물행동에 과학적 연구의 시각이 들어가기 시작한 것은 사실 비교적 최근의 일이다.

유럽에서 동물행동학(Ethology)라는 새로운 학문분야가 탄생하여 로렌츠, 틴베르겐 그리고 프리슈 3인의 선구자들이 함께 노벨상(1973년도 의학생리학상)을 수여한 것이 하나의 계기가 되어 동물행동학은 20세기 후반에 대단한 발전을 이루었다(그림3-1).

동물행동학에서 특히 중요하다고 생각되는 것 중 하나가 다양한 동물들이 보이는 다양한 행동을 카테고리로 분류하여 진화나 적응과 같은 시간적으로도 공간적으로도 스케일이 큰 관점에서 각각의 행동이 가진 생물학적 의미를 찾자, 라는 태도 또는 개념이다. 이것에 대해서는 뒤에서 말하는 '행동학연구의 4분야'에서 자세히 설명한다. 예를 들어, 개와 고양이의 일상적인 행동을 비교해보면 좋을 것이다. pet food의 먹는 방법이나 배설 방법, 주인에의 접촉방법 등을 보고 있으면 행동상의 여러 가지 차이가 보인다. 태어나서 부터 인간과 생활

▌그림 3-1▐ 동물행동학의 개척자들

하는 애완동물에게도 그들의 선조인 야생동물종이 오랜 세월에 거쳐 몸에 베인 행동양식이 그 외관을 물려받은 것처럼 확실하게 남겨져 있기 때문이다. 각각의 종에 특유의 행동양식이 진화해 온 것에는 확실한 이유가 있다. 그 동물에게 있어서 무엇이 정상적인 행동이고 무엇이 이상한 행동인지를 판단하는데 매우 중요한 것이다.

2. 반려동물행동학의 기초적 개념

1) 동물행동학의 개념

근대동물행동학의 개척자인 로렌츠나 틴베르겐 등이 제창한 기본적인 개념 중에는 현대에도 통용되는 중요한 개념이 몇 가지나 있다. 그 중 하나가 생득적 해발기구라는 개념이다. 생득적이라는 것은 태어나면서부터 라는 의미로 생득적 행동이란 학습이나 연습을 필요로 하지 않고, 타 개체를 모방하지 않고, 또한 환경에서의 영향도 받지 않고 발달하는 행동을 가리키는데 이러한 생득적 행동의 조합이야말로 각각의 동물의 행동을 특징짓고 있는 것이다. 틴베르겐이 제창한 가설에서는 이 생득적인 행동이 일어나기 위해서는 열쇠자극이라 불리는 외계로부터의 감각자극이 필요하며 이 열쇠자극을 포함한 해발인자(releaser)를 인식함에 따라 그 동물 종에 특이적인 행동이 생득적 해발기구라 불리는 메커니즘을 통해 일어난다. 이것은 추상적인 개념이지만 동물행동의 기본패턴을 이해하는 데는 유용한 개념이라고 생각된다.

그 후 이 생득적 해발기구의 또 하나의 요소로서 '동기부여'를 포함하는 것이 제창되었다. 예를 들어, 번식기가 되면 먹이는 거들떠보지도 않고 이성을 요구하는 성행동이 일어나는 것은 그 시기가 주로 호르몬의 작용에 의해 생식행동에 대해 동기부여 되고 있기 때문이다.

이 점에 대해서는 뒤에서 자세히 설명한다(그림 3-4 참조).

2) 행동학 연구의 4분야

동물행동학의 창설자들은 동물의 행동에 대해 다음과 같은 관점에서 취급하는 것의 중요성에 대해 설명하였다. 즉, 행동의 지근요인, 행동의 궁극요인, 행동의 발달, 행동의 진화의 각 관점으로 이것을 '행동학 연구의 4분야'라고 부른다(표 3-1). 각각에 대해 이하에 간단히 설명한다.

▌표 3-1▌ 행동학 연구의 4분야

① 행동의 지근요인(Proximate factor) : 행동의 메커니즘을 연구하는 분야
② 행동의 궁극요인(Ultimate factor) : 행동의 의미(생물학적 의의)를 연구하는 분야
③ 행동의 발달(Development or Ontogeny) : 행동의 개체발생(발달)을 연구하는 분야
④ 행동의 진화(Evolution or Phylogeny) : 행동의 계통발생(진화)을 연구하는 분야

어떠한 행동도 이러한 몇 가지의 다른 관점에서 바라보면 평소와 다르게 보일 것이다.

예를 들어, 수캐가 한쪽 다리를 들고 배뇨하는 행동(Raised Leg Urination ; 여기서는 다리들기배뇨라고 한다)에 대해서 이 4가지 분야를 생각해보자(그림 3-2). 수캐는 어디에나 다리들기배뇨를 하는 것이 아니다. 우선 킁킁 하고 냄새를 맡고 목표를 확인한 뒤 다리를 올린다. 그리고 한 번에 방광을 텅 비울만큼 배뇨하는 것이 아니라, 아주 약간으로 그치고 다음 목표로 이동한다. 이때, 수캐의 신체 내에서는 다양한 반응과 변화가 일어나는데 그 하나하나가 신비로 넘쳐난다. 예를 들어, '수캐는 어떠한 장소를 선택하여 다리들기배뇨를 하는가?', '맡은 냄새에 포함된 다른 개의 냄새는 어떠한 단서를 이용하여 개체가 식별되는 것인가?', '한곳에서의 배뇨량은 어떻게 조정되어 있는가?'와 같은 소박한 의문이 차례차례 떠오른다. 이러한 의문에 답하려는 것이 행동의 '지근요인'에 관한 연구 분야이다.

그것보다도 '이 수캐의 다리들기배뇨는 무엇을 위한 것인가?'라는 의문이 먼저 떠오르는 사람도 있을 것이다. 고양이나 토끼나 말에서는 이러한 행동이 보이지 않는다. 그럼, 어째서 개에서만 그것도 수캐에 한해서(암캐도 다리들기배뇨를 보이는 개체가 있으나 훨씬 적다) 이러한 행동이 있는 것인가? 행동은 적응적으로 진화하는 것이므로 이 행동을 가지고 있는 수캐 쪽이 이 행동을 보이지 않는 수캐에 비해, 생존하거나 번식하는데 유리하기 때문에 자손에 이 행동양식이 퍼졌음에 틀림없다. 이 행동은 분명히 마킹행동으로 생각되므로 아마도 자신의 세력권을 주장하거나 무리의 동료 또는 침입자에 대해 신호를 보내는 역할을 하고 있었던 것이다. 이처럼 행동의 의미, 즉 생물학적인 의의를 찾으려는 것이 두번째의 '행동의 궁극요인'에 관한 분야이다.

또한 '시간의 흐름과 함께 이 행동이 어떻게 바뀌어 가는가?'라는 의문에 관심을 가진 사람도 있을 것이다. 탄생(또는 수정)한 뒤 나이가 들어 수명을 마칠 때까지의 동물의 한 생애를 통한 시간 축에 따른 행동변화의 연구가 3번째의 '행동의 발달'에 관한 분야이다.

그리고 '대상으로 하는 시간스케줄을 아주 길게 놓고 진화라는 관점에서 개의 선조를 어디까지 거슬러 오르면 이 다리 들기 배뇨의 원점에 봉착할 수 있는가?'라는 의문에 답하기 위한 연구가 4번째의 '행동의 진화'에 관한 분야이다. 이 연구에서는 개의 선조라 생각되는 동물에 대한 오래된 지층에서 발굴된 뼈의 표본이나 화석 등의 상세한 조사와 함께, 현존하는 근연 동물종의 행동을 연구하여 예를 들어 다리 들기 배뇨라는 행동이 어떠한 환경(자연환경도 사회적 환경도 포함)에서, 어떻게 진화해왔는가를 밝혀가는 것이다.

이와 같이 하나의 생명현상에 대해 시각이나 시간스케줄을 바꾸면서 다양한 관점에서 검토함으로써 포괄적으로 이해하려는 자세는 물론 다른 학문분야에서도 필요한 것이지만 동물행동학에서는 특히 중요하다.

▌그림 3-2▐ 행동학의 4가지 관점에서 수캐가 한쪽 다리를 들고 배뇨하는 행동을 생각해본다(1. 지근요인 : 일반배뇨와 어디가 다른가? 2. 궁극요인 : 어떠한 의미가 있는가? 3. 발달 : 새끼 때는 하지 않았지만 언제부터 하는가? 4. 진화 : 늑대도 하는 것인가?).

3) 적응도

현대의 동물행동학을 지지하는 중요한 기본적 개념 중 하나가 적응도(Fitness)라는 사고이다. 이것은 생애번식성공도(Lifetime Reproductive Success)라고 하며 수치로 나타낼 경우, 어느 동물이 낳은 새끼의 수(즉, 출산수)와 그 새끼들이 번식연령에 도달하기까지의 생존율의 곱으로 나타낸다. 행동생태학자의 말대로 '동물의 행동은 적응도를 가장 높일 수 있는 형태로 진화해 왔다.'고 생각하면 지금까지 연구되어 온 다양한 사례들이 잘 들어맞는다고 한다.

적응도를 높이기 위해 동물들이 취하는 전략은 매우 다양하다. 예를 들어, 출산수와 생존율에 한하여 생각해보면, 자신이 태어난 강을 거슬러 올라 되돌아온(모천회귀라고 한다) 연어는 한 번에 수천 개의 알을 낳는데 이 알에서 돌아온 치어의 생존율은 매우 낮고 바다에 한번 내려가 회유하고 다시 하천으로 돌아와 알을 낳기까지 생존할 수 있는 개체는 몇 마리뿐일 것으로 생각된다.

반면, 아프리카대륙에 서식하는 대형 포유류의 대표인 코끼리는 한 번의 분만에 1마리의 새끼밖에 낳지 않지만 이 새끼는 무리에서 소중히 키워져 위험이 넘쳐나는 환경에서도 성수가 될 때까지 성장할 가능성은 연어에 비해 훨씬 높다. 말하자면 연어는 대량의 알을 낳아놓기만 할 뿐, 생존력과 운이 있는 새끼만이 기적적으로 살아남는 것에 기대를 거는 번식전략을 취하는데 반해, 이와는 달리 코끼리는 단 1마리의 새끼에게 모든 희망을 품고 소중하게 키워내는 전략을 취하는 것이다.

이상의 예와 같이 현존하는 동물들은 다양한 번식전략을 취하면서 결과적으로 적응도를 높일 수 있는 길을 걸어온 것이다. 적응도의 상승에 성공한 동물들의 자손이 그 환경에서 번영을 한다. 이러한 관점에서 보면, 어떤 새로운 행동이 적응도의 상승으로 이어지면 그러한 행동변화를 초래한 유전자의 변이가 다음 세대에도 출현빈도가 높아지게 된다. 이렇게 하여 세대가 거듭되는 동안 특정행동이 진화해간다, 라는 것이 이 적응도의 기본적인 개념이다.

윌리엄 해밀턴의 이론에 진전되어 리처드 도킨스는 이기적 유전자라는 개념을 제창했는데 이것은 '동물은 자신들의 종을 번영시키기 위함이 아니라, 자신의 유전자세트가 다음 세대에 의해 퍼질 수 있는 방향성의 진화를 이루어왔다.'는 것을 알기 쉽게 설명하려고 한 것이다. 동물의 행동을 분자생물학이나 신경과학 또는 수리생태학과 같은 관점을 도입하면서 재검토해보면 한층 흥미로워질 것이다. 이러한 복합적 시야를 가진 것은 동물의 의료라는 응용적 분야에서도 앞으로 점차 중요해질 것이다.

4) 이타행동과 포괄적응도

적응도를 높이기 위한 동물의 이기적이라고도 생각되는 행동과는 모순되는, 이타적인 행동의 예도 수없이 알려져 있다. 특히 혈연관계에 있는 어느 개체 간의 경우에는 서로 돕는 행동이 자주 보인다. 늑대의 무리에서는 젊은 암컷이 태어난 새끼들의 포육을 돕고, 소의 무리에서는 어미 소가 먹이를 먹기 위해 초원에 나가있는 동안 새끼들을 한 곳에 모아놓고 교대로 암소들이 보살피는 탁아소(실제 이러한 집단은 탁아소를 의미하는 creche라 불린다)와 같은 것의 존재도 알려져 있다. 야생동물의 집단에서는 동료 간에 서로 도우며 생활하는 이 같이 사례가 수없이 알려져 있다.

이상과 같은 행동을 제대로 설명하기 위해 적응도의 개념을 확대하여 '포괄적응도'라는 개념이 제창되었다. 이것은 어떤 개체가 자신과 혈연관계에 있는 다른 개체의 생존과 번식을 도움으로써 자신과 공유하고 있는 유전자세트가 그 근연개체의 번식성공을 통해 다음 세대로 이어진다는 개념이다.

3. 행동의 구조

1) 동물의 생득적 행동

태어나면서부터 가지고 있는 각 동물 종에 특유한 행동양식을 '생득적 행동'이라 하며 학습에 의해 후천적으로 획득된 습득적 행동(학습행동/획득행동)으로 구별한다. 예를 들어, 수캐가 전신주에 한쪽 다리를 들고 배뇨를 하는 행동은 생득적 행동이지만 주인의 명령에 따라 '앉아'를 하는 것은 학습에 의해 획득된 행동이다. 이러한 동물이 보이는 행동의 하나하나에 대해 유전적으로 결정되는 요소와 후천적으로 결정되는 요소의 각각이 차지하는 비율이 어느 정도일까를 생각해보는 것은 중요하다. 또한 생득적 행동의 패턴을 동물종 간에 비교함에 따라 동물행동의 진화까지 생각해보는 습관을 들이는 것도 중요하다.

그것은 우리 주변에 있는 개와 고양이를 예로 들어 생각해보면 알 수 있다. 개도 고양이도 선조는 원래 같은 동물이며 먼 옛날에 각각의 진화의 길을 걷기 시작한 뒤, 각각이 생활하는 환경에 더 잘 적응하기 위해 조금씩 오랜 세월동안 모습과 행동패턴을 바꾸어왔다. 따라서 현대의 개와 고양이가 보이는 정상행동양식을 이해하려면 '그들의 야생선조종이 어떠한 자연환경에서 생활하고 있었는가?', '거기서 늠름하게 생존하여 자손을 남기기 위해서는 어떠한 행동양식을 갖는 것이 중요했을까?'와 같은 문제의식을 항상 갖는 것이 의혹을 푸는데 중요한 단서가 될 것이다.

2) 고차 뇌기능의 발달과 행동의 복잡화

무리의 동료들과 서로 협력하여 큰 먹이를 잡고, 육아도 공동으로 하는 늑대에서는 무리의 동료 간이 서로 끈끈한 정으로 연결되어 있고, 개체 간에는 엄격한 서열이 있어 무리의 질서가 안전하게 보존되고 있다. 그들의 사회적 행동은 매우 발달해 있고 서로의 커뮤니케이션의 방법도 복잡하며 고도로 진화한 것이다. 개들이 주인의 가족의 일원으로서 행동하고, 가족과의 교감이 큰 기쁨이 되고 그들에게 있어 자신의 둥지라고 할 수 있는 주인의 집과 정원을 침입하는 자에 대해 강한 경계를 보이는 것은 모두 늑대가 엄격한 자연환경 속에서 진화시킨 습성이 남아 있는 것이라고 할 수 있다. 한편, 쥐와 같은 작은 사냥감을 단독으로 수렵하면서 삼림 속에서 조용히 생활하던 고양이들의 선조에게는 늑대만큼 사회적 행동을 발달시킬 필요가 없었다고 생각된다. 그 대신, 고양이과 동물들이 수풀 속에서 눈에 띄지 않는 색채의 피모를 입고, 소리를 내지 않고 먹이에 접근할 수 있는 유연한 몸과, 자유롭게 뺐다가 감출 수 있는 발톱과 같은 사냥을 위한 무기를 손에 넣은 것이다.

동물 종에 의한 행동의 차이이나 행동의 진화와 같은 것을 생각하기 위해, 예를 들어 쥐의 행동과 개의 행동을 비교해보자. 같은 포유류에 속하는 둘의 행동을 비교해보면 먹이를 먹거나 휴식하거나 배설하거나 영역을 지키거나 육아를 하는 등 상당히 비슷한 부분도 많이 있지만, 하나하나의 행동의 다양성이나 유연성이라는 점에서는 개 쪽이 뛰어나다는 것을 알 수 있다. 행동의 유연성이라는 것은 상황에 따라 새로운 행동양식을 학습하거나 조립하는 능력에 관련되며 이것은 뇌, 특히 대뇌신피질의 발달과 관계가 깊다. 쥐도 개도 그리고 사람도 뇌의 중심에 가까운 부분의 구조나 기능은 거의 동일하다. 이 부분은 호흡이나 순환, 체온과 같은 자율기능을 유지하고, 에너지의 균형을 감시하고 있어 식욕을 일으키거나 휴식을 지시하는, 즉 살아가기 위해 반드시 필요한 신체의 기능을 제어하는 뇌간의 부분이다.

이러한 기본적인 생명활동부분은 공통이지만 그 뇌간을 감싸는 외투부분, 즉 신피질의 발달정도에는 종간에 큰 차이가 보인다. 가장 발달한 유인원 등에서는 신피질이 뇌 전체를 완전히 덮어서 감추고 있다. 이 대뇌신피질은 다양한 고차의 뇌기능에 관련되어 있는데 그 중에는 과거의 경험에 비추면서 상황에 대응한 적절한 행동을 선택하여 실행하거나, 그 상황에서의 특정결과를 정동반응과 관련지어 학습하거나, 장래의 사건을 예측하여 불안이나 기대를 일으킴으로써 행동패턴에 영향을 주거나 하는 것 등이 포함되어 있다. 그리고 이 뇌부위의 발달정도가 동물 종에 따른 차이가 가장 크고 행동양식의 차이와도 밀접하게 관련되어 있는 것이다. 현대의 생물학에서는 하등 · 고등이라는 말은 거의 사용되지 않고, 더 복잡한 시스템 또는 심플한 시스템이라는 관점에서 동물을 비교한다. 즉, 개는 쥐에 비해 더 복잡한 뇌(특히 신피질)를 가지고 있으며 이것이 행동의 다양성과 유연성을 만들어내고 있는 것이다(그림 3-3).

3) 인간의 관여가 초래하는 행동의 변화

인간과 함께 생활하는 동물들, 즉 가축이 보이는 행동은 기본적으로 야생의 선조종이 보이는 행동과 매우 닮았다. 그러나 제2장에서 자세히 설명하겠지만 가축화(포획된 야생동물에게 먹이를 주고 길들이고 또한 번식도 인간이 관리하고 특정목적을 위해 육종개량을 해가는 장기간에 걸친 프로세스)의 과정에서 크게 변화한 행동도 적지 않다. 예를 들어, 소나 말을 인간이 키우기 시작했을 때를 생각해보자. 포획된 동물의 대부분은 식량이 되고 소수만이 남겨졌다 하더라도 주변에 남겨 놓기 위해 최초로 선발된 동물들은 아마도 얌전하고 인간을 잘 따르는 동물이었을 것이다. 반대로, 경계심이 강한 동물이나 공격적인 동물은 맨 먼저 처분되었을 것이다. '가축화의 과정에서 동물의 행동패턴에 큰 영향을 미친 요인으로는 이러한 인위적인 육종선발과 더불어, 야생에서는 동물들이 생활의 대부분의 시간을 보내고 있던 식량을 획득하기 위한 행동이 주인의 먹이공급에 의해 불필요해지고, 인간의 관리 하에 놓임으로써 외부의 적으로부터 보호되고 안전도 제공된다.'라는 큰 환경변화도 들 수 있다.

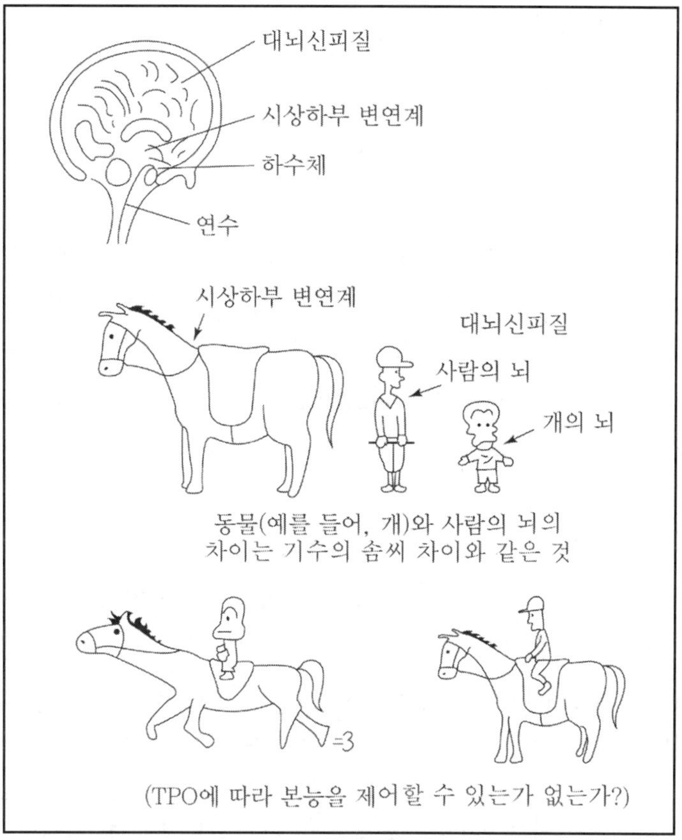

▌그림 3-3▐ 뇌의 발달과 행동의 복잡화

따라서 우리 주변의 동물들의 행동을 이해하기 위해서는 다음의 2가지 개념이 중요하다. 첫째, 야생의 선조종의 행동에 대해 그들이 생활하는 자연환경(거기에는 먹이가 되는 식물이나 동물이 존재하나 항상 충분한 것이 아니며, 적인 포식자가 있어 위험과 늘 함께 생활하고 있고, 계절에 따른 기후변화 등 혹독한 환경도 있다) 속에서 어떻게 하여 각각의 종을 특징짓는 외모적 변화(신체의 크기나 형태)가 진화했고, 동시에 특유의 행동양식이 진화해 왔는지를 생각해보는 것이다. 이렇게 함으로써 '그들에게 있어서는 무엇이 정상행동인가'라는 것이 비로소 이해되고, 그 이유가 보이게 될 것이다.

둘째, 그런 다음 인간과 함께 생활하게 됨으로써 동물들의 행동에 어떠한 변화가 일어났는가를 생각해보는 것이다. 그 변화의 원인은 앞에서 말했듯이 인간의 상황에 따른 육종선발도 있을 것이고, 혹독한 자연도태압을 피함으로써 나타나는 변화도 있을 것이다. 이러한 생태학적 입장, 그리고 적응 진화적 사고에서 동물을 바라보려는 자세와 방법을 갖는 것이 동물행동학을 배우는데 있어서 무엇보다 중요하다.

4) 행동이 일어나는 구조

(1) 생득적 해발기구

생득적 행동(Innate Behavior)이란 학습이나 훈련 없이, 다른 개체에서 모방하지 않고, 그리고 환경의 영향도 받지 않고 발달하는 행동을 말한다. 즉, 각각의 동물 종에 태어나면서부터 갖추어져 있는 특이적인 행동레퍼토리(Repertoire)이다. 이러한 생득적 행동을 일으키는 자극을 열쇠자극이라 하며, 열쇠자극을 포함한 해발인자에 의해 행동이 일어나는 구조를 생득적 해발기구(Innate Releasing mechanism)라 한다. 단, 대부분의 경우 특히 포유류 등에서는 엄밀한 의미의 생득적 행동은 거의 없고 대부분의 행동은 실제로는 학습의 요소와 생득적 요소가 복잡하게 얽혀서 성립되어 있다.

(2) 행동의 동기부여

열쇠자극이 있어도 동기부여가 없으면 행동은 일어나지 않는다. 동물이 시기의 차이에 따라 먹이나 다른 개체에 대해 다른 행동을 하는 것은 내적 상태가 다르기 때문이며 동기부여(Motivation)는 어떤 목적을 위해 동물이 특정행동을 하는데 필요한 메커니즘이다(그림3-4). 예를 들어, 아무리 맛있는 먹이를 보여줘도 이제 막 식사를 마친 만복일 때는 먹고 싶어 하지는 않을 것이다. 즉, 이 경우 먹이라는 열쇠자극에 의해 나타나야 할 섭식행동이 식욕이라는 동기부여레벨이 낮기 때문에 일어나지 않는 것이다. 동기부여는 ① 개체의 생존을 위한 식욕, 수면욕, 배설욕, 체온과 호흡의 유지욕과 같은 호메오스타시스(homeostasis)성 동기부여 ② 종의 존속을 위한 성욕과 육아욕과 같은 번식성의 동기부여 ③ 호기심이나 조작욕, 접촉욕과 같은 내발적 도기부여 ④ 정동적 동기부여 ⑤ 사회적 동기부여 등 다양한 종류로 분류할 수 있다는 것이 제창되었다. 어느 행동에 동기부여 되어 있는 동물이 보이는 탐색적 행동을 욕구행동(Appetitive Behavior)이라고 한다. 예를 들어, 공복의 개체가 적극적으로 먹이를 찾는 행동은 욕구행동이며, 이 행동의 경우의 최종목표인 채식(採食)행동은 완료행동(Consummatory Behavior)이라 하여 구별된다.

(3) 동물의 감각세계

우리들 인간이 생활하는 감각세계는 동물들의 감각세계와 같은 것만은 아니다. 예를 열거하자면 끝이 없지만 예를 들어, 어느 종의 뱀은 공기관(Pit Organ)이라는 적외선탐지장치를 머리에 가지고 있어 어둠 속에서도 체온을 단서로 먹이인 쥐 등의 소동물의 위치를 정확히 찾아낼 수 있다. 마치 우리들이 적외선스코프를 사용하여 야간에 침입자의 감시를 하는 것과 같은 시스템을 가지고 있는 것이다. 또한 외양간올빼미는 야행성 조류인데 약간 위, 아래

▌그림 3-4▐ 동기부여상태의 변화가 가져오는 행동변화

로 어긋난 좌우의 귀에 도달하는 음의 시간차로 음파정위를 하여 먹이가 있는 곳을 정확히 알아낼 수 있다.

후각에 관해서 말하면, 일반적으로 동물은 인간에 비해 훨씬 예민하며, 예를 들어 개는 냄새에 의한 개체식별 따위도 간단히 해내고, 누에나방의 성페로몬인 본비콜은 수km 떨어진 곳에 있는 수컷을 부를 정도로 강력한 작용을 가지고 있다. 이와 같이 시각, 청각, 후각 등 어떠한 감각에 대해서도 동물과 인간은 지각할 수 있는 정보의 물리화학적 성질과 감도에 큰 차이를 보이는 경우가 많다. 각각의 동물 종에 따라 감각세계가 다르다는 것을 이해해 두는 것은 상대방(취급하는 동물)의 입장에 서서 생각하기 위한 필수조건이기도 하다. 왜냐하면 인간에게는 아무 것도 아닌 자극(예를 들어 가청범위외의 초음파)이 개나 고양이에게 있어서는 견디기 힘든 고통(이 경우는 소음으로서)이 될 수 있기 때문이다.

(4) 커뮤니케이션과 신호

개와 고양이의 사회적 행동과 커뮤니케이션에 대해서는 제6장과 제7장에서 배울 것이므로 여기서는 커뮤니케이션에 사용되는 신호의 의미에 대해 간단히 설명해두기로 하자.

동물은 각각의 종에 특유한 울음소리와 소리(청각신호), 표정, 자세와 동작(시각신호) 또는 체취와 페로몬(후각신호) 등을 사용하여 정보를 교환한다. 이러한 신호가 전달하는 내용으로는 개체의 귀속에 관한 정보(조, 성, 연령, 집단, 혈연 등), 개체의 내적 상태에 고나한 정보(영양, 내분비, 동기부여, 정동 등), 외계의 사상에 관한 정보(먹이나 적의 존재 등) 등을 들 수 있다. 특히 동료 간의 커뮤니케이션에 관한 것으로 동물행동의 진화과정에서 하나의 신호행동이 매우 정형적이면서 명료해진 것을 의식화(Ritualization)된 행동이라 부르는 경우가 있다. 동물들이 보이는 행동의 레퍼토리를 충분히 이해함에 따라 그 개체에 관한 다양한 정보를 얻을 수 있으므로 커뮤니케이션이나 신호에 대해 알아둘 필요가 있다.

(5) 행동의 발달과 학습

캘리포니아공과대학의 연구그룹에 의해 실시된 작은 새의 지저귐에 관한 흥미로운 연구가 있다. '태생이냐 환경이냐'라는 말이 자주 사용되는데 이 그룹에 의한 발견은 2가지 모두 행동발달에 매우 중요하다는 것을 명쾌하게 제시한 것으로 유명하다.

이것은 울참새라는 새의 지저귐이 같은 캘리포니아 주 안에서도 서식하는 장소에 따라 조금씩 다르다, 즉 방언이 있다는 현상을 들어 그 구조를 조사한 것이다. 이 새의 경우, 병아리가 알에서 부화한 직후의 한정된 시기에 주위에서 지저귀고 있는 부모들의 노래를 우선 주형(鑄型)으로서 뇌에 기억한다. 병아리는 태어나서 곧바로 노래를 할 수는 없지만 성장하여 노래하기 위한 기관이 발달하면 곧 지저귀기 시작한다. 이때 나오는 방언, 즉 지저귐의 패턴은 사실 어릴 때 주형으로서 기억된 기억에 비추어보면서 자신의 울음소리를 그것에 근접시키도록 노래를 완성시키는 것으로, 그 시기에 우연히 주위에서 울고 있는 다른 새의 소리가 견본이 되는 것이 아니다, 라는 것이 오랜 세월의 연구를 통해 밝혀졌다. 즉, 새의 지저귐은 본능적으로 처음부터 내재되어 있는 것이 아니라, 어느 시기에 기억이 형성되고 한참 뒤에 필요해졌을 때 그 기억을 불러내 이것을 견본으로 연습을 반복함에 따라 각 토지의 방언이라 할 수 있는 독특한 지저귐이 탄생하는 것이다. 이와 같은 현상을 '개체발생에서의 행동의 가소성'이라고 한다.

반면, 포유류를 보면 말이나 소의 새끼는 태어난 그 날에 어미를 따라 초원을 이동할 수 있는 것에서도 알 수 있듯이 운동계나 감각계가 거의 완성된 상태로 탄생하는 조성성 동물이지만, 개나 고양이와 같이 매우 미숙한 상태로 태어나 눈을 뜨고 귀가 들릴 때까지 며칠이나 걸리는 만성성 동물도 있다. 어느 쪽도 포유하기까지는 어미의 존재가 반드시 필요하지만 개나 고양이의 새끼는 어미에 대한 의존도가 더 높으며 맨 처음 1, 2주는 그야말로 하나에서 열까지 어미의 보살핌을 받지 않으면 살아갈 수 없다. 그 후에도 그들은 복잡한 사냥법을 포함하여 독립을 위해 필요한 많은 것들을 부모로부터 배우기 때문에 행동패턴의 형성에 대한 학습요소도 상대적으로 커진다. 이와 같이 동물 종에 따라서도 행동발달의 학습의 중요성은 다른 것이다.

위에서 새를 예로 들어 행동발달에 유전과 환경의 양쪽이 영향을 미친다는 것을 설명했는데 포유류도 마찬가지라는 것을 제시한 연구가 있다. 이것은 고양이에 대해 실시된 것으로 사람을 잘 따르는 수컷고양이를 아빠로 가진 새끼들은 그렇지 않은 새끼들에 비해, 성장했을 때 사람을 잘 따르는 고양이로 성장할 가능성이 높은데, 그렇게 되기 위해서는 사회화기라 불리는 시기(제3장)에 충분히 인간과 접해둘 필요가 있다, 라는 것을 제시한 연구이다(그림 3-5). 이러한 연구에서 확인된 것은 흔히 말하는 '태생이냐 환경이냐'보다도 실제로는 '태생도 환경도'이며 유전적인 요인은 환경조건이 정돈됐을 때 비로소 표현형으로서 행동에 나타난다는 것이다.

학습에는 다양한 종류가 있다는 것이 알려져 있으며 그 중에는 소위 '고전적 조건화'나 '조작적 조건화'(모두 제8장에서 배운다), 그리고 다른 동물의 행동을 흉내 내는 '모방'이나 경험과 지식을 이용하여 시행착오 없이 갑자기 행동하는 '동찰학습'이라는 것도 포함된다. '임프린팅(imprinting)'이라는 현상은 거위나 기러기 등의 조성성 조류에서 특히 유명한데 태어난지 얼마 되지 않은 시기에 최초로 본 움직이는 것을 부모로 인식하여 따르거나 그것이 장래

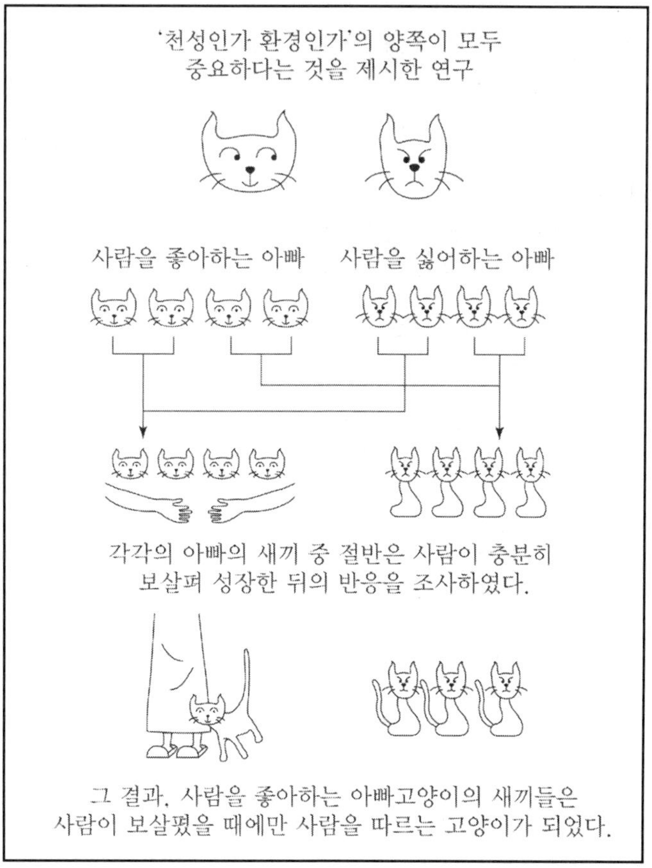

▌그림 3-5▐ 새끼고양이의 성격에 미치는 아빠고양이의 영향

의 배우자선택을 좌우하는 등 장기에 걸쳐 행동에 영향을 미치는 것이다. 이 임프린팅이 일어나는 시기를 과거에는 '임계기'라 불렀으나 현재는 '사회화기' 또는 '감수기'라고 부른다. 개나 고양이의 행동발달에 대해서는 제3장의 '2. 행동발달의 과정'을 참조할 것.

(6) 행동의 진화와 유전

동물은 각각의 종에 특유한 다양한 행동양식을 보인다. 이러한 다양성은 행동진화에 따라 만들어진 것인데 사실 행동학발전의 초기에 큰 영향을 가져온 고전적 개념의 하나로 '행동도 자연도태의 대상이 될 수 있다'라는 개념이다. 이것은 동물의 모습, 크기와 같은 외면적인 특징이 종에 따라 다른 것과 마찬가지로 행동양식도 동물 종에 따라 다른데, 두 경우 모두 동일한 원리에 의해 환경에의 적응과 진화가 일어난 결과로서 오늘날에 보이는 다양한 종의 차이가 만들어졌다는 개념이다. 이것은 다윈이 제창한 '자연선택설'(그림 3-6)에서 보면 이해하기 쉬울 것이다. 이 설은 이하의 5가지 원리로 성립된다.

① 동종의 생물이라도 모두가 같은 것은 아니다. 개체 간에는 변이, 즉 개체차가 존재한다.
② 모자의 모습이 비슷한 것처럼 어떤 종의 변이는 유전된다.
③ 생존과 번식에는 다양한 경쟁이 존재한다. 즉, 한정된 먹이와 둥지 또는 배우자 등을 둘러싸고 개체 간에 경쟁이 일어나기 때문에 태어난 모든 새끼들이 성장할 때까지 자라서 자손을 남길 수 있는 것은 아니다.
④ 생존 또는 번식에서 우수한 능력을 가진 개체는 타자와의 경쟁에서 이겨 자손을 남길 수 있는 기회가 커진다. 그 결과, 다음 세대에서는 그 능력(형질)에 관한 집단 내의 유전자변이의 상대적 빈도가 높아지게 된다.
⑤ 이처럼 생물집단이 세대를 거듭해가는 동안 그 집단전체로서 보면 그 시대의 환경에 보다 잘 적응할 수 있는 유전자를 가진 개체가 다수를 차지하는 집단으로 서서히 변화해간다.

이상의 원칙은 그대로 행동 진화에도 적용될 수 있다. 따라서 어떤 동물이 보이는 아무렇지 않은 행동 속에도 놓인 환경에 보다 잘 적응하도록 오랜 세월동안 진화해 온 행동이 많이 포함되어 있을 것이고 그 의미에 대해 깊이 생각해보는 것이 중요하다.

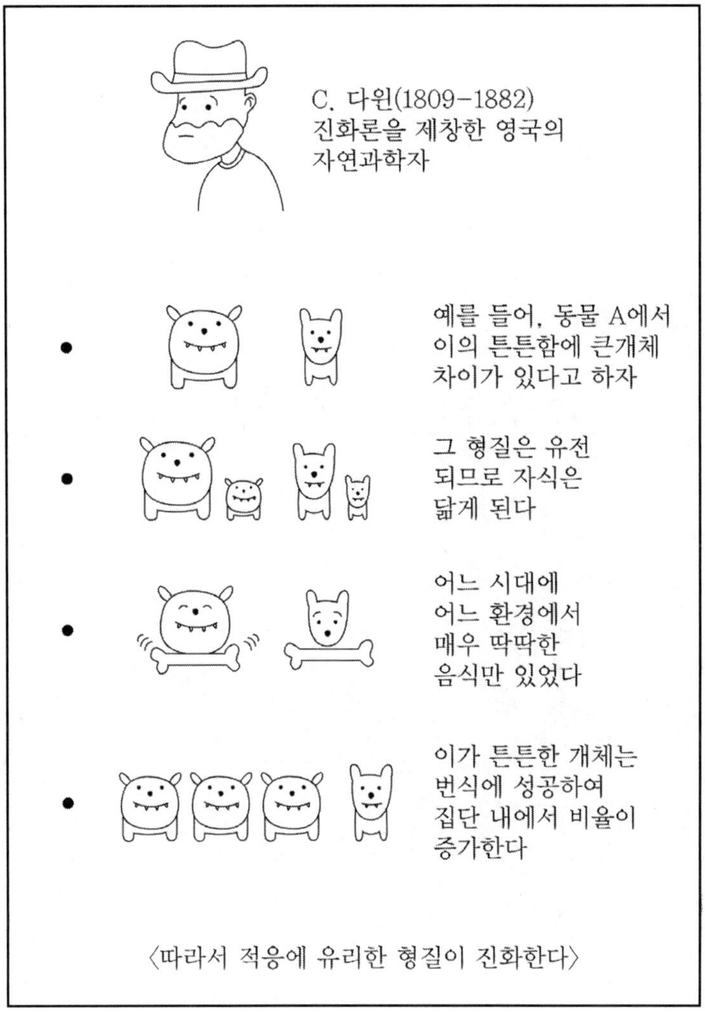

▌그림 3-6▌ 다윈의 자연선택설

Chapter **04**

반려견 영양과 먹이 관리

Companion dog nutrition and feeding management

I. 반려견 영양과 먹이 관리

I

반려견 영양과 먹이 관리

학습목표
1. 반려견에게 필요한 영양소에 대해 알 수 있다.
2. 반려견에게 급여할 먹이에 대해 이해 할 수 있다.

1. 반려견 에너지 요구량

일반적으로 강아지는 한참 성장하는 단계에 있기 때문에 성견에 비해 단위 체중 당 약 2~3배의 에너지를 요구한다.

① 생후 6~8주령 성견의 3배

② 생후 16~24주령 성견의 2배

이 기간이 애견의 일생 건강을 결정하는 중요한 시기이므로 강아지에 필요한 영양분을 이상적으로 공급해 줘야 한다. 강아지는 식욕이 매우 왕성하다. 한참 자라나는 때라 무엇이든 먹으려 하기도 한다. 그런데 잘 못 알려진 상식 중에 하나는 강아지가 많이 먹으면 탈이 나기 쉽다는 것이다. 사료를 몇 알씩 세어서 아주 조금씩 하루에 두세 번 주는 경우가 많은데 이렇게 자견에게 먹이를 주는 방법은 강아지를 매우 심각한 상태를 만들게 된다. 가능한 충분하고 넉넉한 양의 식사를 제공하는 것이 건강한 강아지로 기르는 방법이다. 그러나 사람 음식은 개에게 불균형한 식단이 되고 또 개에게 위험한 식품도 있으니 사료를 기본으로 주는 것이 좋다. 또한 성장기의 어린 강아지는 영양제등을 주어 발육이 잘되도록 하는 것이 좋다.

10마리의 강아지 중 1 마리 정도가 음식을 너무 과도하게 먹는 경우가 있기 때문에 비만이 되는 경우가 있기도 하다. 이러한 때는 강아지의 식사량을 계산하는 것이 도움이 되는데 강아지의 에너지 필요량은 다음과 같다.

2. 강아지 영양

1) 단백질

① 근육, 뼈, 털, 면역계통 등에 가장 우선 시 되는 구성 성분
② 질 좋은 단백질의 공급이 필요(단백질이 아미노산으로 분해)
③ 필수 아미노산(PVMATTHILL)
④ 소화율이 좋아야 한다.

근육과 생체 대사의 필수 물질은 단백질은 매일 체중 kg 당 5g정도가 필요하다. 단백질은 아미노산을 제공하여 뼈와 근육을 형성하고, 피부를 재생시키고 성장 발육에 중요한 영양소로 작용합니다. 하지만 단백질 양이 너무 많으면 간이나 콩팥에 부담이 되고 비만이 되기도 한다.

- **필수 아미노산** : phenylalanine(페닐알라닌), valine(발린), methionine(메티오닌), arginine(아르지닌), threonine(트레오닌), tryptophan(트립토판), histidine(히스티딘), isoleucine(이소루신), leucine(루신), lysine(라이신)

2) 지방

① 일차적인 공급 목적은 활동에 필요한 에너지를 얻는 것
② 활동을 많이 하는 개일수록 더 많은 지방을 필요로 함
③ 비타민 A, D, E와 같은 지용성 비타민의 흡수 이용과 피부, 모질의 건강, 세포 조직의 건강에 매우 중요
④ 일반적으로 애견은 지방이 많은 먹이를 좋아한다. 따라서 잘 먹는 것만 보고 계속 급여하면 비만해 질 가능성이 높다.

단백질의 두 배에 해당하는 열량을 발생시키는 지방은 체중 kg 당 1.5g 정도가 필요하다. 그러나 어린 강아지의 경우는 두 배정도가 필요합니다. 특히 지방은 생체 필수 물질인 지용성 비타민의 흡수를 돕고, 털과 피부의 대사에도 작용하여 꼭 필요한 영양소이다. 하지만 지방이 너무 과도하면 비만이 된다. 그러나 필수지방산이라는 물질이 있어서 지방을 먹지 않으면 여러 가지 대사질환이 발생하기도 하다.

3) 탄수화물

① 지방처럼 활동 에너지 공급에 목적
② 가장 우선적인 탄수화물 원료로는 옥수수, 밀, 쌀 등이 있으며 특히, 쌀은 소화율이 매우 좋아 고급 애견 식품에 사용한다.
③ 체내에서 최종적으로 분해, 흡수되면 혈당= 글리코겐이 되어 혈류를 따라 전신에 공급됨.
④ 사용하고 남은 다량의 글리코겐은 지방이 되어 체조직에 축적되는데 이 또한 비만의 원인이 된다. 대부분의 사료의 주성분이 탄수화물이다. 일반적인 열량은 탄수화물에서 공급 받게 된다.

4) 비타민과 미네랄

① 신진대사와 체조직의 기능 수행에 촉매
② 균형 잡힌 공급이 매우 중요.
③ 소량으로 중요한 기능, 자칫하면 결핍과 중독 현상 발생
이것은 부족하게 되면 큰 질병을 만듭니다. 특히 칼슘은 성장기의 어린 강아지는 kg 당 500mg정도가 필요하다. 따라서 어린 강아지에게는 영양제를 사료와 함께 먹이는 것이 좋다.

5) 수분

① 애견의 몸의 대부분을 차지하는 구성 성분
② 탈수는 강아지 폐사의 결정적인 요인.
③ 물을 충분히 먹지 못하는 애견은 성격이 거칠고 피부와 모질이 나빠지게 된다. 따라서 항시 물을 마실 수 있도록 해 주고 깨끗하게 관리해 주어야 한다.
물은 항상 신선한 것이 좋다. 좋은 물이 건강을 지키는 데 가장 필요한 것이다. 대부분 밥은 신경 쓰지만 개들에게 주는 물을 별로 관심을 갖지 않는데, 며칠씩 지난 물을 먹거나, 오염된 물을 먹으면 분명히 문제가 생기게 된다. 보통 체중의 5~10%를 먹는 것이 정상인데, 어떤 질병은 물을 많이 먹는 증상이 나타날 수 있고 때론 물을 전혀 먹지 않는 경우도 있으니 물을 너무 많이 먹거나 물을 먹지 않을 때는 수의사와 상담하는 것이 좋다. 대부분 어린 강아지가 성견 보다 물을 더 많이 먹게 된다.

3. 식성

야생시대 개는 무리를 지어 사냥을 하며 포획물을 잡아 고기나 내장을 먹는 육식습성을 가지고 있었다. 그러나 약 20,000년 전부터 인간에 의해 순화되고 밀접한 생활을 하면서 인간이 먹고 남긴 음식물 찌꺼기를 주게 되면서 현재는 잡식성으로 변했다.

개의 이가 육식 동물의 특징을 그대로 나타내고 있고 장의 형태, 길이, 기능도 늑대와 거의 다르지 않다는 것과 포획물을 잡았을 경우 만복이 될 때까지 먹고 다음 포획물이 손에 들어올 때까지 견딜 수 있을 만큼 큰(전체 소화관 60% 이상)위 등으로 인해 이런 특징들이 야생시대의 흔적임을 쉽게 알 수 있다. 그리고 이런 특징을 가지고 있는 만큼 육식 위주의 식사를 해야 한다. 그러나 개가 원래부터 육식성이었다고 해서 닭고기의 살이라든지 쇠고기의 좋은 부분만을 먹이게 되면 육류의 영양적 특성상 일부 영양소만의 편식을 유발하게 되어 전체적인 영양 균형이 깨어지기 때문에 장기간의 편식은 질병을 유발하는데 이러한 질병을 일명 "전육식 증후군"이라고 하는 증상으로 골격의 형성이 나쁘게 되기도 하고 약한 치석, 관절염을 일으키기도 하며 쉽게 골절되며 비뇨기병을 유발하기도 한다.

4. Pet Food 급여 방법

고기, 곡물, 유제품, 생선, 야채, 등을 열량과 식성에 알맞게 조리하여 주며 음식에 열을 가하면 비타민이 파괴되는 점을 감안한다.

Pet Food 종류 중 통조림은 고기만으로 된 것과 여러 가지 가 균형 있게 배합된 것이 있으며, 고기 통조림은 DOG MEAL 등을 섞어줘야 한다. 그 외에 DRY FOOD, SOFT FOOD, SEMI-MOIST FOOD 등이 이 사료는 시중 센터에서 구입하며 완전 영양식으로써 다른 첨가물이 필요 없다.

수분이 많을수록 흡수력은 좋으나 변질되기 쉬우므로, 장시간 보존을 위한다면 DRY FOOD가 좋다.

우리들이 상품으로 구입할 수 있는 사료는 건식사료와 습식사료로 나누어 볼 수 있다. 건식사료는 알갱이로 된 사료를 말하는데, 수분 함유량은 10% 미안 이고 건조한 상태여서 건식사료라고 부른다. 보존성이 좋고, 급여하기도 좋고 영양균형이 알맞아 가장 흔히 사용되는 형태이다. 단단한 건식사료는 강아지의 이를 튼튼히 할 수 있고 턱 뼈의 성장에도 도움을 준다. 그러나 수분이 적어 충분한 물을 함께 주어야 좋다. 습식사료는 수분 함량이 70% 정도인 것이 보통인데, 캔으로 포장되어 판매한다. 건식사료보다 습식사료는 냄새가 좋아 강아지들이 선호하지만 지속적으로 급여 하는 데는 적합하지 않고, 식욕이 없는 경우나 간식으로 사용하는 것이 좋다.

Pet Food는 건식과 습식의 2가지 방법으로 크게 나눌 수 있다.

1) 건식 급여 방법

① Pet Food가 항상 밥그릇에 채워져 있게 하며 계속 보충해 주는 Free choice
② 경우에 따라 여러 번으로 나누어준다.

2) 습식 급여 방법

① 하루 2~3회로 나누어 준다(곰팡이나 유해세균 오염으로 인한 설사, 질병예방).
② 밥그릇 세척을 자주한다.
③ 가능하면 매일 같은 시간에 Pet Food 급여한다.
④ 가족의 식사시간에 맞춰주는 것이 이상적이다.

음식은 보통 체중의 5~8% 정도를 주는 것이 원칙인데 주의할 점은 너무 적은 양을 주거나 식탐이 심한 강아지에게 너무 많은 양을 주어서는 안 된다는 것이다. 강아지 때는 너무 적게 먹어 허약해지기 쉽고, 또 음식량을 조절 하지 못하고 너무 많이 먹어 비만의 원인이 되기도 하니까 식사량에 관심과 주의를 기울이는 것이 필요하다.

5. 필요 영양소

개는 태어나서 1년 만에 체성숙이 다 될 정도로 매우 빠른 성장을 하는 동물이다. 개의 출생 후 1년은 사람의 15, 16세 해당하는 데 그 기간의 요구량도 사람의 영양과는 당연히 차이가 있다. 또 다 자란 개와 성장기의 개와는 그 에너지 섭취량도 달라진다. 강아지는 생후 1년 동안에 체중에서 보면 약 60배의 성장을 한다. 인간의 경우는 약 2배 이다. 그만큼 강아지는 영양을 필요로 한다. 또 개의 종류, 운동량 등에 따라서 필요한 에너지 섭취량이 달라지므로 개의 상태에 따라 급여하도록 한다.

강아지에게 필요한 영양을 주는 것은 강아지의 활동에 필요한 열량을 공급하는 것 외에 견종마다의 특징을 더욱 두드러지게 하는 효과도 있다. 영양이 골고루 들어 있는 먹이를 주면 장모종이나 견모종의 애견들은 털에 광택이 흐르고 우람한 근육질 강화를 위해 스테로이드계의 약을 투여하기도 한다. 반드시 필요한 신체의 기능을 제어하는 뇌간의 부분이다.

기르는 강아지를 좀 더 건강하고 멋있게 키우기 위해서는 균형 있고 합리적인 먹이가 필요하다.

먹이는 영양학적으로 단백질 25%, 탄수화물 50%, 지방 8% 정도의 비율이 이상적이다. 먹이양 은 견종에 따라 대충 종이컵으로 비율을 맞추어 급여하면 된다. 필요 열량은 소형견일 경우 체중 1 kg당 110 Cal, 대형견은 체중 1 kg당 60 Cal가 필요하며 발육기의 강아지나, 임신 중의 개는 평소보다 2배정도의 칼로리가 필요하다.

6. 사료급여

① 개의 미각은 사람의 1/5 정도에 불과함으로 이것저것 자주 바꾸다 보면 입맛이 까다로워지는 원인을 제공하게 된다.

(미각점수) 뱀 0, 개 1,706, 닭 24, 사람 9,000, 오리 200, 돼지 15,000, 고양이 473, 소 25,000

② 만일 먹이를 바꿀 때는 점진적으로 사료 비율을 섞어가며 5~7일간에 걸쳐 서서히 한다.

③ 임신견, 포유중인 모견, 성장기 강아지, 운동을 많이 하는 애견은 더 많은 영양을 요구하며 1일 2~3회 나누어 급여하는 것이 좋다.

④ 항상 조금 여윈 상태로 모든 움직임이 힘차고 민첩하게 건강을 유지하게 한다.

⑤ 비만 여부를 체크 할 때에는 복부가 아래로 처져있는지, 위에서 내려다보았을 때 복부가 좌우측으로 불러있는지, 1,2늑골 부분이 육안으로 확인되지 않는지를 검토한다.

⑥ 만일 비만하다고 생각되면 원하는 체중을 정해서 그 체중이 되도록 서서히 급여량을 줄이거나 운동량을 높여 준다.

1) 일일 먹이 급여량 계산법

① 소형견 생후 6주~10주 사이의 강아지는 체중의 6~7%를 급여.

(예 : 체중 600g, 9주된 강아지 → 600 × 6% = 36g)

② 소형견 생후 10주~18주에는 체중의 4~5%를 급여.

③ 소형견 생후 18주~26주에는 체중의 3~4%를 급여.

④ 소형견 생후 26주 이상 된 애견은 체중의 2~3%를 급여.

⑤ 중대형견은 소형견 급여량의 15% 정도 덜 급여.

(예 : 체중 600g, 9주된 중 대형견 강아지 → 600 × 6% = 36g, 36g × 85% = 30.6g)

⑥ 중대형견 성견은 체중의 1.2%~1.7% 정도 급여.

2) 애견 사료 급여 방법

① 갓 젖 뗀 강아지에겐 소화하기 쉬운 먹이를 주되 체중 당 영양소 요구량이 성견에 비해 2배 이상으로 많음으로 하루에 3차례씩 나누어 급여한다.

② 초소형 견종은 6개월, 소형 견종은 10개월, 중대형 견종은 12~24개월 만에 발육이 완성되며 최소한 이 기간 동안에 강아지용 애견식품을 급여해야 한다.

③ 소형 애완견의 경우 이유 전(6~8주)까지는 습식상태로 급여하되 급여시간은 가능한 가족들의 식사시간에 맞추는 것이 좋다. 급여량은 대개 대변상태를 보고 급여 적량을 판단하는데 적량을 섭취한 애견의 대변은 형태가 분명하고 어느 정도 수분이 있어 휴지로 줍기가 쉬우며 적당히 단단하다.

④ 밥그릇 은 매일 청소하고 신선하고 깨끗한 물을 항상 급여한다. 다만 건조 애견식품을 불려서 줄 때는 가능한 너무 차지 않은 물에 불려준다.

* 개는 유당 분해 능력이 떨어지기 때문에 우유를 먹고 나서 설사할 수도 있다.

7. 사료분석

1) 자견용 사료분석 (▲ : 이상 ▼ : 이하)

사료 성분	조단백질	조지방	칼슘	조섬유	인	조회분	기타사항
① ANF	33%▲	18%▲	2%▲	3%▼	1%▲	7.50%▼	진공포장으로 신선 4대사료
② 유카누바	32%▲	21%▲	1%▲	4%▼	0.8%▲	11.2%▼	허약한 강아지에 좋다 4대사료
③ 사이언스	25.5%▲	16.5%▲	1%▲	3%▼	0.7%▲	5.5%▼	100년 이상의 역사 4대사료
④ 퓨리나	30%▲	20%▲	0.9%▲	3%▼	0.7%▲	7.5%▼	대한수의사회 추천사료 4대사료
⑤ 프리셉트	29%▲	19%▲	1.3%▲	3.5%▼	1%▲	8.0%▼	회사마크처럼 강아지의 균형중시
⑥ 아보	26%▲	16%▲	1.2%▲	4%▼	1%▲	7.0%▼	모질 개선에 탁월한 사료
⑦ 로얄캐닌	33%▲	20%▲	1.35%▲	2.5%▼	0.8%▲	7.0%▼	체계적인 사료구성으로 강아지의 평생 규칙적인 사육이 가능
⑧ 캐니대	24%▲	14.5%▲	1.3%▲	4%▼	1%▲	5.5%▼	A등급의 양고기사용 피부, 피모, 알러지전문사료

사료 성분	조단백질	조지방	칼슘	조섬유	인	조회분	기타사항
⑨ 솔리드골드	28%▲	14%▲	1.36%▲	5%▼	0.8%▲	9%▼	USDA(미농무성)이 인증한 고기와 1,2등급의 곡물만 사용
⑩ 아카나	28%▲	17%▲	1.1%▲	4%▼	0.9%▲	7%▼	아카나의 Omega Science 순수한 식물성 기초지방
⑪ 뉴트리언스	30%▲	20%▲	1.6%▲	3%▼	1.1%▲	9%▼	한방약초가 들어있는 고품질 사료
⑫ 카스코퍼피	30%▲	21%▲	0.5%▲	3.5%▼	0.5%▲	10%▼	가격대비 영양소 구성 및 소화향상성이 탁월
⑬ 베토벤퍼피	30%▲	20%▲	1.10%▲	3.3%▼	1%▲	10%▼	알뜰실속파를 위한 사료 가격대비 탁월한 사료
⑭ 페디그리	21%▲	10%▲	1%▲	5%▼	0.82%▲	8%▼	쌀을 사용하여 소화기능과 에너지 섭취능력강화

2) 성견용 사료분석(▲ : 이상 ▼ : 이하)

사료 성분	조단백질	조지방	칼슘	조섬유	인	조회분	기타사항
① ANF	26%▲	15%▲	2%▲	3.5%▼	0.8%▲	8%▼	진공포장으로 신선 4대사료
② 유카누바	26%▲	15%▲	1.8%▲	4%▼	0.8%▲	10%▼	허약한 강아지에 좋다 4대사료
③ 사이언스	30%▲	14.5%▲	0.64%▲	3%▼	0.4%▲	5%▼	100년 이상의 제조역사 4대사료
④ 퓨리나	22.7%▲	20%▲	0.9%▲	3%▼	0.7%▲	7%▼	대한수의사협회 추천사료 4대사료
⑤ 프리셉트	24%▲	14%▲	1.1%▲	3.5%▼	0.9%▲	6.25%▼	강아지의 균형중시
⑥ 아보	20%▲	8%▲	1.8%▲	4%▼	1.05%▲	6%▼	모질 개선에 탁월한 사료
⑦ 로얄캐닌	27%▲	16%▲	1.35%▲	2.5%▼	0.65%▲	7%▼	체계적인 사료구성으로 강아지의 평생 규칙적인 사육이 가능
⑧ 캐니대	33%▲	20%▲	1.35%▲	2.5%▼	0.8%▲	7%▼	A등급의 양고기사용 피부, 피모, 알러지전문사료
⑨ 솔리드골드	22%▲	8%▲	1%▲	5%▼	0.7%▲	8%▼	USDA(미농무성)이 인증한 고기와 1, 2등급의 곡물만 사용
⑩ 아카나	26%▲	16%▲	1.2%▲	4%▼	1.1%▲	4.6%▼	아카나의 Omega Science 순수한 식물성 기초지방
⑪ 뉴트리언스	26%▲	16%▲	1.2%▲	4%▼	1%▲	9%▼	한방약초가 들어있는 고품질 사료

3) 양고기 사료분석 (▲ : 이상 ▼ : 이하)

사료 성분	조단백질	조지방	칼슘	조섬유	인	조회분	기타사항
① 유카퍼피	26%▲	16%▲	1.1%▲	5%▼	0.9%▲	4%▼	치아방어시스템, 면역시스템 알갱이가 조금 큰편
② 유카어덜트	23%▲	14%▲	0.7%▲	4%▼	0.6%▲	4%▼	
③ 사이언스 퍼피	26.8%▲	18.5%▲	1.5%▲	1.9%▼	1.08%▲	18kg만 있음	
④ 사이언스 어덜트	21%▲	14.6%▲	0.95%▲	2.3%▼	0.68%▲	18kg만 있음	
⑤ 퓨리나 퍼피	28%▲	18%▲	1.1%▲	3.0%▼	0.8%▲	12%▼	
⑥ 퓨리나 어덜트	26%▲	16%▲	1%▲	3%▼	0.8%▲	12%▼	
⑦ 프리셉트 센시케어	22%▲	12%▲	1.45%▲	4.5%▼	1.2%▲	6%▼	
⑧ 캐니대	24%▲	14.5%▲	1.3%▲	1%▼	1.5%▲	7%▼	
⑨ 솔리드골드 퍼피	28%▲	14%▲	1.36%▲	5%▼	0.8%▲	9%▼	
⑩ 솔리드골드 어덜트	22%▲	8%▲	1.2%▲	5%▼	0.7%▲	9%▼	
⑪ 아보덤 어덜트	20%▲	8%▲	1.8%▲	4%▼	1.05%▲	6%▼	

8. 사료급여량/횟수

1) 중소형견용 퍼피 1일 급여량 (작은알갱이 종이컵 1 = 80g)

체 중	6~11주령	3~4개월령	5~7개월령	8~12개월령
① 1kg이하	54~81(g)	50~71(g)		
② 1~3kg	81~180(g)	81~162(g)	32~108(g)	32~64(g)
③ 3~5kg	180~243(g)	162~216(g)	108~140(g)	64~108(g)
④ 5~10kg	243~388(g)	216~356(g)	140~243(g)	108~162(g)
⑤ 10~15kg	388~513(g)	356~486(g)	243~297(g)	162~216(g)

2) 중소형견용 어덜트 1일 급여량 (작은알갱이 종이컵 1 = 80g)

체 중	급여량
① 1~3kg	25~45(g)
② 3~5kg	45~65(g)
③ 5~7kg	65~85(g)
④ 7~10kg	85~105(g)

3) 대형견용 퍼피 1일 급여량 (큰알갱이 종이컵 1= 65g)

체 중	6~11주령	3~4개월령	5~7개월령	8~12개월령
① 1~3kg	80~157(g)			
② 3~5kg	157~243(g)			
③ 5~10kg	226~370(g)	206~326(g)		
④ 10~15kg	370~479(g)	326~435(g)/	218~283(g)	
⑤ 15~20kg	479~587(g)	435~522(g)/	283~348(g)	
⑥ 20~25kg	522~592(g)	348~400(g)/	283~314(g)	
⑦ 25~35kg	592~749(g)	400~475(g)/	314~405(g)	
⑧ 35~45kg	474~596(g)	405~478(g)		
⑨ 45~55kg	596~675(g)	478~544(g)		

4) 대형견용 어덜트 1일 급여량 (큰알갱이 종이컵 1 = 65g)

체 중	급여량
① 20~40kg	220~300(g)
② 40~50kg	300~350(g)
③ 50~60kg	350~390(g)
④ 60~70kg	390~435(g)
⑤ 70~80kg	435~475(g)
⑥ 80~90kg	475~515(g)
⑦ 90~100kg	575~563(g)

9. 직접 만드는 먹이

신선한 재료를 사용하여 집에서 강아지 음식을 만들어 주는 것은 좋은 방법이다. 강아지와 유대관계도 높일 수 있고 또 재료가 신선하여 좋지만 한 가지 단점은 개가 필요로 하는 미량원소까지 할 수 없기 때문에 영양적으로는 불균형한 식단이 될 수 있다. 주의 할 점 중 하나는 너무 뜨겁거나 차가운 것을 주지 않는 것이다. 생선류는 반드시 익혀서 주고, 기본적으로 고기와 채소가 강아지에게 적합한 신단의 재료가 될 수 있다. 파스타에는 탄수화물이 있으므로 에너지원이 될 수 있고, 소나 돼지고기의 간에는 인과 비타민 함유량이 많고, 닭고기는 소화가 잘되며 다른 고기에 비해 칼로리가 낮고 소화가 잘되어서 선호하는 식품이다. 쌀밥은 소화가 잘되고 회복기에 닭고기와 같이 먹이면 훌륭한 식이 요법이 될 수 있다.

먹이를 만들어 주고자 할 때는 아래의 주의해야 될 음식을 피해 균형 있는 식단을 짜도록 한다.

10. 주의해야 할 먹이

① **파와 양파** : 개에게 매우 독이 되는 식품이다. 파와 양파는 적혈구를 파괴시켜서 혈뇨를 누게 하고 심한 경우 빈혈로 사망하게 만든다. 혹시 실수로 파와 양파를 먹은 경우에는 초기에 치료를 받으면 안전하게 회복 할 수 있으니 급히 병원으로 데려 가도록 한다. 항상 조심을 해야 될 것이 자장면이나 탕수육에 포함된 양파이다. 먹고 남은 탕수육이나 자장면을 함부로 놓아 두어 사고 나는 경우가 종종 있다.

② **새우** : 괜찮을 수도 있으나 소화 불량의 의한 구토증상을 보이는 경우가 많다.

③ **향신료** : 고추, 후추, 식초 등 자극성 음식 및 감미료, 위를 강하게 자극하여 위염이 되기도 한다.

④ **초콜릿** : 테모브로민 성분이 중독의 원인이 되 심장질환을 일으키고 잘못 하다가는 치명적일 수도 있다.

⑤ **햄과 소시지** : 염분이 많아 해가 되기도 한다.

⑥ **닭 뼈** : 닭고기의 뼈 등은 매우 날카롭게 잘려서 찔리기가 쉬우므로 절대로 줘서는 안 된다. 닭고기를 먹은 후 휴지통에 버릴 때에는 개가 접근하지 못하도록 각별한 주의가 요망된다. 간혹 휴지통의 닭 뼈를 먹고 사망하는 경우들이 발생한다.

⑦ **짠 음식** : 강아지는 땀샘이 적어 땀으로 배출이 안 된다.

⑧ **문어, 오징어 류 :** 저단백이며 소화가 잘 안된다.

⑨ **꽁치, 정어리 등 :** 지방이 많은 어류는 습진이나 알레르기, 탈모의 원인이 된다.

⑩ **과자, 사탕 등 :** 당분이 많은 과자류는 충치의 원인. 설사의 원인이 되며 비만의 원인이 될 수 있다

⑪ **계란의 흰자위 :** 설사의 원인

⑫ **우유 및 유제품 :** 우유를 차게 하면 설사의 원인, 너무 뜨거우면 응고되어 흡수력이 떨어진다. 유당 분해 효소인 락타아제의 분비가 적기 때문에 사람이 먹는 우유를 먹게 되면 설사를 일으킬 수 있으므로 개전용 분유를 먹인다.

⑬ **뼈 :** 과다 섭취하면 변비

⑭ **야채류 :** 몸에서 비타민 C를 합성하므로 필요 없음(단, 변비에는 효과가 있음)

⑮ **포도 :** 우발적 포도 섭취로 콩팥 손상으로 사망한 예가 보고되고 있어 주의를 요함.

Chapter 05

반려견 위생 관리

Hygiene management of companion dogs

I. 반려견 위생 관리

반려견 위생 관리

학습목표 1. 반려견의 위생학에 대해 알 수 있다.

1. 반려견의 일반 관리

1) 개 손질(Grooming)

(1) 개 손질의 목적

아주 단순해 보이는 개 손질에 사실은 여러 가지 중요한 목적이 있다. 첫째로, 개 손질을 통해 여러분은 개가 혹시 상처를 입었거나 아니면 건강상의 문제가 있는지를 조기에 발견할 수 있다. 기생충이 있는지의 여부도 개 손질을 통해 알 수 있다. 둘째로, 개 손질은 개의 혈액순환을 도와 개의 수명을 연장해 준다. 셋째로, 개 손질은 개로 하여금 주인이 자신을 돌보고 있다는 느낌과 함께 신체적 접촉을 통해 주인과 개간의 강한 유대관계를 형성시켜준다.

(2) 개 손질의 순서와 방법

① 개의 눈이 맑고 반짝이는지 살펴본다. 개의 눈 가장자리의 눈곱 등은 깨끗한 천이나 티슈 등으로 살짝 닦아준다.

② 개의 귀가 깨끗하고 냄새가 나지 않는지 살펴본다. 만약 귀가 더러우면, 개를 위한 귀 세척액이나 알콜 등을 솜에 묻혀 닦아준다. 개의 귀는 매우 더러울 경우만 닦으면 된다. 지나치게 깨끗하게 닦으려고 하는 것은 오히려 귀를 상하게 할 수 있다.

③ 개의 입을 살펴본다. 입술을 들어 이빨과 잇몸을 살펴보고 치석이 있는지와 잇몸이 붓거나 이상한 색깔을 하고 있는지(잇몸의 색깔은 핑크색이 정상) 본다. 그리고 개의 이빨은 정

기적으로 칫솔질을 해 주어야 한다.

④ 개의 발을 들어 발바닥에 이물질 등이 박혀있거나 상처가 나지 않았는지 살펴본다. 개가 발을 지나치게 핥거나 이빨로 자근자근 씹는 것은 발에 이상이 있는 징후일 수 있다.

⑤ 개의 발톱이 너무 길지 않은지 살펴본다. 발톱이 너무 길 경우 개의 걸음걸이에 문제를 야기시킬 수 있다. 발톱을 깎을 겨우, 모세혈관이 흐르는 핑크색 속발톱 바로 앞까지 깎으면 된다. 짙은 색 발톱을 가진 개의 경우는 발톱이 앞쪽으로 휘기 시작하는 부분까지 자르는 것이 좋다.

⑥ 브러시로 개의 털을 빗어준다. 이때 피부에 상처나 딱지 등이 있는지 살펴본다. 또한 이상한 냄새가 나는 곳이 있는지 유심히 살펴본다. 만약 있다면, 어디에서 냄새가 나는지(귀, 입, 피부, 생식기 등)를 알아낸다. 이상을 조기에 발견하면 뒤늦게 발견하는 경우에 비해 훨씬 손쉽고 어려움 없이 이상을 치료할 수 있다.

⑦ 브러싱을 할 때 개의 속털이나 겉털이 엉기지 않도록 잘 빗어준다. 개의 털을 빗어주는 것은 개의 혈액순환을 돕고 개의 피부에서 분비되는 기름을 골고루 발라주는 효과가 있어 개 냄새를 줄이는 역할도 한다.

⑧ 개샴푸를 이용해 정기적으로 목욕을 시킨다. 이때 샴푸가 개의 피부에 남지 않도록 물로 충분히 헹궈 주지 않으며, 개의 피부에 피부질환이 생길 수 있다. 개의 목욕은 특별히 이물질이 묻거나 하지 않은 경우 2주일에 한 번 정도면 충분하다.

(3) 개 손질의 영향

위에서 언급했듯이 주인이 자신의 몸을 살펴보고 또 손질해주도록 자신을 맡기는 행동을 통해 개는 주인이 자신에 대한 통제력을 가지고 있다는 사실을 점점 더 깊이 인정하게 된다. 또한 사람이 자기 몸을 살펴보는데 익숙해지면 진찰을 위해 수의사를 찾았을 때도 편하게 진찰을 받을 수 있다. 한마디로 말해, 개 손질을 통해 주인이 자신에 대해 신체적 통제력을 가지고 있다는 것을 분명하게 인지하게 되고, 그 결과 주인에게 더더욱 복종하고자 하는 마음을 갖게 한다.

2) 목욕하기

애견의 목욕은 냄새가 심하게 나거나 털이 엉킨 겨우 등 꼭 필요한 때만 시키도록 한다. 잦은 목욕은 피부에 심한 자극을 주어 피부질환이 발생할 수 있고, 귀속에 물기가 남아 중이염 등 귀와 관련된 질병이 발생할 수 있다. 실내견들은 1주에 1회가 적당하다.

그리고 강아지 털의 지방성분을 제거 시켜 털에 윤기가 없고, 건강하게 자라지 못하는 원인을 제공하기도 한다.

우선 목욕을 하기 전에 충분한 빗질을 해서 빠진 털을 제거한다.

① 애견의 귀에 물이 들어가지 않도록 솜으로 살짝 막아 준다.
애견의 귀에 물어 들어가면 각종 귀와 관련된 질병이 발생할 수 있다.

② 애견의 몸에 물이 충분히 젖으면 전용샴푸를 물에 풀어 거품을 내어서 안마하듯 골고루 문질러 준다. 이때에 털이 엉키지 않도록 주의 하여야 한다. 머리 부분은 마지막으로 씻겨 줘야 하는데 애견이 머리에 물이 묻으면 몸을 심하게 흔들기 때문이다.

③ 목욕할 때 정기적으로 항문낭을 짜주고 애견용 탈취제를 뿌려주면 냄새를 예방할 수 있다.

④ 머리에서부터 샴푸성분이 남아 있지 않도록 깨끗이 씻어주고, 전용 타올로 잘 닦아 준다.

⑤ 드라이어와 빗으로 털 결의 반대 방향으로 빗질하면서 뽀송뽀송하게 말려 주어야 한다. 털에 습기가 남아 있으면 감기에 걸릴 위험이 있으며, 발가락 사이에 물기가 남아 있으면 습진이 발생할 수 있다. 만약 드라이어를 처음 사용하신다면 애견이 무서워 할 수 있으므로 앞쪽부터 말려준다.

⑥ 마지막으로 귀속에 들어간 물을 면봉을 이용하여 모두 제거하고, 애견용 귀 청결제를 이용하여 각종 귓병에 대비 한다. 그리고 눈에 안약을 넣어 마무리 한다.

3) 털관리

아름다운 애견은 태어나면서 갖추어지는 것이 아니라 가꾸어 나가는 것이라고 한다. 애견미용을 통해서 그 애견의 아름다움과 특징을 잘 나타낼 수 있고, 피부를 자극해 혈액순환을 돕게 된다. 뿐만 아니라 털에 기생하는 각종 기생충과 먼지를 제거할 수 있고, 엉켜진 털을 손질할 수 있는 기회를 갖게 되는 장점이 있다. 그러므로 자주 애견미용을 실시하여 건강하고 아름다운 애견으로 가꾸어 나가도록 한다.

(1) 빗질하기

① 애견의 털은 속 털과 긴 털로 되어 있으며 여름에는 많이 빠지고 겨울에는 풍부해진다. 털이 조밀해야 따뜻한 공기 틈이 형성되어 체온을 유지 할 수 있게 된다.

② 애견의 털은 빗질을 통해서 피모가 더욱 윤택해 지고 피부 마사지 효과를 얻을 수 있다.

③ 만일 장모종이라면 매일 빗질을 하여 습관화 한다.

④ 빗질을 할 때는 반드시 털끝부터 빗어서 밑으로 내려간다. 얽힌 털을 빗을 땐 아프지 않도록 주의 한다.

(2) 엉킨 털 처리하기

① 털이 조금 엉킨 부분은 이빨간격이 넓은 빗을 이용하면 쉽게 풀어 줄 수 있다. 그리고 일단 풀어지면 쉽게 잘 빗겨진다.

② 우선 간격이 넓은 빗으로 빗고 다음에 가는 빗으로 빗기도록 한다.

③ 털이 많이 엉킨 경우는 엉킨 부분 아래에 빗을 넣고 그 윗부분을 가위로 잘라내면 되고, 뭉친 부분을 칼이나 가위로 잘라서 몇 부분으로 나눈 다음 빗질을 해줘도 좋다. 정도가 심하면 애견 미용실에 가는 것도 바람직하다.

(3) 털이 긴 개의 경우

① 와이어 브러시나 하운드 글러브 또는 짧은 브리슬 블러시를 털이 긴 개한테 사용하는 것은 절대로 빗질 하는 것이 아니다. 겉 부분의 모피가 부드러워 보여도 안 보이는 속 부분의 모피는 빗질이 닿지 않으면 털이 꽉 엉킬 수 있다.

② 겉에만 빗질을 한 개는 잠시 동안은 멋져 보이지만 불편해 한다. 나중에는 겉 모발도 속의 엉킨 부분으로 말려 들어가고 이정도가 되면 짧게 자를 수밖에 없다. 시간이 드는 작업이고 개도 당황해 한다.

③ 털이 긴 개는 빗질을 소홀하게 하지 말아야 한다는 것이다. 그리고 견종에 맞는 빗을 선택해야 한다는 것이다.

> **※ 주의사항**
>
> ① 미용을 시작할 때에는 항상 부드러운 솔부터 시작하여 차차 딱딱한 것으로 바꿔 나가도록 한다.
>
> ② 반드시 애견 전용미용기구를 사용해야 하며, 애견의 성장정도에 따라서 도구를 달리해야 한다.
>
> ③ 빗질 시에는 강아지의 약한 피부를 긁어서 손상을 일으키지 않도록 주의해야 한다.

(4) 귀 관리

평상시에 귀의 관리가 제대로 되어 있지 않은 애견의 귀 냄새는 생각보다 고약하다. 대부분의 사람들이 개의 냄새가 털에서 난다고 생각하지만, 개의 냄새는 주로 귀속이나 입 속에서 발생한다. 그리고 귀의 관리상태가 좋지 못하면, ear mite, 외이염, 중이염 등의 질환에 쉽게 감염되고, 실제로 귀 질환으로 고생하는 애견들이 의외로 많다.

① 귀지가 차는 것을 방치해 두면, 귀 진드기가 붙거나 귀 고름을 일으킬 수 있다. 귀 진드기는 애견을 몹시 가렵게 하여 귀나 목의 털을 손상시키고, 귀 주변의 피부를 찢어지게 만들기도 한다. 그리고 분비물을 배설하여 귀속이 습윤하고 불결해지며 염증을 동반한 심한 악취를 내기도 한다.

② 이를 예방하기 위하여 귀전용으로 사용하는 ear Cleaning solution 등을 사용하여 5일 간격으로 한 번씩 귀를 닦아주면, 귀 진드기 예방은 물론 보다 확실한 귀의 손질 방법이 될 수 있다.

③ 귓속에 털이 너무 많으면 뽑아 주도록 한다. 공기 순환이 잘되지 않아 염증을 일으킬 수 있으므로 손가락으로 잡아서 살그머니 뽑거나 겸자 가위를 사용하여 깨끗이 뽑아 준다. 귓속의 털을 뽑아준 뒤에는 항생제 연고를 발라주면 염증 예방에 도움을 줄 수 있다.

※ 관리요령

① 귀가 길어서 귓속에 통풍이 잘되지 않는 견종은 하루에 한 번 정도는 귀를 들어서 통풍이 되도록 한다.
② 귀속의 털이 길어지지는 않았지만 귀속에 귀지가 차지는 않았는지 수시로 확인을 한다.
③ 그리고 가끔 귀속에서 나쁜 냄새가 나지는 않는지 확인 한다.
④ 목욕을 시킬 때는 귀에 솜을 막아주어 물이 들어가는 것을 방지하도록 한다.

(5) 눈 관리

애견의 눈은 건강관리에 있어서 다른 어떤 문제보다 중요하다. 털이나 먼지가 눈에 들어가거나 눈곱을 떼어주지 않는다든가 하는 등의 눈 손질을 게을리 하면 눈이 탁해지고 눈과 관련된 각종 질병이 발생할 수 있는 원인을 제공 한다. 그리고 눈 손질을 게을리 하면 눈물 자국이 남아 외관상 대단히 보기 싫어지게 된다. 이런 이유로 지속적인 눈의 손질이 필요하게 되는 것이다.

※ 눈의 손질

① 눈 주변의 털을 묶어준다.
어느 정도 자란 눈 주변의 털은 고무 밴드나 세트페이퍼를 사용하여 예쁘게 묶어준다. 고무밴드 만을 사용해서 묶어주면 털에 상처가 생기거나 곧바로 풀릴 염려가 있으므로 가급적 세트페이퍼를 이용하도록 하고, 처음 묶게 되면 머리를 흔들어 곧바로 풀어지게 된다. 이럴 때는 익숙해질 때까지 계속 묶어주면 잘 적응한다.

② 눈 주변의 털을 잘라준다.
눈 주변의 털을 처리하는 방법에는 묶어주는 것과 잘라주는 것이 있다. 잘라 줄때는 가윗날의 끝이 눈을 향하지 않도록 조심하여 잘라 준다. 간혹 눈이나 얼굴에 상처를 입는 사고가 발생하기도 한다. 그리고 잘린 작은 털이 눈에 들어가는 수가 있으니 확인한다. 주의할 점은 애견의 이마까지 넓은 범위로 잘라서는 안 된다는 것이다. 이마의 털을 지나치게 많이 잘라내면 귀여움이 반감 될 수도 있다.

③ 눈에 티끌이나 먼지가 들어갔을 때는 즉시, 제거 하도록 한다.
눈에 티끌이나 먼지가 들어가게 되면 눈이 충혈 되고 계속해서 눈물을 흘리게 된다.

이런 경우에는 먼저, 눈에 들어간 티끌이나 먼지를 깨끗하게 씻어내고 안약을 점안하여 더 이상 눈물이 흐르지 않도록 해야 한다. 간혹 애견의 눈에 눈곱이 끼어 있는 것을 볼 수 있다. 이것은 대부분 들어간 티끌이나 먼지가 자연스럽게 유출된 것이므로 크게 걱정할 필요는 없다. 발견즉시 제거해 주는 것이 좋다.

④ 계속 눈물을 흘려 눈 주변의 털이 붉은 눈물 자국이 생기기도 한다.
길게 자란 눈 주변의 털을 방치 하였거나, 눈물샘에 선천적인 결함이 있는 경우로 장모종에서 흔히 볼 수 있다. 이러한 증상을 Tear Staining Syndrome(TSS)라 하고 교정 수술을 통하여 눈물의 분비량을 조절함으로서 증상을 개선할 수 있다. 또한 비루관(nasolacrimal duct)가 막혀 눈물이 비강으로 분비되지 못하고 넘쳐 생기는 경우라면 비루관 개통으로 증상이 개선될 수 있다.

(6) 치아관리

사람과 마찬가지로 애견도 정기적인 양치질이 필요하다. 양치질을 게을리 하면 입 냄새가 심하게 나고, 심각한 치아의 손상을 가져온다. 애견이 자라면서 치아 사이에 각종 음식물 찌꺼기가 쌓이고 이것들이 치석으로 변하여 오랫동안 방치하면 잇몸에서 피가 나거나 이가 빠지는 등 각종 치아질환을 유발하는 원인이 된다. 따라서 정기적인 양치질과 스케일링이 필요하게 된다.

※ **치아관리** (이빨 닦기)

① 시작은 언제부터
양치질은 생후 3~4개월부터 시작해서 일주일에 2~3번 정도 정기적으로 해준다. 이때에는 이빨을 닦는 의미보다 나중에 영구치로 바뀌었을 때 거부감을 갖지 않도록 일찍 시작하는 것이다. 비록 처음에는 상당한 거부감을 나타내겠지만 습관이 되면 잘 적응할 것이다.

② 양치질은 어떻게
처음에는 애견이 거부감을 느끼지 않게 거즈나 부드러운 천을 손가락에 감아 치아와 잇몸을 부드럽게 닦아 주고, 어느 정도 적응이 되면 애견 전용칫솔과 치약으로 구석구석 깨끗이 닦아 준다. 이때에 애견이 잘 참으면 수시로 칭찬을 하고, 맛있는 영양제와 간식으로 애견을 유도하면 많은 효과를 볼 수 있다.

③ 애견 전용칫솔과 치약을 사용
애견 전용칫솔은 칫솔모가 부드러워 애견의 잇몸에 자극을 최소화 할 수 있다. 그러므로 가급적 사람이 사용하는 칫솔은 사용하지 않는 것이 바람직하다. 애견 전용 치약은 먹어도 이상이 없도록 만든 제품이다. 간혹 사람이 사용하는 치약이나 소금을 사용하는 경우도 있으나 애견의 건강에는 좋지 않다.
잇몸에 염증이 있으면 거즈나 부드러운 천에 구강 세척제를 발라 치아와 잇몸을 닦아 준다.그리고 재감염을 막기 위해 칫솔을 자주 소독하거나 교체 한다.

④ 정기적인 스케일링
양치질만으로 치석을 완벽하게 제거 할 수 없다. 따라서 1년에 1~2회 정도 스케일링을 시킨다. 만일 치아에 축적된 치석이 많고 유치가 남아 있으면, 우선 스케일링과 발치를 하고 양치질을 시켜야 한다. 치석이 남아 잇는 상태에서는 양치질이 차아와 잇몸에 도움을 주지 못한다. 치아 관리를 위해서 씹을 수 있는 물건(개껌이나 씹을 수 있는 장난감)을 주는 것도 플러그 축척을 줄이는데 도움을 준다.

(7) 발 관리

애견의 발톱도 사람과 같이 자란다. 다른 점이 있다면 애견의 발톱은 안으로 말리면서 자란다는 것이다. 특히 실내에서 애견을 기르는 경우에는 매우 빠른 속도로 발톱이 자라게 된다. 발톱관리를 소홀히 하여 방치해 주면 발톱이 길게 자라 다리의 패드를 잘못하게 되고, 이윽고 걸음걸이에까지 악영향을 주게 될 뿐만 아니라 발톱이 걸려서 의외의 외상을 입는 원이니 되기도 한다. 그리고 사람의 몸에 상처를 입힐 수 도 있는 만큼 애견의 발톱이 적당한 크기로 자라면 깎아 주어야 한다.

가. 발톱 깎는 법

① 발톱 안쪽 부분에는 혈관이 통하고 있다. 이 부분을 잘라내면 상당한 출혈을 하고 통증을 유발한다. 그리고 다음부터 발톱 깎기를 싫어하게 된다. 흰색 발톱을 가진 견종은 햇빛에 비쳐보면 이 부분이 붉게 표시된다. 하지만 검은색 발톱을 가진 견종은 이 부분이 보이지 않으므로 대략적인 눈대중으로 잘라야 하므로 주의를 요한다. 발톱 안쪽 부분에있는 혈관은 발톱이 자람과 동시에 자라나게 되고, 발톱을 잘라내게 되면 줄어들게 된다.
② 발톱을 자른 뒤에 잘라낸 곳을 줄로 갈아서 다듬어 주도록 한다.
③ 경험이 많지 않거나, 검은색 발톱을 가진 견종은 실수할 가능성이 많으므로 가급적 동물병원이나 전문애견 미용사의 도움을 받도록 한다.
④ 가급적 목욕 후에 발톱을 깎아 준다. 목욕 후에는 발톱이 부드러워 자르기 쉽고, 애견도 싫어하지 않는다.

나. 출혈이 있을 때 처치법

① 발톱을 잘라서 출혈이 있을 경우에는 출혈부위에 지혈제를 사용하여 강력하게 압박한다. 이어파우더는 징크성분이 55% 이상 들어있어 귀털을 뽑을 때 발생되는 모근의 상처도 방지해주고 지혈제 효과도 있다.
② 세균감염을 막기 위해서는 곧바로 외출이나 목욕을 시키지 말아야 한다.

Chapter 06

반려견 질병 관리

Companion dog disease and prevention

I. 반려견 질병 관리

I 반려견 질병 관리

학습목표
1. 반려견의 부위에 따른 질병에 대해 알 수 있다.
2. 반려견 질병에 예방법과 대처에 대해 알 수 있다.

1. 반려견의 질병과 예방

1) 부위에 따른 분류

(1) 피부병

가. 탈모증

① **증상** : 털이 빠지는 증상을 탈모증이라고 하는데, 먼저 털갈이에 의한 탈모와 질병의 의한 탈모를 구분해야 한다. 털갈이는 몸 전체적으로 털이 빠지는데, 주로 가볍고 부드러운 솜털이 빠져 나온다. 질병에 의한 탈모는 주로 몸에 부분적으로 털이 빠지고, 가려움증을 느끼는 경우가 많다. 그리고 털이 빠진 부위가 헐거나 붉게 변하고 염증이 있으면 병적인 탈모이다.

② **원인** : 탈모의 원인은 매우 다양하다. 기생충, 세균, 호르몬 장애, 곰팡이 등이 흔한 탈모의 원인이다.

③ **대책** : 정확한 원인을 알아내는 것이 중요하다. 질병에 따라 치료방법은 매우 다양한데 가능한 초기에 진단하는 것이 좋으므로 빨리 병원에 간다. 경우에 따라 피부 보조제 등으로 탈모를 예방할 수도 있다.

나. 아토피

① **증상** : 최근에는 개에게도 아토피가 많이 생기고 있다. 아토피는 특정한 원인에 대하여 관민반응을 보이는 것으로 피부의 가려움증과 호흡곤란과 같은 증상으로 나타난다. 가려움증으로 인해 피부 상처나 세균의 이차 감염이 발생할 수 있다. 대부분 개

들은 호흡기 증상보다 피부과 증상으로 아토피가 나타난다.

② **원인** : 보통 한 살에서 세 살 사이에 발생하고, 유전적 원인이 대부분이다. 아토피의 알레르기를 일으키는 물질을 확인하면 치료와 예방이 가능하지만 원인물질을 확인하는 것이 쉽지는 않다. 집 먼지 진드기도 큰 원인이 될 수 있고 벼룩이나 꽃가루 등 다양한 원인에 의해 알레르기 반응을 보인다. 피부가 아토피 증상을 가지게 되면 피부 결합이 느슨해지고 약해져서 감염이 되기 쉽고 수분도 잘 빠져나가기 때문에 건조해지게 된다.

③ **대책** : 알레르기의 원인이 되는 물질을 찾아서 그것들을 제거하고 이차적인 감염을 치료하면 증상이 호전되나 지켜야 할 것은 거기에 다시 노출이 되면 언제든지 재발할 수 있다는 점을 주의해야 한다. 알레르기를 일으키는 물질을 항원이라 하는데, 항원검사에 따른 원인물질을 확인하고 그 알레르기 반응을 줄여주는 항체요법을 동물병원에서 상담하는 것도 좋은 방법이다.

다. 지루증

① **증상** : 피지에 문제가 있는 것을 지루라고 하는데, 지루에는 건성지루와 습성지루가 있다. 건성지루는 건조한 비듬과 분비물이 피부에 많이 생기고 가려움이 심한 것이고, 습성지루는 끈끈한 점액이 묻어 있고 냄새가 심하게 난다.

② **원인** : 다양한 원인이 있는데, 선천적인 경우와 기생충, 영양상의 문제, 아토피, 진균감염 등이 흔한 원인이다.

③ **대책** : 원인에 따라 치료가 다르므로 정확한 진단을 먼저 해야 한다. 특히 약용샴푸들이 많은데, 함부로 사용을 하면 증상을 악화시키고 지루를 만들기도 한다.

라. 개선충(옴)

① **증상** : 개선충은 피부에 사는 아주 작은 벌레인데, 매우 심한 가려움을 유발해 신경질적으로 긁어 대기도 한다. 특히 귀 끝을 손으로 가만히 누르면 뒷다리를 부르르 떠는 '이개족반사'가 특징이다. 자주 긁기 때문에 비듬이 많이 생기게 되고 피부가 헐고 염증이 생긴다.

② **원인** : 옴이라는 기생충이 원인인데 보통 지저분한 곳이나 집단사육 하는 환경에서 여러 마리의 강아지가 같이 지내면서 전염되는 경우가 많다.

③ **대책** : 옴의 치료제는 다양한 형태로 여러 가지가 있다. 주사, 샴푸, 연고, 바르는 약 등 여러 가지 제제가 있지만, 치료기간은 상태에 보통 3주정도 걸린다. 그리고 사람에게도 감염이 될 수 있는데, 여자와 어린아이들이 민감하게 반응한다. 최근에는 등에 바르는 약으로 옴을 예방하고 있다.

마. 모낭충

① **증상** : 모낭충은 털주머니에 사는 벌레이다. 탈모가 주된 증상이고 주로 다리 끝이나 얼굴주변에 자주 발생한다. 옴에 비해 가려움증은 별로 없지만 모낭충 특유의 피부 비린내가 나고 심항 염증을 일으키게 된다.

② **원인** : 모낭충은 유전되기도 하며 보통 면역이 약한 개들에게 발생한다. 감염이 쉽고 다른 이차적으로 세균감염을 일으키게 된다.

③ **대책** : 발견즉시 치료하면 완치되지만 온몸에 퍼진 경우 치료되지 않을 수 있다.

바. 벼룩 알레르기

① **증상** : 벼룩에 의해 알레르기가 일어나면 매우 심한 가려움증을 보인다. 특히 아랫배 부위에 빨간 반점이 생기고 털이 빠지는 증상이 나타난다.

② **원인** : 벼룩은 가려움증 뿐 아니라 빈혈과 리켓치아 질병을 옮기기도 한다.

③ **대책** : 옴과 같이 벼룩을 예방하는 약이 있어 한 달에 한 번씩 발라주면 된다.

(2) 호흡기계 질병

가. 단두종 증후군

① **원인** : 단두종은 주둥이가 짧은 퍼그, 시츄, 페키니즈 등을 말하는데, 이러한 품종들은 선천적으로 코가 짧아 입천장과 목젖에 해당하는 연구개가 늘어져서 숨길을 막는 증상이 나타날 수 있다. 또한 코가 짧아서 숨쉬기고 곤란하여 호흡이 어려운데 이러한 증상들을 총칭해서 단두종 증후군이라고 부른다.

② **증상** : 숨을 쉴 때마다 연구개가 떨려 소리가 나고, 잘 때는 코고는 소리가 심하며, 비염과 기관지염 등을 보이기도 한다.

③ **대책** : 길어진 연구개와 좁아진 콧구멍을 교정하는 수술이 필요하다.

나. 상부 호흡기 질환

① **증상** : 상부호흡기는 코, 콧구멍, 인후두, 기관을 말한다. 호흡기 질환은 급성으로 심한 것들이 아니면 일반적으로 상부 호흡기 감염이 먼저 일어나고 그 다음 기관지와 폐로 진행하는 하부호흡기 질환이 발생한다. 비염은 바이러스나 진균 또는 세균에 의해서 처음에 맑은 콧물과 약간의 재채기를 동반하는 경우가 많은데, 또한 부비강에 염증이 진행되면 코가 붓거나 막혀서 숨쉬기가 곤란하고 때로는 코 안쪽의 점막이 부어서 피가 나오기도 한다. 상부호흡기 질환의 특징적인 증상은 재채기이다.

② **원인** : 가장 흔한 것은 바이러스와 세균의 감염이고 드물게 곰팡이가 원인이 되기도 한다. 비강협착 같은 해부학적인 이상은 일부 품종에서 선천적 발생하기도 하고, 때에 따라 알레르기가 원인이 되기도 한다.

③ **대책 :** 감염에 의해 발생한 상부호흡기 질환은 약물 처치로 비교적 쉽게 치료된다. 그러나 선천적인 해부학적 이상이 있는 비강협착 이나 단두종 증후군 같은 경우에는 수술적인 교정이 필요하다. 수술은 비교적 까다로운 성형외과 수술에 해당하지만 수술이 성공하면 정상적으로 생활할 수 있다.

다. 비염

비염이란 코의 내부점막에 염증이 생긴 상태를 말하며 급성과 만성염증으로 구분된다.

① **원인 :** 직접적인 원인이 되는 외상, 종양, 감염, 기후의 급변, 자극성 가스 등을 원발성 원인이라 하고 홍역이나 알레르기 같은 다른 원인이 제공된 후 발병되는 것을 속발성이라 한다. 주로 전신적인 항병력이 약해져 있을 때 건조하거나 환기가 안 좋으면 비점막에 세균 등의 미생물이 침입하는 것이 일반적인 현상이다.

② **증상**

- 급성 비염 : 재채기를 동반하며 처음에는 콧구멍에서 맑은 수양성 콧물(nasal discharge)이 흐르다가 곧이어 짙은 흰색 또는 염증색의 농이 흐르게 되며, 비공의 내벽은 비후되고 발적증상을 나타낸다. 그리고 때때로 결막염이 나타나기도 하는데 이는 눈의 분비물이 코를 통해 흘러 들어가는 통로인 누관(lacrimal duct)이 막히기 때문이다. 체온은 정상보다 다소 높은 39.0~39.5℃를 나타낸다.
- 만성 비염 : 한쪽 또는 양쪽 비공에서 비루가 계속 반복되어 흐르는 경우를 만성비염이라 하며 비루에서 심한 악취가 날 경우에는 치근염(이빨의 뿌리부분에 염증)이나 뼈에 질병이 있는지 확인하여야 할 것이다. 비염이 심할 경우에는 내벽에 궤양(Ulcers)이 형성되기도 한다.

③ **예방 및 치료 :** 가장 정확하고 효과적인 치료를 위해서는 비염 전문의에게 정확한 진단을 받는 것이 중요하다. 그리고 가벼운 증상일 경우에 가장 먼저 할 수 있는 방법으로는 비강점막의 건조를 방지해 주기 위해 증기(Steam)를 자주 쏘이는 것이 중요하다. 그리고 멸균된 탈지면으로 분비물을 잘 닦아내고 항생제를 nebulizer를 이용하여 분무하여야 한다. 대증요법으로는 개의 체력향상과 항병력 강화를 위해 대사촉진제와 비타민A를 주사해 준다. 그리고 항생제를 사용하면 도움이 된다.

라. 하부 호흡기 질병

① **증상 :** 하부호흡기는 기관지와 폐포를 말하는데, 감염된 질병들은 상부호흡기를 통해 하부호흡기로 질병이 진행되어 온다. 따라서 대부분 하부호흡기 질환은 증상이 오래가고 치료가 늦게 되는 경우가 많다. 대부분 기침을 하고 열이 나고 식욕이 없는 것이 특징이다.

② **원인 :** 대부분 바이러스, 세균, 진균 등의 감염과 알레르기가 원인이다. 때에 따라

세균과 바이러스나 곰팡이가 혼합적으로 감염 되는 경우가 있다.

③ **대책** : 하부호흡기 감염증을 치료기간이 오래 걸리는 경우가 많아 꾸준한 치료가 필요하다. 또한 체력을 많이 소모하기 때문에 영양관리에 주의하고, 오랜 기간 항생제를 투여해야 되는 수도 있어 약물검사를 할 경우도 있다.

마. 폐렴 (pneumonia)

폐는 체내의 대사산물인 이산화탄소를 체외로 배출시키고 신체의 열, 에너지, 정상 컨디션 등을 위해 필수적인 산소를 혈액으로 공급하여 주는 역할을 하는데 여기에 어떤 기계적인 손상이나 세균의 침입으로 폐렴이 발생하게 된다.

① **원인** : 손상에 의한 폐렴은 교통사고나 총상 등 가슴부위의 심한 손상으로 인해 급작스럽게 발생되며, 염증성 폐렴은 폐 조직에 세균이 침입했을 때 일어나며 혹한에 시달리거나 영양실조, 각종 질병 시 개의 저항력이 약해졌을 때 많이 발생한다.

② **증상** : 호흡이 매우 거칠어지며 점차 들이쉬는 숨은 짧아지고 내쉬는 숨은 길어지면서 호흡속도가 빨라진다. 그리고 경우에 따라서는 기침을 하지 않는 경우도 있지만 대부분 기침을 하며 콧물이 흐른다. 세균성 폐렴의 경우는 41℃ 이상의 고열을 동반한다.

③ **예방 및 치료** : 개가 기침을 하거나 콧물이 흐르는 등 가벼운 호흡기 증상을 나타 낼 때는 가능한 한 빨리 치료를 실시해서 증상이 악화되는 것을 막아야 하며 폐렴에 걸렸을 경우에는 광범위 항균제로 장기간의 치료를 해야만 치료가 가능하며 영양제를 병용투여해서 회복을 촉진시켜 주도록 한다.

바. 기관 협착증

기관은 파이프처럼 생긴 물렁뼈로 된 숨길인데, 어떤 경우 이 물렁뼈가 약해져서 파이프 속이 눌리는 경우가 있다. 이것은 기관협착증이라고 부른다. 늙거나 혹은 유전적인 영향으로 기관협착증이 발생하는데, 기관이 좁아진 만큼 숨쉬기가 힘들어 심한 기침을 하고 호흡곤란증세를 보인다. 때에 따라서는 호흡 경련 등의 증세에 따라 쇼크로 사망하는 수도 있다. 요크셔테리어 품종에서 잘 걸리는데, 수술로 교정 하거나 꾸준한 약물 투여로 치료할 수 있다.

(3) 소화기 질병

가. 식도 질병

① 식도염

종종 식도에도 염증이 생기는 수가 있다. 뜨거운 음식을 먹거나 혹은 자극적인 화학물질이나 위산이 역류해서 식도 점막 세포를 다치게 하면 식도에 염증이 생긴다. 식도에 염증이 생기면 구역질이 나고 침을 흘리고 음식을 삼키는 것을 싫어한다.

② 식도 이물

갈비뼈, 탁구공, 바늘 같은 이물을 꿀꺽하고 삼키다가 식도에 걸리는 강아지들이 종종 있다. 이러한 경우 응급상황으로 속히 치료하지 않으면 생명이 위험하게 된다. 식도에 이물이 걸리면 침을 흘리고 음식을 삼키지 못하고 토하며 목을 아파한다.

③ 거대식도

어떤 질병이나 혹은 유전에 의해 식도가 늘어진 경우가 있다. 식도가 크게 늘어나서 거대식도라고 부르는데, 음식을 먹으면 늘어진 식도에 고여 있다가 입으로 게워 내는 특징이 있다. 따라서 음식을 먹지 못하고 살이 빠지고 때에 따라 음식물이 기관으로 넘어가 폐렴을 일으키기도 한다.

나. 위장의 질병

① 급성위염과 출혈성 위장염

갑자기 심각한 구토 증세를 보이는 경우가 있는데 이러한 것은 음식물의 자극이나 세균 또는 바이러스와 같은 병원균에 의해 위의 점막 세포가 손상된 때문이다. 또한 심한 스트레스에 의해서도 위에 염증이 생겨 출혈을 보이고도 한다. 때에 따라서는 면역계통에 손상이 있어 위에 출혈을 일으키는 위장염으로 진행되기도 한다. 속히 치료 받으면 완치되는데 방치하면 위험하다.

② 위내 이물

강아지는 특히 아무거나 가리지 않고 먹는 습성이 있어 이물을 삼키는 경우가 많다. 장난감이나 스타킹은 물론 심지어 바늘이나 칼을 삼키기도 한다. 이유 없이 구토를 할 때는 위내 이물이 있는 경우가 종종 있다. 위안에 이물이 있으면 위 점막이 자극되어 구토와 구역질이 나타난다. 강아지에서는 다른 증상을 수반하지 않고 급성 구토를 보이는 경우 위내 이물이 있는 경우가 많다. 대부분은 수술로 치료되는 경우가 많다.

③ 위 염전

위안에 가스가 차올라 위가 꼬이는 것을 위염전이라고 부른다. 위가 꼬이고 가스가 더 차오르면 숨이 막히고 체액 대사에 이상이 생겨 쇼크로 사망하게 된다. 보통 대형 품종의 개에서 잘 발생하고 성품이 온화한 개보다는 예민한 개에서 더 쉬게 발병한다. 사료나 물을 한꺼번에 많이 먹고 난 뒤 곧 바로 운동을 하거나 식이성 인자나 염증성 위장질환 등이 원인이 되어 위 운동의 장애 때문에 위가 염전된다. 응급상황으로 처치하면 회복 할 수 있지만 시간을 치료시기를 놓치면 생명이 위태롭게 된다.

④ **위염**

개의 위점막은 전체가 다 소화액을 분비하는 위선으로 구성되어 있으며 이로 인해서 개가 구토를 쉽게 일으키는 것으로 알려져 있다. 위염이란 이러한 위점막에 염증이 생긴 증상을 일컫는다.

- **원인**: 개는 먹이를 찾아다니는 선천적인 습성이 있으며, 이로 인해 강아지들은 아무것이나 주워 먹기 때문에 위염을 일으키기 쉽다. 가장 심한 위염의 경우는 세균에 의해 위염이 발생되고 여기에 다시 아주 단단한 뼈 등이 위벽을 계속 자극하거나 음식물이 위 내에서 섞였을 때이다. 또한 홍역과 같은 바이러스가 관여되는 경우도 많으며 이 경우는 대개 다른 개에게도 전염이 된다. 최근 연구 결과들은 사람의 위염 원인 병원체인 Helicobacter 균종이 개에게서도 발견되며, 이로 인한 위염 및 위궤양 유발의 가능성이 추정되고 있어 이에 대한 확인이 요구되고 있다.
- **증상**: 위염의 가장 중요한 증상은 구토이다. 정상적인 개라도 이유 없이 구토를 하지만 위염 시의 구토는 매우 심하며 수양성 구토물이 나온다. 심한 구토로 개가 침울해지고 탈수가 되면 혀의 앞부분이 갈색으로 변하며 세균이나 바이러스가 침입했을 때는 대체로 장염(enteritis)이 발병된다.
- **예방 및 치료**: 강아지의 경우 이물질 등 아무 것이나 먹지 않도록 주의를 해야 하며 닭 뼈와 같은 갈라지기 쉬운 뼈나 단단한 뼈 혹은 부패된 먹이 등을 주지 말아야한다. 일단 위염에 걸리면 심한 구토를 하게 되어 개는 심한 스트레스를 받게 되고 탈수를 일으키게 되므로 구토를 방지해주는 것이 급선무이나 이물질이나 중독성 물질을 먹었을 때에는 오히려 구토를 유도하는 것이 좋다. 진통제로는 메토크로푸라미드 제제 등이 있으며 위벽 보호제로는 비스무스 등이 있다. 치료 시 주의해야 할 사항은 탈수로 인한 체력약화를 방지하기 위해 음수에 전해질제제를 용해하여 공급하거나 전해질액을 정맥주사 해주어야 한다. 그리고 광범위 항균제나 앰피실린 같은 제제를 병행하는 것도 2차 감염을 막아줄 수 있다. 치료기간 중에는 부드러운 음식이 좋으며 증상이 호전되면 점차 고형사료를 주는 것이 현명한 사양관리 일 것이다.

다. 장염

① **기생충성 장염**

기생충이 장을 자극하는 경우에도 장염이 생기게 된다. 대부분 자견 시기와 실외견에게 흔히 발생하는데, 주로 일어나게 되는데 일반적으로 회충 흡충 편충 원충 등 기생충성 장염의 원인이 된다. 특히 원충에 의한 장염은 위험할 수 있다.

- **증상**: 단순하게 기생충에 의한 장염일 경우 설사나 구토 증상을 보이지만, 식욕은 좋은 것이 특징이다. 때로는 변으로 기생충이 나오면서 설사와 구토 등의 임상증상이

없는 경우도 있지만, 때에 따라 심한 경우 변에서 피가 묻어 나오기도 한다.

- 원인 : 기생충만 감염이 되어 장염이 되는 경우도 있지만, 때에 따라 기생충에 의한 면역저하 현상에 의해 장염이 되기도 한다.
- 대책 : 구충제는 꾸준히 먹이는 것이 좋다. 생후 15일부터 기생충 예방을 시작해야 하고, 심한 경우 한번에 구충이 안 되므로 병원에서 현미경 검사나 기타 다른 검사를 통해서 정확한 기생충의 종류를 진단 받고 주사 치료도 받아야 한다. 심장사상충과 기생충 예방을 위한 구충제는 다달이 먹이는 것이 좋다.

② 세균성 장염

- 증상 : 가장 흔한 장염의 원인은 세균에 의한 것인데, 심한 설사를 하게 된다. 주로 어린 강아지들이 세균성 장염에 잘 걸리며 배가 아프고 식욕이 없고 구토가 있을 수도 있다.
- 원인 : 흔히 이질균이라고 불리는 세균의 감염에 의해 장염이 된다. 이들 세균은 때에 따라 독소를 내기도 하여 심한 복통이 올 수도 있다. 대표적인 세균은 캠필로박터, 살모넬라, 클로스트리디움 등이 있다.
- 대책 : 장염을 일으키는 세균들은 불결한 곳에서 잘 자라고 또 물을 통해 전파되기 때문에 소독을 잘하고 환경을 깨끗이 하면 예방할 수 있다.

③ 바이러스성 장염

- 증상 : 바이러스가 장내로 들어와 장점막 상피세포에서 증식하며 점막세포를 손상시켜 증상을 일으키게 된다. 바이러스에 의한 장염은 순차적인 진행을 보이는데, 밥을 먹지 않다가, 구토를 하고, 설사와 혈변을 보이는 순서로 진행되는 경우가 많다. 구토와 설사가 심하면 몸 안의 수분이 빠져나가 목숨을 잃게 된다. 이러한 탈수 증상이 바이러스성 장염의 주요한 특징이다. 또한 바이러스가 장점막을 침범하는 동안 혈액이 섞인 설사를 하기도 한다.
- 원인 : 여러 가지 바이러스가 강아지에게 장염을 일으킨다. 파보, 코로나 등의 바이러스가 가장 흔한 원인이다.
- 대책 : 바이러스는 초기에 치료해야 회복할 수 있다. 치료시기가 조금이라도 늦으면 사망률이 높아지기 때문이다. 탈수와 쇼크를 막고 수액을 기본으로 치료하면 회복되는 경우도 많이 있다. 예방접종을 통해 바이러스 장염을 예방할 수 있다.

라. 대장염

대장염은 대장에 염증이 생긴 것으로 일반적인 장염과 다른 증상을 보이는 경우가 많다. 장염은 대부분 소장의 염증을 말하는데, 대장은 변을 담아두고 배설하는 기관이기 때문에 대장염으로 인한 증상은 배변을 어려워하는 증상을 보인다. 변을 시원하게 보지 못하고 여러번 조금씩 나누어 보거나, 변을 볼 때 힘들어하고, 때로는 피가 묻어나오는 수도 있으면 설사를 수시로 하는 경우도 있다. 대장염의 원인은 심각한 스트레스와 알러지, 세균, 기생충 등이다. 대장염은 장염보다 증상은 심하지 않지만 오래도록 낫지 않고 만성화되는 경향이 있다.

마. 췌장염

췌장은 십이지장 옆에 붙어 있고 소화액을 분비하는 기관이다. 간혹 한꺼번에 고기를 많이 먹고 심한 구토를 하면서 몹시 배를 아파하는 개들이 있다. 이런 경우 췌장염을 의심해 볼 수 있다. 한번에 많은 양의 지방음식을 먹게 되면 췌장에서 지방을 소화하기 위해 많은 소화액을 분비하다 췌장에 염증이 생기는 것이다. 급성췌장염은 아주 심각하여 사망할 수도 있지만 적절한 치료로 회복되는 경우가 대부분이다.

(4) 눈의 질병

가. 각막염

각막은 눈을 감싸고 있는 유리창 같은 조직으로 눈동자 가장 바깥쪽의 투명한 막이다. 각막염은 각막에 염증이 생긴 것으로 대부분 외부의 자극이나 감염에 의해 각막염이 발생한다. 눈꺼풀이나 속눈썹 혹은 눈 주변의 털이 각막을 찌르거나, 눈을 부빌 때 발톱에의 상처를 입는 경우가 가장 흔한 각막염의 발생 원인이다.
증상은 갑자기 눈을 잘 못 뜨고, 눈을 시어하고 눈물과 눈곱이 많이 흐르게 된다. 자세히 살펴보면 검은 동자가 다친 것을 볼 수도 있다. 종종 눈꺼풀이 붓기도 하는데, 치료는 각막의 손상정도에 따라 안약으로 간단히 치료할 수 있는 상태에서 수술을 해야 되는 단계까지 다양하다.

나. 결막염

결막은 눈꺼풀 안쪽과 각막이 연결되는 부분의 조직이다. 결막에 염증이 생기면 작은 실핏줄이 늘어나 붉게 눈이 충혈 되는 것을 볼 수 있다. 때로 가려움증 때문에 눈을 심하게 부비면서 각막염을 일으키기도 한다.
원인은 털이나 먼지 등의 이물이 들어가 결막을 자극한 경우나, 세균 바이러스 등의 감염 또는 알레르기 등입니다. 결막염은 각막염에 비해 비교적 쉽게 치료된다.

다. 백내장

① **증상 :** 백내장은 수정체가 백색으로 탁하게 변화되는 것을 말한다. 노령견에게 보이

는 대표적인 질병이다. 보스톤 테리어, 골든 리트리버, 코카 스파니엘, 미니어쳐 슈나우저, 시베리안 허스키, 올드 잉글랜드 쉽독 등에서 잘 발생하지만 품종에 관계없이 백내장 증상을 보일 수 있다. 눈을 보아 수정체 안쪽이 하얗게 흐려져 있는 것을 관찰하게 되면 백내장을 의심해야 한다. 당연히 시력이 떨어지고 진행되면 실명할 수도 있다.

② **원인 :** 성견의 경우에는 당뇨병의 의한 합병증으로 오는 경우나 선천적인 경우가 많고 노령견은 노화에 의해 나타난다. 단백질이 수정체에 쌓여가며 수정체 색깔이 백색으로 변화되는데, 수정체의 한 부분이나 전체가 하얗게 변화되어 간다. 백내장은 회복되지 못하므로 치료는 수술을 하게 된다. 대부분은 수정체를 제거해서 사물을 식별할 수 있도록 해주게 된다.

라. 건성 각결막염

눈물이 부족해서 각막과 결막이 건성화 되는 것을 건성 각결막염 이라 한다. 안구가 건조해져서 각막이나 결막에 염증이 생기게 되고 가려워서 앞발로 자꾸 긁게 된다. 건조 상태가 방치되면 염증이 심해진다. 원인은 선천적으로 눈물이 부족한 경우나 나이가 들어감에 따라서 눈물샘이 위축되거나 기능장애에 의해 발생하기도 하고, 홍역 등의 감염에 의해 안구가 건조해지는 경우도 있다. 치료는 인공누액을 이용한다. 때론 눈물 분비를 촉진하는 약을 쓰기도 하는데 점안액이 마르지 않고 오래가는 약제를 사용하기도 한다.

마. 안검 내번증

안검은 눈꺼풀을 말하는데 안검 내번증이란 안검이 안쪽으로 말려 들어가 있는 상태를 말한다. 눈꺼풀이 안쪽으로 말려있기 때문에 눈동자를 찌르고 자극하여 각막 표면에 불쾌감이나 통증을 일으키고 각막염과 결막염을 유발한다. 가려움 때문에 눈을 문지르고 눈물이 많이 흐르게 된다. 안검 내번증에 의한 만성 각막염이 되지 않기 위해서는 조기에 치료하는 것이 좋다. 원인은 선천적인 안검의 이상이다. 치료는 수술로 교정하는 것이다.

바. 안검 외번증

안검 내번증과는 반대되는 현상이다. 안검이 위로 추켜올려 있거나 늘어져 있어 눈꺼풀 안쪽의 눈물샘이나 결막이 항상 공기에 드러나기 건조해지고 세균 감염이 쉽게 된다. 이에 따라 안검의 저항성이 떨어지고 눈곱이나 눈물이 많이 나오게 된다. 또한 눈을 신경 쓰는 동작을 되풀이 하게 된다. 결막염이나 각막염이 발생하기도 한다. 세인트 버나드, 불독 등 얼굴의 피부가 늘어져 있는 개에게 많이 나타난다. 결막염이나 각막염이 있을 때 치료는 가벼운 경우 증상이 쉽게 회복되지만, 원인치료는 수술로 안검을 교정하는 것이다.

사. 순막 노출증

어느 날 갑자기 강아지의 눈 안쪽에 콩알만하게 빨간 혹이 돋아나는 경우가 있다. 개의 눈 안쪽에는 제 3안검이라는 특별한 조직인 순막이 있는데, 이것이 밖으로 빠져 나온 것이다. 대부분 유전적인 원인과 염증 때문에 순막 노출증이 발생한다. 주로 비글, 코커 스패니얼과 같은 품종에서 흔히 발생한다. 치료는 점안약은 별로 효과가 없기 때문에 수술을 해야 한다.

아. 유루(Tear staining syndrome, TSS)

유루는 눈물이 흐르는 것으로 유루증이란 눈물이 과도하게 흘러 눈 밖으로 넘쳐나는 것을 말한다. 주로 말티즈, 푸들 같은 품종에서 흔하게 나타나는데, 눈물 속의 라이소자임 색소가 흰털을 물들여 갈색이나 검은 색으로 지저분하게 변색시키게 된다. 또한 시츄 같이 눈이 큰 품종에서도 유루증이 잘 발생한다. 안검내번증 등에서도 유루증이 나타나지만, 눈물이 흘러 코로 빠져나가는 누비관(nasolacrimal duct)이라는 구멍이 막히는 경우에도 발생한다. 눈물의 과다분비는 눈물분비량 평가 검사로 알 수 있고, 눈물의 분비량을 줄여주는 수술을 하거나 누비관의 폐쇄시에는 누비관을 뚫어주는 수술을 한다.

눈물이 빠져나가는 관이 막히는 경우가 '누비관 폐쇄증'인데, 누비관은 눈물이 코로 흘러 빠져나가는 눈물의 하수도와 같은 도관이다. 그런데 간혹 이 누비관이 막히는 경우가 있다. 누비관은 머리카락 두께정도로 가늘어서 염증이 있거나 자극이 있으면 쉽게 막힐 수 있다. 때론 선천적으로 누비관이 눌리거나 너무 좁아 잘 막히는 강아지들도 있다. 누비관이 막힐 때는 병원에서 마취를 하고 누비관 개통술을 통해 유루증을 해결 할 수 있다. 눈꺼풀이나 속눈썹이 눈을 찌르는 경우는 주로 눈이 큰 품종들이나 안검내번증이 있는 개들에서 잘 나타난다. 시주가 가장 대표적으로 유루증을 가지고 있는 품종인데 눈동자가 크고 코가 납작해서 눈이 잘 찔리기 때문이다. 구조적으로 눈꺼풀이 눈을 찌르는 상태라면 성형수술을 통해 유루증을 해결할 수 있다.

이 외에 다른 원인으로는 눈물샘 자체의 문제나 각막 또는 결막의 염증으로 눈물이 많이 흐르는 경우가 있다. 눈물은 정상적으로 눈물 분비량 측정지를 통해 검사해보면 1분에 5 mm 정도 분량으로 흐르는데, 때에 따라 이 눈물 양이 많거나 적은 경우가 있다. 눈물 분비량이 적으면 안구 건조증이 되고 눈물 분비량이 많으면 유루증이 된다. 만일 눈물 분비량이 많은 경우에는 눈물을 줄여주는 치료를 받는다. 유루증은 강아지에게 습진 등 피부병을 만들고 또 시큼한 냄새를 풍겨 문제가 된다. 평상시에는 눈물이나 눈곱을 강아지용 안구세정제를 이용하여 닦아 내는 것이 도움이 된다.

(5) 귀의 질병

가. 외이염

외이염은 외이도에 염증이 있는 것을 말하는데, 외이도란 고막까지의 귓구멍을 말한다. 코커스패니엘 같이 귀가 늘어져 있는 품종에서 흔히 발생하는데, 알레르기가 있는 개들에서 외이도염이 나타나기도 한다. 외이도염의 증세는 귓속에서 악취가 나고 검은색 또는 갈색의 귀지가 나오게 된다. 심한 경우 귀가 붓고, 가려움으로 상처가 생기기도 한다. 원인은 세균과 곰팡이 등의 혼합감염이 대부분인데, 종종 기생충이나 이물 때문에 외이도염이 발생하기도 한다. 또한 귀구멍 안의 귀지에 이상이 생기는 경우에도 분비물이 많은 외이도염이 발생한다.

보호자들은 외이도염이 있는 경우 귀청소를 더 자주 해주는데, 이것은 외이도염을 오히려 악화시키는 결과가 된다. 따라서 염증의 치료를 먼저 해주어야만 한다.

나. 귀 진드기

어린 강아지에게서 흔히 볼 수 있는 외부 기생충 중 하나가 외이도 내에 번식한 개선충의 일종인 귀 진드기이다. 심한 가려움증을 일으키고 악취를 내며 흑갈색의 지저분한 귀지가 생긴다. 귀 진드기는 귓구멍의 피부에 자극을 주기 때문에 감염된 강아지는 귀를 심하게 흔들게 된다. 치료는 비교적 쉽고 재발을 위해 진드기 예방약을 바르는 것이 도움이 된다.

(6) 치과질병

강아지 때는 입장난을 좋아해서 양치를 길들이기 적합한 시기이다. 이때를 놓치고 양치하는 것이 습관화 되지 못한 개들은 대부분 3살을 전후해서 심한 치석을 가지게 된다. 치석은 치아와 잇몸사이에서부터 생겨 잇몸에 염증을 일으키고 치아 뿌리를 썩게 만들고 심한 입냄새와 구내염을 일으킨다. 또한 병원성 세균의 서식처가 되어 심한 경우 심장 질환을 일으키기도 한다. 치석은 음식의 찌꺼기가 이에 끼거나 타액 속의 칼슘 등이 치아 표면에 침착하여 생기는데, 강아지들은 풍치보다 치석이 많이 생긴다. 예방을 위해서는 양치를 하고 정기적인 스켈링이 필요하다.

(7) 항문낭 질병

가. 항문낭이란?

개에게 있는 특이한 구조물로, 항문 양 옆에 있는 항문낭(anal sac)이 있는데 항문낭은 개 특유의 냄새가 나는 곳이다. 이곳에서 분비되는 항문낭 액은 적을 쫓거나 자신의 영역을 표시하는 역할을 하는 것으로 야생동물의 영역 표시 방법으로 사용되던 것으로 추정되는데 애완동물의 경우에 항문낭은 냄새와 항문낭 염증의 원인이 되기 때문에 정기적인 관리가 필요하다.

나. 항문낭 짜주기

① 주로 목욕하기 전에 실시하는 것이 좋다.
② 개를 움직이기 않게 한 후 꼬리를 잡아들어 올린다.
③ 오른손으로 항문 부위에 휴지를 덮는다. 항문의 조금 아래에 엄지손가락을 시계로 8시 방향에 두고, 나머지 손가락은 4시 방향에 둔다.
④ 연속적으로 엄지와 다른 손가락도 함께 가까이 대어 개의 항문 주변을 향하여 안쪽에서 바깥 위쪽 방향으로 밀어 올린다. 항문낭에서 액이 나오면 종이로 닦아 준다.
⑤ 이러한 방법을 2-3회 반복하여 항문낭액을 완전히 제거한다.
⑥ 항문주위에 조금 묻어 있는 항문낭액은 목욕 시 닦아 낸다.

다. 항문낭 염증이 있는 경우

항문낭 염증이 있는 경우 개의 항문 주위에 역한 냄새를 풍기는 액들이 흘러나와 묻어 있는 경우가 많으며 개는 항문이 가려워 바닥에 항문을 비비는 행동을 자주 보인다. 동물병원에 내원하여 치료를 받아야 하면 심한 경우에 항문낭을 제거해주는 수술을 받는 것이 좋다. 제 때 치료나 수술을 받지 않는 경우에 항문낭 염증의 악화로 항문 주위 괄약근 손상으로 배변이 흘러나오는 어려운 상황을 맞을 수 있다. 시추, 퍼그, 시나우저 등에서 자주 항문낭 염증이 발생하는 것으로 보고되고 있다.

(8) 비뇨생식기 질환

가. 급성 신부전(acute renal failure)

급성 신부전은 콩팥이 갑자기 기능 이상을 일으키는 것을 말한다. 외부 비뇨기관을 통해 세균이나 바이러스가 콩팥까지 거슬러 올라가 감염되거나 또는 독성 물질에 자극을 받거나, 요도나 방광에 결석이 있어 오줌길이 막히는 경우 콩팥에 손상을 입고 신부전 증상을 보이게 된다. 또한 어떤 특정 약물이나 부동액, 양파, 포도 등도 콩팥에 자극을 심하게 주어 급성 신부전을 일으킨다. 콩팥 기능이 갑자기 안 좋아지면, 몸 안의 수분을 조절하지 못하고, 전해질 균형이 깨져 구토를 하는 증상을 보인다. 또한 입에서 냄새가 나기도 하고, 식욕부진과 설사 증상이 나타나기도 한다. 이에 따라 탈수가 되고, 오줌 양이 감소하게 된다. 콩팥은 진단이 어렵고 치료고 힘들기 때문 중독증상을 발견하면 빨리 치료를 시작하는 것이 좋다.

나. 만성 신부전(chronic renal failure)

만성 신부전은 천천히 콩팥의 기능이 나빠져 오랫동안 신부전 증상을 보이는 경우인데, 여러 가지 질병의 말기에 나타나는 증상이기도 하다. 식욕이 없고 물을 많이 먹게 되고 오줌도 많이 누게 된다. 체중 줄고, 설사와 변비 등의 소화기 증상이 함께 나타난다. 콩팥이 기능을 하지 못하기 때문에 몸 안의 산과 알칼리의 균형이 깨지고 전해질 이상이 초래된다. 혈액과 오줌의 성분이 변화되어 피검사와 오줌검사로 진단한다. 또한 초음파를 통해 콩팥의 상태를 관찰하기도 한다. 장기적인 치료가 필요하며 특별한 처방식을 먹여야 한다.

다. 사구체 신염(Glomerular nephritis)

대부분 7년 이상의 노령견에서 발생한다. 사구체 신염의 75% 정도는 수캐에서 발생한다. 혈전의 의해서 마비가 오기도 하며, 심하면 요독증(uremia) 증상을 보인다. 요독증은 오줌의 노폐물을 여과시킬 수 없어 이것에 중독된 것을 말한다. 오줌 분석을 하면 오줌에 단백질이 섞여 나오는 것을 알 수 있다. 원래 단백질은 콩팥에서 걸러 다시 흡수해야 하는데 이 기능이 망가져서 복잡한 장애를 나타내게 된다. 몸이 붓거나 구토를 하고 숨차할 수도 있는 증상들을 보이게 된다. 식욕부진 탈수 구토 등의 증상과 함께 입 냄새가 심하게 날수도 있다.

라. 방광염

오줌을 누려고 하는데 잘 나오지 못하거나 오줌에 피가 고름이 섞여 나와 오줌 색깔이 이상하면 방광염을 의심해 볼 수 있다. 방광염은 가장 흔한 하부 비뇨기계의 질병이다. 결석 때문에 방광염이 발생하기도 하지만, 생식기를 통해 요도로 세균이 상행 감염되어 방광염이 나타나기도 한다. 방광염에 걸린 개는 오줌을 자주 누게 된다. 오줌 양은 늘지 않지만 여러 번 누려하는 것이 특징이다. 또한 오줌 눌 때 통증을 느낄 수 도 있으며 힘겨운 자세를 취하기도 한다. 병원에서 쉽게 진단하지만 치료기간은 오래 걸릴 수 있다.

마. 결석

결석은 몸 안의 무기질이 뭉쳐서 돌처럼 변한 것을 말한다. 결석은 종류가 아주 많은데 문제가 되는 것은 결석의 종류뿐 아니라 결석이 생긴 위치이다. 제거하기 편리한 곳에 생긴 결석은 쉽게 치료되지만 콩팥 안쪽에 생긴 결석 같은 경우 문제가 심각해진다. 콩팥에서 방광과 요도 사이에 어디에든 결석이 생기면 오줌 색이 변하고 오줌을 자주 누려 한다. 결석은 위치에 따라 신장결석, 방광결석, 요도결석 등으로 구분하는데, 결석인 존재하는 위치에 따라 임상증상이 조금씩 달라진다. 오줌 줄기에 피가 묻어 나올 때 처음 나오는 오줌에 피가 있는 것과 오줌을 다 본 뒤에 피가 떨어지는 것은 증상과 결석의 위치가 다르기 때문에 보호자가 관찰하여 수의사에게 말해주어야 할 사항이다. 또한 오줌 색이 아주 붉게 변하는 것과 오줌에 빨간 피가 섞여있는 것은 다른데, 앞에 것은 피 속에 적혈구가 깨져 오줌과 뒤 섞인 것이고, 뒤의 것은 오줌에 피가 묻어있는 것이다. 결석은 수술이나 내과적인 치료로 제거하거나 녹여내고 처방식을 통해 치료한다.

2) 대사성 질환

(1) 갑상선 기능 저하증

① **증상** : 선천적 또는 후천적으로 갑상선 기능 저하에 따른 피부의 탈모증세가 나타날 수 있다. 셰퍼드, 에어데일테리어, 코카 스파니엘, 그레이트 댄, 미니어처 슈나우저, 올드 잉그리쉬 쉽독 등의 품종에서 잘 발생하고 대부분 3~6살 전후로 발병한다.

② **원인** : 몸의 좌우가 대칭적인 탈모 증세와 피부에 색소가 침착 하는데 이것은 갑산성 기능이 저하되어 체내의 대사가 원할 하지 못하기 때문에 나타나는 증상이다. 기운이 없고 잠이 많거나 피부에 윤기가 없고, 추위에 약하고, 변비를 보일 수도 있으며 드물지만 발작을 비롯해서 신경증상을 보이는 경우도 있다.

③ **대책** : 혈액검사와 호르몬 검사를 통해 갑상선의 기능을 진단하고, 치료는 지속적인 호르몬 요법을 시도한다.

(2) 부신 피질 기능 항진증 및 부신피질 기능 저하증

뇌하수체의 문제가 생긴다든지 부신종양 및 스테로이드 제제의 과잉 복용 등으로 부신 기능이 항진되거나 약화되어 발생한다. 부신 피질 기능이 항진증은 비글, 보스턴테리어 등에서 잘 걸리고 다음 다뇨, 다식 등의 증상과 함께 배가 항아리처럼 불러 오는 것이 특징이다. 털이 심하게 빠지고, 근육에 힘이 없고, 호흡이 거칠어지는 증상을 보이기도 한다. 탈모, 근육의 약화, 거친 호흡, 등이 나타난다. 부신 피질 기능 저하증은 쿠싱 증후군이라고도 하는데, 개보다는 고양이에게 많다.

(3) 당뇨병

췌장의 이상이나 원인 불명으로 인슐린 호르몬 분비에 문제가 생기는 경우에 당뇨병이 발생한다. 당뇨병은 식욕부진, 오줌에 단 냄새, 오줌의 혼탁, 구토, 쇠약, 체중저하, 입냄새 증가 등의 증상으로 발견되기도 하며 이상 증상이 느껴지는 경우에 동물병원에 내원하여 오줌 검사 또는 혈액 검사를 통하여 당뇨병 진단이 가능하다. 당뇨병의 경우에 처방식을 급여하여야 하며 혈당 수치가 높은 경우에 인슐린 주사를 맞아야 한다. 합병증의 예방을 위하여 지속적인 관리가 필요하다.

(4) 저혈당증 (hypoglycemia)

만성 소모성 질환에 걸린 경우 또는 영양 결핍의 경우에 섭취한 당에 비해 배설되는 당의 증가로 저혈당증을 보이게 된다. 저혈당증을 보이는 개체는 활동할 수 있는 에너지원의 고갈로 운동실조와 심한 경우 혼수상태로 발견이 된다. 응급으로 동물병원에 이송하여 포도당 주사를 정맥내로 투여하여 혈당을 높여주어야 한다. 이 후 계속적인 영양 관리가 필요하다. 어린 연령의 강아지는 비축된 당이 체내에 적어 사료를 한두 끼 거르는 경우에 저혈당증에 빠지기 쉽다. 식욕이 적은 말티스, 요크셔테리어, 치와와 등의 소형견종의 어린 강아지 사육에는 각별한 주의가 요구된다.

(5) 뼈와 관절의 질환

가. 골절

교통사고나 싸우다 물린 경우에 골절이 흔히 발생한다. 하지만 보호자는 개가 골절을 당했는데도 알지 못하고 지나가는 수가 있다. 이렇게 되면 보통은 다리를 들고 다니며 골절된 부위가 붓기도 하지만, 골절된 처음 며칠은 증상이 안 나타날 수도 있다. 골절은 처음 3일 이내에 치료하지 않으면 교정이 어려워질 수도 있으니 주의가 필요하다. 골절은 심하지 않은 경우 기브스와 같은 포대나 외부고정 방법을 이용하고 경우에 따라서는 내부고정 재료들로 수술을 한다.

나. 고관절 이형성

고관절은 엉덩이 관절을 말하고 이형성은 형성이 잘되지 못한 상태를 말한다. 즉 고관절 이형성은 고관절의 형성 이상 상태인데, 생후 2살 이전에 발생하는 경우가 많다. 주로 대형견에서 자주 나타나지만 소형견에서도 종종 발생한다. 원래 고관절 이형성은 유전적인 문제이기 때문에 번식 대상에서 제외되지만 국내에는 고관절 이형성을 판별하고 관리하지 않아 대형견의 고관절 이형성이 많은 편이다.

고관절 이형성의 정확한 진단을 위해서는 방사선 사진에 의한 정형외과적 평가가 필요하다. 교정은 체중 20kg 미만이라면 수술이 비교적 간단하지만 아주 큰 대형견은 인공관절을 이식하는 복잡한 수술을 하여야 한다. 고관절 이형성이 있는 개는 운동을 제한하고 관절 약을 한동안 먹여야 한다.

다. 대퇴골두 괴사증

골반 뼈에 끼워지는 대퇴골의 머리 부분이 괴사되는 경우가 있다. 뼈조직의 괴사 때문에 대퇴골두 괴사증이라고 부른다. 대부분 소형견에서 발생하는데 통증을 보일 수도 있으며 다리를 절거나 대퇴골두 괴사증이 있는 쪽 다리를 들고 다니게 된다. 방치하면 다리의 변형이 심해져 교정이 어려워 질 수도 있다. 대부분 수술을 통해 완치 될 수 있고 치료가 잘되는 편이다.

라. 슬개골 탈구

슬개골은 무릎뼈를 말하는데, 슬개골 탈구란 무릎뼈가 빠지는 것이다. 슬개골 탈구가 있으면 다리를 들고 다니거나 절게 되는데 오래되면 관절변형이 된다. 침대나 높은 곳에서 뛰어 내리면 갑자기 소리를 지르거나 갑자기 뒷다리를 절면 슬개골 탈구를 의심해 볼 수 있다. 하지만 경우에 따라서는 증상이 나타나지 않고 진행되는 경우도 있다. 무릎에 있는 인대가 무릎뼈를 감싸고 있는데, 슬개골 탈구는 인대와 무릎뼈 사이의 구조적인 변형이 되어 발생한다. 진행 정도에 따라 4단계로 구분을 하는데 일찍 수술을 하는 것이 좋다. 처음에는 인대만 빠지다가 시간이 지나면 밑에 있는 경골이라는 다리뼈가 돌아가게 되고 더 심해지면 골반에도 이상이 오기 때문이다.

마. 영양성 골절

뼈에 필요로 하는 무기질과 영양소가 부족하여 뼈가 부러지는 것을 영양성 골절이라고 한다. 사료를 먹지 않고 사람 밥만 먹는 다든지 성장기에 적절한 영양이 공급이 되지 않을 경우 뼈의 영양상태가 나빠 뼈의 강도가 약해서 작은 충격에도 골절이 되는 경우가 있다. 영양골절의 경우 뼈가 취약하기 때문에 수술도 힘들고 치료가 어려워진다. 영양성 골절은 적합한 음식을 제공하면 사전에 예방할 수 있는 질병이다.

바. 관절염

관절에 염증이 생기는 경우는 감염이 되는 경우와 그렇지 않은 경우가 있다. 나이가 들면서 생기는 퇴행성 관절염은 감염과는 무관하게 생기는 염증이다. 또한 좋지 못한 자세나 관절연골의 점진적인 기능악화 또는 인대손상 등이 원인이 되는 경우에도 비감염성 관절염이 생기게 된다. 관절염의 임상증상은 사람과 비슷하여 축축한 날씨에는 증상이 더 심해지게 되고 운동을 싫어하고 걷지 않으려 한다. 관절이 붓기도 하고 다리를 펴거나 굽힐 때 통증을 느끼게 된다. 방사선 촬영을 통해 진단하는데, 심한 경우 관절액을 검사하기도 한다. 치료는 체중을 줄이고 수영과 같은 물리요법과 함께 치료한다.

(6) 미네랄 영양소 결핍

가. 칼슘 (Calcium)

칼슘은 뼈의 형성과 세포의 기능에 필수적인 영양소로 성장기 동물의 칼슘 결핍은 구루병(rickets)이라 하여 다리뼈가 구부러지고 등이 굽는 증상을 보이고 골다공증(osteoporosis)으로 뼈가 약해져 골절이 자주 발생하게 된다. 임신과 출산 기간에 칼슘의 부족은 산욕열 또는 유열(milk fever)이라 하여 호흡근육의 마비로 호흡이 어렵고 의식불명으로 응급 치료를 받지 못하는 경우에 사망에 이르는 무서운 결과를 초래한다. 성장기 강아지와 임신 및 출산 기간의 개는 칼슘 영양소 공급에 주의를 기울여야 한다.

나. 인(phosphorus)

인은 칼슘과 더불어 뼈의 형성에 관여하며 인 영양소의 결핍은 구루병(rickets)이나 골연화(osteomalacia)이 일어나며, 이물질 섭취(pica), 번식률 감소 등의 증상을 보인다.

3) 감염성 질병

(1) 바이러스 감염증

가. 광견병

모든 온혈동물에 감염이 일어날 수 있는 치명적인 법정전염병으로서 사람이나 다른 동물을 물었을 때 타액을 통해 전파되어 사람에게는 공수병을 일으킨다. 국내에서는 철책선 인근의 오소리, 너구리 등 야생동물이 감염되어 이 동물이 개나 소 등의 동물을 물어 광견병을 일으키고 있다. 사람도 감염되면 치명적인 인수공통감염병으로 주의를 요한다.

① **원인 및 침입경로 :** 원인은 레오바이러스(Reo virus)에 속하는 광견병 바이러스(Rabies virus)로 병든 개의 타액 속에 있다가 상처나 공기, 점막감염으로 등으로 침투된 바이러스는 말초신경을 따라 중추신경계로 침범하여 신경증상을 일으킨다. 바이러스가 침입한 부위에 따라 다르나 보통 15~25일 만에 발생하며 경우에 따라서는 1년 후에 발병하는 경우도 보고된다.

② **증상 :** 광견병에 걸린 개는 불안해하는 전구기 증상이 36시간 정도 진행되며 병견은 멀리 방랑하면서 다른 동물이나 개줄 파이프 등과 같은 무생물을 물어뜯는 등 점차 광폭한 상태가 되고 눈의 충혈과 침을 흘리며 꼬리를 가랑이 사이로 밀어 넣는 등의 광조기 증상을 나타낸다. 그 후 후구부터 마비증상을 보이기 시작하고 나중에는 인후두가 마비되어 쉰 소리를 내거나 먹이를 삼킬 수가 없게 되어 물을 먹을 때 심한 통증이 따르기 때문에 물을 두려워하게 되는 「공수병」에 걸린다. 질병의 말기에 가서는 근육이 마비가 되어 입을 벌린 체 침을 흘리고 휘청거리다가 쓰러져 죽게 되는데 대체적으로 발병일로 부터 1주일이면 죽게 된다.

③ **예방 :** 동물은 1년에 한 번 이상 광견병 백신을 접종하는 것이 최선의 예방책이다. 사람의 경우 만일 의심이 가는 개에게 물렸을 때에는 물린 부위의 피를 짜내고 즉시

비눗물로 세척한 후 병원이나 보건소에 가서 상담하는 것이 좋다. 사람을 물은 개는 광견병 예방주사를 접종했는지를 반드시 확인한 후 일정한 장소에 10일 동안 입원시켜 광견병 여부를 확인한다. 이는 광견병에 걸린 개가 1주일 이내에 죽게 되는 것이 일반적으로 10일 동안 경과해도 개에게 아무런 이상이 없으면 광견병은 의심을 하지 않아도 된다.

④ **예방백신 사용법**

- 사독백신 : 3~4개월령 1차 접종 후 3~4주 후에 2차 보강접종하고 매년 동일한 방법으로 추가 접종함.
- 생독백신 : 3~4개월령에 근육주사 한 후 매년 1회씩 추가 접종한다.(국내에서 생산되는 백신은 모두 생독백신이다)

나. 파보 바이러스 감염증

본 질병은 전염력과 폐사율이 매우 높은 질병으로 어린 연령의 개일수록, 백신 미접종의 개체일수록 증상이 심하게 나타나며, 심한 구토와 설사가 따르므로 강아지에게는 치명적인 질병이다.

① **원인** : 개 파보바이러스가 원인체로 감염된 개의 변을 통해 접촉이나 경구적으로 전염이 이루어지며 주요 증상은 출혈성 장염의 형태로 많이 나타난다. 다행히 사람에 전파되지 않는다.

② **증상**

- 심장형 : 3~8주령의 어린 강아지에서 많이 나타나며 심근 괴사 및 심장마비로 급사하기 때문에 아주 건강하던 개가 별다른 증상 없이 갑자기 침울한 상태로 되어 급격히 폐사되는 것이 특징이다.
- 장염형 : 8~12주령의 강아지에서 다발하며, 구토를 일으키고 악취가 나는 회색설사나 혈액성 설사를 하며 급속히 쇠약해지고 식욕이 없어진다. 강아지의 경우 급속한 탈수로 인해 발병 24~48시간 만에 폐사되는 수가 많다.

③ **예방 및 치료** : DHPPL 예방접종이 최선의 방법이다. 파보바이러스 감염증도 다른 바이러스성 질병과 마찬가지로 일단 발병되면 치료가 쉽지 않으며 철저한 예방을 해야 하는 질병으로, 강아지에게 심장형으로 왔을 때는 급사하기 때문에 치료가 불가능하며, 장염형 으로 나타났을 때는 구토와 설사로 많은 체액이 손실 되어 지속적인 체액공급이 필요하므로 전해질 제제를 투여해주는 것이 좋다. 또 세균에 의한 2차 감염을 막기 위해 항균제를 주사해주는 것이 좋으며 면역증강제를 투여해주는 것도 좋다. 그러나 가장 좋은 것은 사전에 예방을 해주는 것으로 파보백신을 미리 접종해서 강아지에게 면역력을 생기게 해주는 것이다. 그리고 철저한 소독으로 바

이러스까지 잡는 소독약을 사용해서 견사 및 동물을 소독해주어서 질병의 전염을 막아야 한다.

다. 개 홍역(canine distemper)

전염성이 강하고 폐사율이 높은 전신감염증으로서 눈곱, 소화기증상, 호흡기증상, 신경증상 등의 임상증상을 보이며 병이 경과하는데 소수의 사례에서는 발바닥이나 코가 딱딱해지고 균열이 생기는 경우도 있다. 일반적으로 개과와 족제비과의 4~5개월령의 어린 동물 등이 많이 감염되며 임신한 모견이 홍역에 걸리는 경우에는 사산이나 허약한 강아지를 분만하게 된다.

① **원인 :** Paramyxovirus 속의 Canine distemper virus가 원인체로서 혈청형은 한 가지이며 눈물이나 콧물을 통한 공기 전파와 접촉 및 경구감염이 가능하다. 이 바이러스는 개과의 개, 여우, 이리, 너구리 및 족제비과의 족제비, 밍크, 스컹크, 페렛 등에 공통적으로 감염된다. 다행히 개 홍역은 사람에 전파되지 않으며 사람의 홍역 원인체와는 다르다.

② **증상 :** 흡입 감염된 canine distemper virus는 임파절을 통하여 혈류로 들어가 약 1주일간 증식하면서 바이러스혈증(viremia)을 일으키는데 약 50% 정도는 10일 이내에 항체가 형성되면서 2~3일간 가벼운 식욕감퇴, 결막 염, 발열 등의 증상을 일으키며 회복되는데 이를 1차 발증이라 한다. 바이러스에 노출된 후 14~18일 정도에 전신적인 증상(발열, 의기소침, 식욕감퇴, 침 흘림)과 호흡기증상(혈액화농성안루, 비루, 기침), 소화기증상(구토, 설사, 체중감소, 탈수증)을 보이며 폐사에 이른다. 간혹 보이는 두부의 경련 및 마비, 껌 씹는 것처럼 이빨의 부닥침(chewing), 보행실조, 의식을 잃고 누워서 자전거 페달을 밟듯이 허공에 발을 휘젓는 증상(pedaling) 등의 신경증상은 바이러스가 뇌에 침입한 경우에 나타나는 증상으로서 이러한 증상을 보이는 것은 예후가 좋지 않아 안락사를 시키는 것이 좋다. 다른 감염병과 다른 특이 사항으로 홍역은 사람의 간질과 같이 발작하는 신경증상 시기를 제외하고는 식욕이나 다른 활동이 정상적으로 보여 치료시기를 놓치는 경우가 많이 발생한다.

③ **예방적인 사양관리 :** DHPPL 예방접종이 최선의 방법이다. 완전하지는 않지만 유일한 예방법은 소독과 정상적인 예방백신을 사용하는 것뿐이다. 다만 평상시에 항병력을 높게 유지하기 위하여 풍부한 단백질과 비타민, 미네랄 결핍이 없도록 사양관리를 하면 큰 도움이 될 것이다.

④ **홍역 감염시의 대책**

- 동물 몸에 직접 분무가 가능한 소독제 희석액을 견사, 주위 토양, 동물 자체에 1일 1회 이상 충분히 살포하며 면역증강제를 주사한다.

• 증상에 맞는 진통제, 해열제, 대사촉진제, 소화제, 2차 감염을 예방하는 항균제와 손실된 체액을 보충해주는 아미노산 + 전해질 제제 등을 적절하게 사용하면서 에너지원을 지속적으로 보충해 주는 방법을 택하면 좋은 결과를 유도할 수도 있다.

라. 전염성 간염(infectious hepatitis)

개의 홍역(canine distemper)과 유사한 증상을 나타내는 질병으로서 강아지 때 급사되는 경우를 제외하고는 사망률이 10% 정도로 가볍게 내과 하는 경우가 대부분이며 국내에서 판매되는 백신에 의하여 비교적 잘 방어가 되는 질병이다.

① **원인** : Canine adenovirus에 속하는 개 전염성간염 바이러스(infectious canine hepatitis virus) 감염이 원인이다. 병든 개의 오줌을 통해 배출된 바이러스에 접촉하거나 바이러스의 경구감염으로 전파된다. 다행히 이 바이러스는 사람에 전파되지 않고 사람의 감염 바이러스와는 종류가 다르다.

② **증상** : 잠복기는 5일 정도 되며, 발병되면 고열이 나고 눈 점막의 충혈, 편도선의 부종, 그리고 구토나 설사가 발생될 수도 있다. 정도에 따라 황달이 나타나며 7일정도 지나면 회복기에 들어가는데 이때 눈의 각막이 희게 또는 자주 빛으로 흐려지는 경우가 많으나 2차 감염이 없는 한 회복되면 자연히 맑아진다.

③ **예방 및 치료** : DHPPL 예방접종이 최선의 방법이다. 병성이 약한 질병이기 때문에 치료가 대체로 쉬우며 개의 체력보강과 소화·식욕촉진을 위해 대사촉진제의 사용과 소화제, 면역촉진제 등을 주사해 주면 도움이 된다. 그리고 2차 세균감염 방지를 위해 광범위 항균제를 병행하는 것이 현명한 방법이다. 예방 및 치료 시에는 동물 몸에 직접 뿌릴 수 있는 전문 소독약제를 희석하여 동물과 견사 주위에 살포하면 방역에 큰 도움이 된다. 물론 최대의 예방법은 DHPPL 종합백신을 정확한 시기에 접종하는 것이 중요하다.

마. 개 코로나 바이러스 장염

개에서 전염성이 강하고 구토와 설사를 주증상으로 한다. 개 파보 바이러스 감염증과 유사하여 개 파보 바이러스와 감별 진단이 필요하다. 다행히 사람에 감염되지 않는다.

① **원인** : 1970년 초 독일에서 처음 개 코로나 바이러스(canine corona virus : CCV)를 분리하였으며 개과에 속하는 모든 동물에 감수성이 높고 실온에서 병든 개의 분변 내에 있는 병원체는 6개월 이상 감염력을 가진다. 그러므로 오염된 먹이나 분변을 섭취할 수 있는 불결한 장소에서는 소화기 감염이 쉽게 일어날 수 있다.

② **증상** : 모체이행항체의 역가가 방어능력 이하로 떨어지는 4~16주에 주로 발병하는데 뚜렷한 임상증상이 나타나기 전의 초기증상은 무기력, 발열, 식욕결핍이 나타나고 임상증상이 나타나는 시기(바이러스가 혈액 내에 나타나는)에는 장점막 섬모의 괴사와

탈락으로 분비성 설사와 구토증상을 보인다. 파보바이러스에 비하여 열이나 혈액변의 발생은 약하게 나타나고 때로는 복부 내 가스가 차서 통증을 보일 때도 있다.

③ **예방 :** 개 코로나 바이러스 예방접종을 실시하는 것이 최선의 방법이다. 다른 바이러스 질병과 마찬가지로 철저한 예방이 우선이므로 대규모 사육이나 지저분한 시설에서는 소독을 철저히 하는 것이 최우선의 예방책이라고 할 수 있다. 또한 탈수에 대한 대책으로 전해질 제제를 투여하며, 세균의 2차 감염을 막기 위해 항균제를 투여하고, 면역증강제를 같이 투여하는 것이 좋다.

바. 개 감기

개의 감기로서 켄넬코프와 증상이 유사하지만 병원체가 다르다. 개의 감기는 개 파라인프루엔자 바이러스 감염에 의하며 다행히 사람에 감염되지 않는다. 그럼에도 불구하고 개가 감기에 걸리면 주인도 감기가 걸린 경우가 많은데 이는 집안 환경이 감기에 걸리기 쉬운 환경에 노출되어 있어 개와 주인 모두 감기가 걸린 것뿐이고 병원체는 다르다. 따라서 개에서 사람이 감기가 옮지는 않는다.

① **원인 :** Canine parainfluenza 바이러스 감염이 원인이다. 호흡기 전파로 바이러스가 공기 중에 떠다니며 코로 들어온 바이러스에 의하여 감기가 유발된다. 다행히 이 바이러스는 사람에 전파되지 않고 사람의 감염 바이러스와는 종류가 다르다.

② **증상 :** 발병되면 열이 나고 눈 점막의 충혈, 콧물, 재채기 등의 증상을 보인다. 정도에 따라 진행되어 폐염에 이를 수 있다.

③ **예방 및 치료 :** DHPPL 예방접종이 최선의 방법이다.

사. 개 허피스바이러스

개에서 한 번 감염되면 어린 연령에 치명적인 허피스바이러스 감염증으로 유사산의 원인이 된다. 다행히 사람에 감염되지 않는다.

① **원인 :** 개 허피스 바이러스(canine herpes virus) 감염에 의하여 발병된다. 개 허피스 바이러스는 감염된 개체에 치유 없이 평생 감염이 유발되며 추운 겨울과 같은 스트레스 상황에 노출된 감염된 개는 체내에서 바이러스 증식이 일어나 체외 배출로 전파가 유발된다. 한국에서는 1991년 겨울 경기도 오산에서 진돗개에서 출산된 한 배 새끼가 출생 후 일주일 만에 폐사하여 부검 의뢰된 케이스를 서울대학교 수의학과에서 최초로 개 허피스바이러스 감염증 확인을 하고 보고하였다.(당시 개 허피스 바이러스 확인을 담당한 김옥진 교수는 현재 원광대학교 교수로 재직)

② **증상 :** 2주령 이하의 어린 강아지는 허피스 바이러스의 전신 감염증으로 전신 장기 출혈과 괴사에 의하여 수포 형성, 고통스런 울부짖음 등의 증상을 보이다가 사망에 이른다. 나이든 개체는 감염 후 특이 증상 없이 평생 감염이 이루어져 전파를 유발

하는 감염원이 된다.

③ **예방 :** 현재 예방접종이 개발되어 있지 않아 감염된 개체와의 접촉 차단이 최선의 예방이다. 또한 추운 겨울에 출산하는 개체들은 따뜻한 보온에 주의하여야 한다.

(2) 세균성 감염증

가. 렙토스피라증(leptospirosis)

1898년 이래 유럽 등지에서 많이 발생한 질병으로 갑작스런 고열, 오한, 황달 그리고 유산을 일으키는 등의 증상을 보이며, 사람에게도 전파되어 비슷한 증상을 보이는 인수공통전염병으로서 렙토스파이라 세균에 감염된 들쥐에 의하여 전파되는 질병이다.

① **원인 :** Leptospira 세균인 「렙토스피라 케니콜라」 및 「렙토스피라 익테로헤모레지」라는 세균 감염에 의하여 발생되며 주요 감염 경로는 렙토스파이라 세균에 감염된 쥐의 오줌에 의해 전파되며 이 세균에 감염된 개나 소, 돼지와의 접촉도 원인이 된다. 또한 토양에 오염된 렙토스파이라 세균에 노출된 경우에 피부 상처 부위를 통하여 감염이 유발될 수 있다. 특히 주의해야 할 것은 사람에게도 감염되는 인수공통감염병으로 두통, 결막염, 황달, 유산 등을 일으키므로 철저하게 예방을 하여야 할 것이다.

② **증상 :** 개의 경우에는 렙토스피라증의 주요 증상은 출혈형과 황달형으로 나눌 수 있으며 출혈형의 경우 41℃ 이상의 발열과 심한 구토가 있으며 뒷다리의 통증으로 다리를 절뚝거리기도 한다. 병이 진행되면 구강점막에 궤양이 형성되고 출혈성 설사를 일으키면서 저 체온이 되어 수일 내에 폐사에 이른다. 황달형의 경우도 비슷한 증상을 보이나 간의 손상에 의해 황달 증상을 보이는 것이 특징적이다.

③ **예방 및 치료 :** DHPPL 예방접종이 최선의 방법이다. 과거에는 치료가 어려운 병으로 알려졌으나 최근에 와서는 강력한 광범위 항균제가 개발되면서 치료 용이하게 되었다. 광범위 항균제를 사용하거나 penicillin + streptomycin의 합제, 또는 Amoxacillin 등의 항균제를 선택하되 72시간 유효 농도가 지속되는 약품을 사용하면서 증상을 완화시키는 해열제, 소염제 등을 병행한다. 식욕부진이 있는 개체는 전해질과 아미노산 합제 등 보조치료제를 병행하면 큰 도움이 될 것이다. 예방을 위해서는 개 혼합백신인 DHPPL를 접종해 주는 것이 중요하며 또한 들이나 야외에서 개가 불결한 곳에 코를 대고 냄새를 맡지 못하게 하고 아무것이나 주워 먹는 습관을 교정시켜야 한다. 치료제 선택 시 전문 수의사나 동물약품 전문가에게 문의하는 것이 좋다.

나. 켄넬코프(kennel cough)

① **원인 :** 보데텔라 브롱키셉티카(*Bordetella bronchiseptica*) 세균과 다른 호흡기 세균 및 바

이러스가 복합감염 되어 일어나는 급성호흡기 질병으로 번식장(kennel)과 같이 집단 사육하고 환기가 잘 안되는 불결한 사육환경에서 키우는 개들의 경우에 집단적으로 발생한다.

② **증상 :** 어린 강아지에게서 심한 증상을 나타내며 나이든 개에도 감염이 된다. 수양성 비루와 폭발적인 건성기침이 특징적이며 연속적인 기침 후에 구토가 뒤따른다. 목에 가시가 걸린 것처럼 캑캑 거리며 심한 경우에 토하기도 하여 목에 가시가 걸린 것으로 잘못 판단하기도 한다. 초기에는 발열증상이 보이지 않다가 세균이 2차 감염이 이루어지면서 체온이 39~40℃까지 급속히 올라갔다가 정상화되며 세균에 의한 폐렴이 유발되기도 한다.

③ **예방 및 치료 :** Kennel cough 예방접종이 최선의 방법이다. 감염된 개체는 해열제나 거담제 등의 사용으로 증상을 다소 완화시킬 수는 있다. 그러나 가장 최우선의 방법으로는 개의 체력 보강을 위해 영양가 높은 먹이를 급여하고 2차 감염 예방 및 치료를 위해 광범위 항균제를 주사하고 면역증강제를 함께 투여하도록 한다.

다. 개 부루셀라병(canine brucellosis)

유산을 제외한 특별한 임상증상을 나타내지 않고, 진단상 어려움이 많고, 항상 보균동물로 존재함으로써 집단적으로 사육하고 있는 번식장에서는 매우 중요한 전염병이다. 사람에도 감염될 수 있는 인수공통감염병으로 발생 시 신고의 의무가 있는 법정전염병이다.

① **원인체 :** *Brucella canis* 에 의해서 야기되지만 이 균외에 *B. abortus*, *B. suis*, *B. melitensis* 에 의한 감염도 보고된 바 있다. *Brucella canis* 는 Brucella속의 0.5~0.7×X 0.6~1.5um 크기의 그람음성의 비운동성인 작은 간균으로 숙주 세포내 기생하는 세균이다. Brucella배지, 혈액배지, Tryptic soy agar에서 3~5일간 호기성 및 CO_2 배양시 모두 발육한다. 직경 1~1.5mm의 반투명 소집락을 형성하며 Mucoid 상으로 된다.

② **감염경로 :** 이 질병의 전파방법은 주로 유산 후 유산태아나 유산물질, 질 분비물로부터 부루셀라균의 흡식이나 섭식에 의해서 이루어진다. 또한 감염 후 3-11주 사이의 정액에는 많은 수의 균이 있으므로 좋은 감염원이 될 수 있다.

③ **증상 :** *B. canis*는 암캐의 경우 임신된 자궁에만 감염되어 태반의 상피세포에 국소화(colonizing)하여 태아조산 및 유산을 일으킨다. 암캐는 때때로 임신 전 기간에 그리고 한배 새끼의 모든 생존태아나 죽은 태자에게 모두 전파함으로써 생존태아의 경우라도 대개 수 시간 또는 수 일안에 죽는다. 임신하지 않는 암캐는 대개 임상증상을 나타내지 않지만 자궁 분비물 또는 오줌을 통해서 계속해서 원인균을 배설한다.

④ **예방 및 치료 :** 유사산을 보이는 경우 브루셀라 감염 의심으로 진단을 시도하는 것이 좋으며 브루셀라 의심 동물과 접촉을 피하는 것이 좋다. 번식장의 경우에 철저한 견사 소독이 요구된다. 브루셀라 세균은 세포 내 기생하기 때문에 치료가 어렵다. 또한 법정전염병이기 때문에 진단되면 신고를 하여야 한다.

라. 개 라임 병(canine Lyme Disease, canine Borreliosis)

진드기에 의하여 전파되는 질병으로 사람에 감염이 일어나는 인수공통감염병이다. 다행히 한국에서 보고되지 않은 질병으로 미국에서는 많은 발생이 일어나고 있다.

① **원인체 :** *Borrelia burgdorferi* 세균에 의하여 감염이 일어난다. 나선모양의 스파이로헤트 세균이며 그람음성의 세균으로 야생 쥐, 다람쥐와 같은 야생 설치류 및 사슴에 존재하는 세균으로 알려져 있다.

② **감염경로 :** 개와 사람에 전파는 진드기 일종인 deer tick(Ixodid)에 의한다.

③ **증상 :** 감염된 개는 열과 식욕부진, 임파절 종창, 관절염 및 보행 장애 등의 증상을 보인다. 심한 경우 콩팥의 손상으로 사망에 이른다. 사람의 경우에도 발열과 관절통증 및 종창 등의 증상이 보고되어 있다.

④ **예방 및 치료 :** 진드기 예방을 하고 유행 시기에는 진드기 접촉 위험이 있는 산행을 줄이는 방법으로 예방을 한다. 감염된 개체는 Amoxicillin, Tetracycline과 같은 항생제를 위주로 치료를 시도한다.

(3) 기생충 감염증

가. 심장사상충

심장사상충(Heartworm, *Dirofilaria immitis*)은 현재 가장 광범위하게 퍼져있는 기생충으로 사람에게는 중간 숙주인 모기를 통해 전염된다. 사람의 사상충증은 유충이 죽어 폐내에 전색을 형성하는 것으로 알려져 있는데 이러한 경우는 드물게 발생되며 대개 무증상이다. 그러나 폐전색이 형성되면 방사선 사진에서 결절로 나타나며 정확한 진단을 위해서는 외과적으로 생체검사와 조직학적인 평가를 받아야하는 문제를 일으킨다. 사람의 사상충증 예방은 개의 심장사상충을 줄여나가는 것이므로 모든 심장사상충을 치료하는 것이 바람직하다. 또한 심장사상충의 예방은 사람의 사상충증 발현률을 현격히 줄일 것이다.

① **원인충 :** 심장사상충(*Dirofilaria immitis*)은 온대지방의 개의 우심실과 폐동맥에 기생하는 사상충(絲狀蟲)으로 길이는 ♀ 25~30cm, ♂ 12~16cm이다.

② **생활사(life cycle) :** 암수 성충의 교미에 의하여 산출(産出)된 마이크로필라리아(microfilaria)는 비 감염기 마이크로필라리아로서 감염견의 혈액 속에서 2년간 생존케 되며 모기의 흡혈에 의하여 모기체내(말피기관)로 이동한 후 2회의 탈피과정을 거쳐 감염기 자충(제

3기)으로 성장하게 되며 이 감염기 자충이 모기의 흡혈로 다시 개의 피부에 침투 → 피하 조직에서 67~80일간 생존하면서 2회 탈피과정을 거쳐 제 5기 유충으로 변한다. 제5기 유충은 정맥벽을 통하여 천공 → 혈관 → 폐동맥 정착 단계를 거치 게 된다. 체내의 우성충은 약 7년간 생존하면서 마이크로필라리아를 산출하여 지속적인 전염원이 된다.

③ **증상** : 3가지 유형의 증상을 보이는데 다수의 성충이 일시에 죽어서 폐동맥을 막아 생기는 증상으로서 호흡곤란, 운동기피, 발작성 실신, 객혈 등의 증상이 관찰되며 말기에는 복수, 하복부의 피하부종, 흉수 등을 볼 수 있는 유형의 폐성심증과 돌발적인 쇠약, 식욕감퇴, 혈색소뇨증, 호흡곤란, 복수 등의 증상을 보인 후 수일 이내에 폐사하는 간 기능 부전 증후군 증이 있고 기침 객혈, 숨을 거푸 쉬는 소리를 내는 알레르기성 증상으로 구분된다. 폐성심증과 간기능 부전 증후군 증은 청진시 심내잡음, 제2심음 분열음이 있다.

④ **예방** : 중간 매개체인 모기의 활동기 동안 감염이 우려 될 시에는 매월 1회씩 이보멕틴 제제를 투여 한다.

⑤ **태반감염** : 감염견의 혈액 속에 있는 마이크로필라리아는 태반을 통하여 이행이 되나 비감염기에 해당되어 발병하지 않으나 출생 후 모기의 흡혈에 의하여 감염을 받을 수 있다.

⑥ **치료 방법** : 진단시약에 의하여 확인

• 제제 : 이미트사이드

• 치료 : 심한 기침이나 객혈, 폐경화, 우측성 심부전증을 나타낸 개체는 구충은 금기

- 1단계 : 아스피린 kg/bw 당 5 mg(혈전예방)/프레드리소론 체중kg당 0.1~0.2mg/bw 추천용량(시미티딘 1일 1회 필요시 투여)/상기 용량을 3주간 사용후 이미트사이드(요추 3~5번 사이에 주사)

  「레바 미솔(levamisol hydrochloride)」을 10mg/kg으로 1일 2회 2주간 경구투여를 하는 것으로 미온적이지만 치료를 할 수 있다.

- 중증의 경우(혈뇨, 기침 증상 발현) : 1단계 처치 후 이미트사이드 사용하고/3주간 약제 경구투여/1개월 후 항원검진

나. 원충감염

① 지알디아증

주원인은 *Giardia canis*-2개의 핵과 편모를 가진 이자형의 원충으로서 개의 상부소장에 기생하면 돌발적으로 악취가 나는 수양성 설사와 식욕감퇴를 주 증상으로 하는 급성

형과 만성적으로 흡수장애를 일으키는 만성형으로 구분된다. 지알디아 람블리아(*Giardia lamblia*)는 인간 및 다른 포유동물의 소장에 기생하며 전 세계적으로 존재하는 원충이며 풍토성 또는 전염성 장관질환과 설사를 유발한다. 감염은 섭취한 포낭의 소장에서 영양체로 부화되어 일어나며 혈관을 타고 퍼지지는 않고 장관 상피에 붙어 있다. 개나 고양이의 지알디아(giradia)가 사람에 감염된다는 명확한 결론이 내려진 것은 아니지만 예방적으로 관리하는 것이 좋다. 분변으로 배출되는 포낭은 열이 나 건조한 상태에서는 견디지 못하나 신선한 물에서는 수개월간 생존 가능하다. 염소 소독 수돗물에서 저항한다. 지알디아 감염증은 선진국이나 개도국이나 모두 흔하다. 사람 사이의 전파는 개인위생이 나쁜 공공장소나 동성연애자 사이에서 일어날 수 있다. 음식을 익혀 먹고 물을 끓이거나 정수함으로 예방할 수 있다. 이환된 동물은 모두 치료한다.
주 치료제는 metronidazole 30mg/체중 1kg 당 1일 2회 5일간 경구투여

② 트리코모나스증

비위생적인 견사에서 사육되는 자견에 Trichomonas spp 편모를 가지며 운동성이 있는 원충이 감염되어 발생하는 질병으로서 수양성 설사를 유발하는 원인이 된다.
주 치료 방법으로는 metronidazole 30mg/체중 1kg 당 1일 2회 5일간 경구투여

③ 크립토스포리디아증

콕시디아 속 원충인 크립토스포리디움(Cryptosporidium)의 중요한 보균가축은 소이지만 개와 고양이의 분변에서도 검출되며 이 원충은 많은 동물을 감염시키고 감염된 동물의 대변으로 나온 낭포체는 전염성 가지고 있다. 낭포체는 꽤 단단하며 소독약제중 염소 소독제제에는 저항성을 가지고 있다고 보고되고 있다. 사람이나 동물의 분변 내에 전염성 낭포체와의 접촉을 최소화하는 것이 전염을 예방하는 최선의 길이다. 사람이 경구적으로 낭포체(oocysts)를 섭취하면 부화하여 포자소체(sporozoite)가 되고 이 포자소체는 장관상피 세포로 가서 감염을 일으킨다. 사람에서는 무증상이나 자연 치유되는 경향을 보이기도 하지만 심한 경우 위험할 수도 있으며 일단 감염되면 가족 구성원간의 접촉, 동물의 분변에 의한 오염, 의료인 간의 접촉 등으로 전파된다 한다. 최근에 정상인이나 AIDS 환자 등의 면역결핍증 환자에서 설사를 유발하는 것으로 보고되고 있다.

④ 톡소플라즈마증

톡소플라즈마증은 편성 세포 내 원충인 톡소플라스마 곤디(*Toxoplasma gondii*)의 감염에 의해 발생하며 대부분의 조류 및 포유동물에서는 불현성 감염을 일으키지만 간혹 설사를 유발하거나 유산, 폐염, 건염, 안 증상, 중추신경증상 등을 일으켜 디스템퍼와 혼돈될 수 있는 질병이다. 사람에 감염되면 인체의 면역능력에 따라 무증상에서 뇌염, 폐렴 등의 증상을 나타낼 수 있으면 급성형으로 나타나거나 만성화 할 수 있다.

- **생활사**(life cycle) : 이 원충은 비고양이 생활사와 고양이 생활사로 구분되며 비고양이 생활사는 쥐 양, 돼지 등의 중간 숙주 내에서 일어나는 무성의 타키조이트(tachyzoite) 형태로서 온혈동물에 기생하지만 고양이가 종숙주이다. 톡소플라스마 곤디(T.gondii)는 침투는 하지만 분열하지 못하는 적혈구를 제외하고는 모두 포유류의 세포 내에서 성장 가능하다. 이 기생충의 주 생활사는 고양이와 그 먹에서 이루어진다. 인체의 감염은 트로포조이트(trophozoites)에 감염된 음식을 섭취하거나 고양이의 분변으로부터 나온 낭포체(oocyst)를 먹게 되어 발생한다.
- **병원성** : 사람이 임신기간 중에 감염된다면 태아의 1/3 정도가 태반 감염될 수 있다고 보고되고 있다. 태반감염이 되면 사산되거나 신생아의 안구 질환을 야기 시킬 수 있다. 고양이 또한 trophozites의 섭취에 의한 경구감염으로서 감염후 1~2일부터 oocyste를 분변 내로 배설하며 급성 감염기 동안 고양이는 하루에 1억 개의 기생충을 배출한다. 바로 이러한 이유 때문에 임신한 산모는 고양이의 분변에 접촉하지 않아야 할뿐더러 고양이 분변통은 하루에 한 번씩 철저하게 세정해야 하는데 산모를 시켜서는 안 된다.
- **치료** : 치료는 설파디아진(Sulfadizine)을 체중 kg 당 60mg을 1일 4회로 구분하여 투여하거나 설파모노메톡신(Sufamometoxin)을 동량 투여하거나 한다.

⑤ 아메바증

아베마란 무성생식으로 기생하는 원충류로서 크기가 10~60μ 정도인 이질아메바(*Entamoeba histolytica*)가 개, 고양이, 쥐, 돼지 등에 감염되어 대부분 무증상으로 경과되지만 급성으로 진행되는 경우 소화기관내에서 궤양을 일으키며 점액성 설사를 유발하기도 한다. 세계인구의 약 10% 정도가 *E. histoltica*에 감염되어 있는 것으로 보고되고 있으며 전파는 오염된 물, 음식 혹은 손에 살아있는 포낭을 섭취함으로 감염되는 것으로 알려져 있다.

⑥ 바베시아증

진드기 매개성 주혈원충증(住血原蟲症)으로서 *Babesia canis*, *Babesia gibsoni* 등의 원충이 문제가 되며 주 증상으로는 발열, 빈혈증상, 혈색소뇨, 황달이 특정인 증상을 보이며 종대된 간이나 비장 등이 촉진된다. 인간이 감염되면 초기에는 비특이적인 발열질환으로 나타난다. 바베시아는 적혈구 안으로 들어가 말라리아와 형태적으로 유사하게 보인다. 야생동물과 가축에서의 바베시아 감염은 전세계적으로 발생한다.

치료제로는 Berenil (diminazene aceturate) 3.5mg /kg 당을 7% 용액으로 만들어 근육 또는 피하주사를 하되 필요에 따라 수혈 또는 철분제, 항균제, 비타민B 복합제와 병행 투여한다. 단 과량 투여시 신경증상을 일으킴으로 2주 이내에 재 투여는 삼간다.

다. 외부 기생충

① **개 선충**(scabies)

주원인은 개 선충(*Sarcoptes scabies*)의 감염으로 옴이라고도 불리는 증상을 유발한다. 개 선충에 감염된 개는 가려움에 피부를 긁고 긁는 상처에 감염된 세균에 의하여 피부에 염증이 유발된다. 인수공통감염병으로 사람도 감염되며 감염된 피부에 오돌도돌한 빨간 돌기들이 생기고 가려움증을 느끼게된다.

개 선충의 예방은 정기적인 피부 위생 관리가 필요하며 개 선충 오염 빗이나 클리퍼의 사용에 주의하고 감염된 개와의 접촉을 피하여야 한다. 피부를 긁으면 동물병원에 내원하여 진단 후 치료를 요한다.

② **개 모낭충**(demodex)

주원인은 개 모낭충(*Demodex canis*)의 감염으로 모낭충에 감염된 개는 모낭 안에 기생충 감염에 의한 염증으로 털이 빠지고 가려워 긁은 피부에 2차 세균감염으로 염증이 유발된다. 모낭충은 개선충에 비교하여 보다 치료가 어려워 장기 치료가 요구되며 흔히 재발이 유발되기 때문에 관리에 주의를 요한다.

③ **귀 이**(Ear mite)

주원인은 ear mite의 감염으로 증상이 유발된다. 귀 속에 귀지와 염증을 유발하며 가려워 긁기 때문에 귀에 2차 세균 감염이 일어난다. 정기적인 귀 청소와 위생적 관리로 예방할 수 있다.

④ **이**(lice) **및 벼룩**(flea)

주원인은 이와 벼룩으로 이와 벼룩의 감염은 위생적 관리로 예방할 수 있다. 외부 기생충을 예방하는 약제들이 다양하게 개발되어 있어 편리하게 이용할 수 있다.

라. 내부 기생충 감염증

개는 태반을 통하여 기생충에 감염되어 생후 20~25일 정도면 벌써 성충이 되어 충란을 배출시키는가 하면 신체의 면역 능력을 저하시켜 백신에 의한 항체가 형성에도 지장을 초래한다. 감염기 유충은 각 장기를 뚫고 다녀 통과한 부분에 염증을 유발하고 간이나 뇌에도 영향을 끼치게 되는 등 소모성 질환의 근본 원인으로서 작용한다. 개의 기생충은 일반적으로 충란에서 성충이 되는데 3주일 정도가 소요되어 개가 종숙주인 기생충은 장내에서 증식이 되면서 생활사를 갖게 된다. 일반적으로 기생충의 종류를 류형(類形)으로 분류하면 다음과 같이 분류 할 수 있다.

① **선충류**(線蟲類)

선 형태의 모양을 한 견회충(*Toxocara canis*), 견소회충(*Toxocara leonina*), 개편충(*Trichuris vulpis*)

등이 있으며 구충류(鉤蟲類)는 갈고리가 있는 형태를 갖춘 견십이지장충(*Ancylostoma caninum*), 비경구충(*Uncinaria stenocephais*)이 있다.

② **조충류**(條蟲類)

납작한 선모양의 형태를 한 깃갱충으로서 긴촌충(*Diphyllobothrium latum*), 촌충(*Echinococcus spp*) 일반조충(*Taenia spp*), 두상조충(*Taenia pisifomis*), 고양이 조충(*Taeniataenia formis*), 다두조충(*Multiceps spp*) 등이 있다.

③ **흡충류**(吸蟲類)

창형흡충(*D. lanceolatum*) 묘흡충(*O. tenuicollis*), 간흡충(*Fasciola hepatica*), 폐디스토마(*P. westermanii*) 등이 있다.

- **회충증** : 개에 있어서 가장 많이 감염된 선충류로서 모견의 체조직에 잠재하던 3기 자충이 임신말기(42일경)에 태반을 통과 태아에 감염되거나 아니면 분만 후 약 30일 정도 모견의 유즙을 통하여 배설되어 포유 자견이 감염됨으로 생후 20일이면 대부분의 자견이 회충에 감염된 것으로 보아야 한다. 회충이나 개 편충같은 선충류가 감염되어 있으면 강아지에서는 빈혈이 심하게 나타나고 등은 야위나 복부는 팽팽하게 커진다. 생후 2~3주령의 강아지는 반드시 기생충 구제를 10일~15일 간격으로 최소 3회 이상 반복 투여하도록 하고 모견은 포유중에는 자견과 동시에 구충제를 투약한다. 선충류의 감염이 심하면 영양탈취 및 유충의 채내이행으로 인한 기계적 자극에 의해 쇠약, 설사, 빈혈, 기침 등의 증상을 나타내며 피부병, 간장장애, 복막염 등을 일으키기도 한다. 어린이들이 흙을 먹는 습관과 위생관념의 미흡 때문이겠지만 1~5세정도의 어린이들에게 자주 발견되는 개회충증은 충란을 입으로 섭취하여 유발되는 것으로서 섭취된 충란이 유충이 되면 인체의 장관 벽을 뚫고 지나가며 여러 조직을 이행하고 다닌다. 이들은 인체 내에서 정상적인 생활사를 갖출 수 없기 때문에 인체 면역계에 의해 파괴되지만 그전까지는 장관 내 이행이 지속된다. 대부분은 무증상으로 진행되지만 중추 신경계와 심근에 호산성 육아종성 반응을 일으키기도 한다. 드물게는 발열, 체중감소, 기침, 폐, 발진 등과 더불어 전안구염, 포도막염, 맥락막염 등을 일으키고 실명하게 된다는 보고서도 있다. 이러한 이유로 공공장소에서는 분변 처리에 관심을 기울여야 할 것이며 보호자에게 개회충의 생활사를 알려주고 인체 감염성을 교육하여 분변 등에 오염되지 않도록 주의시킬 필요가 있다.
- **구충증** : 견십이장충등의 충란이 외부에서 부화한 감염기 자충이 경피감염(피부를 통하여 감염) 또는 경구감염을 통하여 증상을 일으키며 주요 임상 증상으로는 흑변, 심혈성빈혈, 피부소양증 등이 있다.
- **조충증** : 촌충(Tapeworm) 또는 충충류(Cestode)인 편절 기생충으로서 개 조충(Diy_lidium

canium)은 개에서 아주 흔하며 중간숙주는 벼룩이다. 사람의 경우 우연히 이 유충을 지닌 벼룩을 섭식하여 발생하는 것으로 보고되고 있다.

조충이 기생할 때에도 선충의 기생시와 비슷한 증상을 나타내며, 특히 이러한 조충은 사람 특히 어린아이에 감염되는 경우가 많지만 대개 무증상으로 경과하고 소수의 경우에만 심한 복통, 소화장애, 오심, 구토증상을 일으키며 경우에 따라서는 신경증상을 일으키기 때문에 철저히 구제를 해야 한다. 조충이 있을 때에는 대변이나 항문주위의 털에 쌀알 크기 만한 촌충의 편절들을 볼 수 있으며, 특징적인 증상으로는 장염이 심하게 나타나며 항문이 심하게 가려워 엉덩이를 땅에 끄는 행동을 하기도 한다.

- **포낭충증** : 국내에서는 문제가 되지 않는 질병으로서 주로 양을 방목하는 목야지에서 사육되는 개들이 감염원이 될 수 있다. 단방조충, 다방조충(*E. granulosus, multilocularis*) 등의 충란을 섭식하여 감염된다. 인체에 섭식된 충란은 문맥순환을 거쳐 간, 폐 등 여러 장기에 포낭을 형성한다. 포낭충낭(echinococcal cyst)은 천천히 자라나는데, 공간 점유 효과가 나타나기 전까지는 무증상이지만 포낭이 터지면서 황달, 발열, 소양감, 두드러기, 호산구 증가증, 과민반응으로 급사하거나 흉통, 각혈 등의 증세를 보인다. 사람은 이 포낭을 수술로 제거해야 하며 전세계적으로 분포하는 것으로 알려져 있으며, 양이 중간숙주 역할을 한다. 개는 종숙주이며 개의 분변으로 나온 충란은 바로 감염을 갖는다. 양과 개가 같이 있는 곳에서는 단방조충과 다방조충의 역학과 공중보건학적 관리에 관심을 갖고 주기적으로 변 검사를 통해 충란의 확인을 받아야하고 감염된 개는 반드시 치료한다.

(4) 곰팡이 감염증

피부 곰팡이 감염증은 진균에 의하여 유발되며 인수공통감염병으로 사람 피부에도 감염이 유발된다. 다양한 곰팡이에 의하여 피부 병변이 유발되며 세균과 외부 기생충 감염증과 감별 진단이 필요하다. 우드 램프에 의하여 피부에 자외선을 쬐어 형광을 발하는 것을 확인하여 피부 곰팡이 감염증을 진단할 수 있다. 피부를 긁어 도말하여 현미경으로 관찰하여 곰팡이 포자를 관찰하는 것으로 진단하기도 한다. 곰팡이는 치료가 어렵고 흔히 재발하기 때문에 주의를 요한다.

4) 병원체의 예방

(1) 기생충의 예방 및 치료

자연환경에 널리 분포되어 있어 다양한 전파방법으로 감염되는 기생충의 감염예방을 단순한 구충제로만으로는 어려움이 있어 기생충의 기초적인 생활사를 평소에 알아두어야 할 필요가 있으며 다음과 같은 요령으로 관리하면 구충은 물론 건강한 개의 상태를 유지 할 수 있을 것이다.

① 조속한 분변 청소 및 위생적 처리
② 동물 자체 및 주변 정기적인 소독
③ 청결하고 영양이 풍부한 먹이급여
④ 이, 벼룩, 모기 등의 해충 구제
⑤ 쥐의 구제
⑥ 선충류 및 조충류, 흡충류 구충이 가능한 종합구충제

일반적인 구충프로그램으로 신생 자견 15일, 25일, 40일령 쯤 구충을 실시한 후 집안에서 키우는 개는 2개월마다 야외에서 키우는 개는 월 1회씩 연속 구충하는 것이 현명하다.

(2) 예방접종

가. 생독과 사독백신

임상적인 감염증을 일으키는 바이러스나 세균의 균종을 분리하여 면역형성을 위한 백신을 제조하는데 그 제조과정에서 살아있는 상태로 계대(繼代)한 후 약독화(弱毒禍)하여 제조한 백신중 바이러스 백신은 생독백신, 균 백신은 생균백신이라 말하며 이와는 반대로 이들을 포르말린 등의 화학적 처리를 하여 사멸시킨 후 그 세포를 이용하여 제조한 백신을 사독 혹은 사균백신 또는 불활화백신이라 칭한다. 두 가지 제조방법에 의하여 만들어진 백신은 각각의 장단점이 있어 그 목적에 따라 제조 방법은 선택된다. 일반적으로 생독백신의 경우 접종 후 3주정도 되면 최고도의 면역을 획득케 되며 사독(사균) 백신은 10일에서 21일 간격으로 보강 접종을 한다. 현재 시판되는 백신은 대부분 안전하여 권장량의 2~3배의 백신을 접종하여도 큰 부작용이 발생되지 않을 뿐 아니라 생독백신의 경우에도 1/2 정도의 백신으로도 모체이행항체의 소실 시기를 잘 맞추면 면역형성이 되니 접종 시에 좀 흘렸다고 다시 재접종 할 필요는 없을 것이다.

① **생독(생균)백신 장점**

- 모체이행항체의 소멸 시기에 접종하면 1회 접종으로 면역력이 생성된다.
- 제조비용이 사독에 비하여 상대적으로 적어 값이 저렴하다.
- 면역이 형성된 경우 사독에 비하여 면역 지속기간이 길다.
- 냉동 건조 되어있어 냉장고에서 동결이 되어도 사용이 가능하다.
- 생독 백신은 적은 바이러스량으로 감염방어능력을 형성한다.

② **사독**(사균) **백신 장점**

- 안정성이 높고 겔 또는 오일로 제조되어 사용이 용이하다.
- 생독백신에 비하여 냉장보관이 용이하다.
- 개발하는데 오래 걸리지 않는다.
- 보강접종으로 면역증강효과가 크다.
- 유효 항원만 정제 추출함으로써 부작용 경감과 면역원성 향상된다.

(사독 백신은 반드시 2~3주의 간격을 맞추어주어야 효과가 있다.)

나. 혼합백신(DHPPL)

일반적으로 비교적 간섭 현상이 덜하고 표적장기(Target organ)가 다른 백신을 사용자가 쓰기 편하게 몇 개씩 묶어 DHP, DHPP, DHPPL, DHPPLL, DHPPCL로 명하는 혼합백신이 생산되고 있다.

그러나 우리는 사랑하는 개를 위하여 가능한 최소한 혼합되어있는 백신을 사용하는 것이 현명하다는 것을 인식하여야 할 필요가 있다. 특히 표적장기(Target organ)가 같은 백신은 반드시 별도로 백신을 하는 것이 유리하며 파보백신처럼 생독과 사독백신이 각각 개발되어있는 경우에는 반드시 최소 15일 정도의 간격을 두고 사용하는 것이 현명하다.

다. 모체이행항체(母體移行抗體)

개는 분만 직후 일반 비유기 젖보다 더 진한 형질의 젖을 분비하는데 이를 가리켜 「초유」라고 하고 그 초유에는 모견이 살아오면서 체험한 질병에 대한 면역물질과 백신 접종에 의하여 형성된 면역물질이 함유되어있어 이를 모체이행항체라고 부르며 그 항체의 수준을 계수화 시켜 놓은 것을 항체가(抗體價)라고 한다. 모체이행항체에 의한 항체 획득은 자신의 노력이 아닌 젖을 통한 항체 획득이라는 의미로 「수동면역」이라 하고 그 반면에 백신에 의한 항체 형성은 바이러스의 체내 증식에 의하여 형성된 항체라고 하여 「능동면역」이라고 한다. 모체이행항체는 질병 별로 항체가 수준이 달라 반감기에 의하여 어떤 질병은 방어 항체가 수준 이상으로 남아있는데 비하여 어떤 질병은 이미 방어 항체가 수준 이하로 저하되어 바이러스에 노출되면 감염이 된다. 일반적으로 충분한 항체를 소유한 모견의 초유를 충분히 먹은 자견의 경우라 하더라도 생후 90~100일 경이면 대부분 방어항체가 수준 이하로 모체이행항체가 소실되며 이때가 백신 적기가 된다. 그러나 동복자견(同腹子犬)이라고 하여도 초유를 섭취한 시간이나 초유량 섭취량이 달라 개체마다 그 백신 접종 적기가 다르다는 이유 때문에 통계적으로 3~5회 정도의 기본 백신 접종 프로그램이 요구되고 있다.

라. 백신 접종시기 선택시 고려사항

일반 가정에서 한・두마리 사육되는 자견들은 DHPPL, 코로나, 켄넬코프, 광견병 백신, 구충제 투약 등 순차적인 프로그램을 적용하면 되지만 대단위 집단 비육견 사육을 하거나 또는 번식을 위주로 하는 사육자는 백신의 방어 효과와 경제성 그리고 노동력까지 고려한 선택이 되어야 한다. 「DHPPL」 백신 접종 시기를 결정하는 것은 생각보다 무척 어렵다. 왜냐하면 강아지가 섭취한 초유의 양과 그 어미가 지니고 있는 항체가의 높고 낮음에 따라 모체이행 항체의 소멸 시기가 다를 뿐 아니라 혼합된 5종의 각 질병 항체의 소실 주기가 일치하지 않기 때문이다. 만약 모체이행 항체가 충분히 떨어지지 않는 상태에서 백신을 접종하게 되면 주입된 생독바이러스와 모체이행항체 간에 중화반응이 발생하여 접종 효과를 기대할 수 없게 되는 반면 한편으로는 모체이행 항체가가 충분히 떨어지기를 기다리다가 그 사이에 감염이 이루어질 수 있기 때문에 문제가 되는 것이다. 그러므로 백신 접종시 간섭현상까지 고려하여 일반적으로 바이러스 양이 보강된 유명 브랜드를 선정하여 3~4회 정도 백신을 접종하도록 프로그램을 작성하게 된다.

집단 사육농장은 다음의 요소를 고려하여 전문가와 협의하여 백신접종 프로그램을 작성하여 운영하되 항상 질병의 양상을 주시하여 수정한다.

① 농장별로 주로 발생하는 바이러스 질병과 일령 별 또는 계절별 발생시기를 기록이나 객관적인 자료에 의하여 검토하여 해당 감염증의 백신을 질병 발생 14일 전에 접종한다.

② 모견의 백신 여부와 백신 접종 일자에 따라 모체이행항체가 다르므로 이에 맞는 백신프로그램을 조정 할 필요가 있는데 보다 합리적인 방법이 있다면 연도별 백신접종 계획과는 별도로 발정초기 보강을 해두는 방법을 택하면 훨씬 용이하게 프로그램화 할 수 있다.

③ 외부로부터 도입한 후 잠복기를 지나 발병할 수 있음으로 외부 도입견은 소독을 실시하고, 최소한 1주일간 격리 사육하여야 하며 도입 당일은 스트레스를 줄일 수 있도록 따스한 물과 포도당, 전해질, 비타민 등이 들어있는 항스트레스제를 먹이고 2~3일 후에 백신 접종하는 것이 현명하다.

마. 반려견 예방접종의 종류와 접종 프로그램

백신 종류	예방 목적 질병	접종 프로그램
종합백신 (DHPPL)	개 홍역, 개 간염, 개 감기, 개 파보장염, 렙토스피라	• 생후 6주부터 2~4주 간격으로 5회 접종 • 이 후 매 년 1회 보강접종
코로나 장염	Canine corona virus	• 생후 6주부터 2~4주 간격으로 2~3회 접종 • 이 후 매 년 1회 보강접종
켄넬코프	Boardetella brochiceptica Parainfluenza virus	• 생후 8주부터 2~4주 간격으로 2~3회 접종 • 이 후 매 년 1회 보강접종
광견병	Rabies virus	• 생후 3~4개월령 1회 접종 • 이 후 6개월 마다 보강접종

바. 백신 사용시의 유의사항

현재 국내에서 생산 또는 수입 판매되는 백신의 종류로는 DHPPL, PC(파보생독+코로나 사독), Corona K.(코로나 사독), P(파보생독), P-K(파보사독) 백신, 켄넬코프생균백신과 사균백신, 켄넬코프 톡소이드백신, 광견병 백신도 생독과 사독 백신 등이 있다.

이와 같이 다양한 백신이 있는데 여기다가 동일한 백신을 몇 차례씩 주사를 놓아야 하기 때문에 요즈음의 개는 백신 스트레스에 시달리고 있다고 하여도 과언이 아닐 것이다.

제조사가 혼합백신을 만들 때에는 바이러스 유형간에 간섭 현상이 덜하고 안전하며 표적장기(Target organ)가 다른 백신을 몇 개씩 묶어 DHP, DHPP, DHPPL, DHPPLL, DHPPCL 이라는 혼합백신을 생산하고 있어 일반 사양가는 다음과 같은 사항을 인지하고 있어야 한다.

① 파보백신처럼 생독백신과 사독백신이 각각 개발되어 혼용되고 있는 경우에는 생독백신은 DHPPL과 병행하여 사용 할 수 있지만 사독은 최소 15일 정도의 간격을 두고 사용한다. 최근에 우수한 파보 생독백신이 개발되기 전 집단화된 비육견 농장에서 제일 폐사율이 높았던 바이러스 감염증이 파보바이러스 장염이었으며 이때 생후 20일령에 사독백신을 조기에 사용하도록 프로그램화 되었던 일도 있었다.

② 코로나백신은 사독백신임으로 DHPPL과 병행하여 사용할 수 있지만 너무 어리거나 병약한 개체는 가능한 1주일 정도의 간격을 두고 접종하는 것이 합리적이다.

③ 코로나 백신은 사독 백신임으로 2회 정도의 백신만 접종한다.

④ 켄넬코프 백신은 사균 백신임으로 이론적으로는 DHPPL과 처음부터 병행하여 주사를 놓으실 수는 있지만 최소한 6주가 경과한 후에 실시하고 가능하다면 DHPPL 3차 때부터 10일 간격으로 2회 정도 접종한다.

⑤ 광견병 생독백신은 3개월 이상 된 개체에 사용하되 근육주사하고 사독 백신은 일령과 체중에 관계없이 1ml씩 피하 또는 근육에 접종하도록 권장되나 가능한 3개월 이상이 되면 접종하였으면 한다. 자료에 의하면 사독백신의 경우에는 약 3년 정도의 방어효과가 있는 것으로 나와 있으나 이 또한 생독백신과 마찬가지로 각 제조사의 권장은 매년 보강접종 하도록 권장되고 있다.

⑥ 백신 취급시의 일반적 유의사항

- 백신은 2~8℃의 냉암소에 보관하되 생독백신은 열에 노출되지 않도록 하고 사독백신은 동결되지 않도록 함.
- 사용 전에 유효기간을 확인한다.
- 접종방법과 사용량을 정확히 숙지한다.
- 반드시 건강한 동물에만 접종한다.
- 백신을 사용 후 잔여량과 공병 등은 소각 또는 매몰한다.

⑦ 백신 접종시 유의사항

- 주사기, 주사바늘, 백신 병 등을 소독약품으로 소독하지 말 것
- 피하지방조직 내에 주사하지 않도록 주의한다.
- 백신은 접종하기 전에 희석액 병을 손으로 잡아 냉기를 감소시킨 후에 사용한다.
- 사독백신은 사용직전과 도중에 흔들어서 균질한 상태에서 사용한다.
- 희석된 백신은 곧바로 사용한다.
- 백신 접종시 피하주사를 사용하고 근육 주사시 자료실의 도면을 참조하여 지정된 근육에 접종한다.
- 피하주사 후에는 반드시 충분한 마사지를 하여 경절이 생기지 않도록 한다.
- 백신을 임의적으로 혼합하여 사용해서는 안 된다.

⑧ 백신접종시기의 실질적 응용사례

「DHPPL」백신 접종 시기를 결정하는 것은 생각보다 무척 어렵다. 왜냐하면 강아지가 섭취한 초유의 양과 그 어미가 지니고 있는 항체가의 높고 낮음에 따라 모체이행 항체가의 소멸 시기가 다를 뿐 아니라 혼합된 5종의 각 질병 항체의 소실 주기가 일치하지 않기 때문이다.

만약 모체이행 항체가가 충분히 떨어지지 않는 상태에서 백신을 접종하게 되면 주입된 생독바이러스와 모체이행항체간에 중화반응이 발생하여 접종 효과를 기대할 수 없게 되는 반면 한편으로는 모체이행항체가 충분히 떨어지기를 기다리다가 그 사이에 감염이 이루어질 수 있기 때문에 문제가 되는 것이다. 그러므로 백신 접종 시 간섭현상까지 고려하여 일반적으로 3~4회 정도 백신을 접종하도록 프로그램을 작성하게 된다.

5) 동물의 혈액형

동물들도 긴급한 상황이나 면역력이 떨어질 때 면역력이 높은 개의 혈액을 뽑아 수혈한다. 참고로 소의 경우는 A, B, C, F-V, J, L, M, N, S, Z, R´-S´, T´ 등 12가지 혈액형이 있고, 말은 7가지, 면양은 8가지, 돼지는 15가지, 닭은 13가지의 혈액형을 가지고 있다.

개의 경우는 위에 열거한 동물이나 사람처럼 A, B 등 이렇게 나누지는 않고, 7가지 정도의 다른 동종항체계가 존재한다. 개에 있어서 수혈을 할 때 중요한 것은 A인자가 중요한 역할을 하며 약 63%의 개가 A^+(양성)이고 나머지 37%가 A^-(음성)이다.

개의 경우 수혈을 할 때 피를 제공하는 개는 반드시 A^-(음성)인 강아지여야 하는데, 그 이유는 A^-(음성)의 피는 양성이나 음성인 개 모두에게 특별한 부작용 없이 피가 서로 섞일 수 있기 때문이다.(사람의 O형처럼) 그리고 개의 A^+(양성)인 개는 A^+(양성)인 개에게만 수혈을 할

수 있다. 다른 동물의 경우는 서로의 혈액형에 관계없이 1회에 한하여 그냥 수혈을 할 수 있다.

6) 인수공통감염병 (Zoonosis)

인수공통감염병이란 전염병들 중에서 사람과 동물에게 공통으로 감염될 수 있는 질병을 말한다. 사람과 동물에게 같이 전염되는 방법은 사람으로부터 동물로, 또는 동물로부터 사람으로 전염될 수 있다. 인수공통감염병의 종류는 세균, 바이러스, 기생충, 원충 등 이 있다.

인수공통감염병중 가장 대표적인 것이 광견병이다. 광견병은 개로부터 사람에게 감염되고 개와 사람에게 같은 증상을 보이는 바이러스이다. 개로부터 전염될 수 있는 인수공통감염병을 살펴보면 아래와 같다.

(1) 기생충

가. 장기 유주증 (Visceral Larva Migrans)

기생충은 알에서 부화하여 애벌레를 거쳐 기다란 성충으로 자라는데, 애벌레인 유충이 몸속에서 간이나 콩팥 등 장기로 옮겨 다니는 수가 있다. 이것을 장기 유주증이라고 부른다. 단순한 기생충 감염보다 위험해서 유충이 유주해간 장기를 손상시키기도 한다. 대부분 선충류인 개회충(Toxocara canis, roundworm)의 알을 먹게 되면 감염되는데, 학교에 다니기 전의 어린 아이들(1~5세 령)에게 쉽게 감염된다. 개의 개회충 알이 사람의 입속에 들어가면 인체에서 알이 부화하여 유충이 되고 몸속의 장관벽을 뚫고 지나가며 여러 조직으로 돌아다니게 된다. 개회충은 사람의 몸속에서는 정상적인 생활사를 가지지 못하고 인체 면역에 의해 죽게 되지만 그전까지는 장기들 속을 돌아다니게 된다. 대부분은 증상이 없지만 때에 따라 유충이 뇌나 심장 까지 침범해서 위험한 경우도 있다. 증상은 몸에 열이 나고 체중이 빠지고, 기침을 하거나 피부 발진이 있을 수 있고 눈에 통증을 일으킬 수도 있다. 유충이 눈에 들어간 경우에는 실명하게 된다.

기생충에 감염된 강아지는 감염된 강아지 생후 21일 째부터 충란을 분변으로 배설하게 된다. 개회충은 대부분 태반감염을 통해 강아지에게 감염되므로 생후 2~3주령의 강아지와 어미 개는 반드시 기생충 치료해야 한다.

나. 피부 유주증 (Cutaneous Larva Migrans)

십이지장충(Hookworm)으로알려진, 개구충(Ancylostoma caninum), 브라질구충(A. braziliense) 등의 유충은 장기 유주증으로 사람의 피부로 파고드는 경우가 있다. 이들 기생충의 애벌레는 특정한 효소를 분비하며 피부나 점막을 녹이고 뚫고 들어가게 된다. 강아지 역시 경피감염, 경구감염, 경유방감염 등으로 감염되기 때문에 어미개의 젖을 통해 쉽게 유충을 섭취하게 된다.

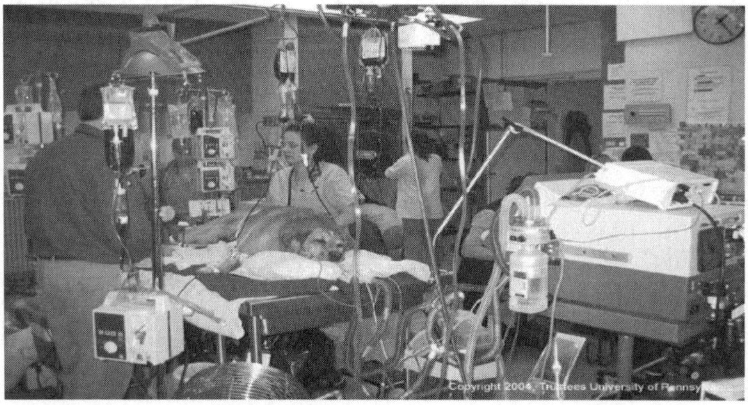

다. 그 외의 기생충

조충, 포낭충, 사상충 등이 사람에게 감염 될 수 있다.

(2) 원충감염

원충은 말라리아와 같이 혈액 안에 기생 할 수 있는 작은 기생충을 말한다. 사람에게 전염될 수 있는 개의 원충은 혈관과 위장 안에 기생하다 사람에게 감염되게 된다.

인수공통전 병으로 감염될 수 있는 원충은 지알디아증(Giardiasis), 크립토스포리디(Cryptosporidiosis), 톡소플라즈마증(Toxoplasmosis), 아메바증(Amebiasis), 발란티듐증(Balantiasis), 크립토스포리디아증(Cryptosporid_iosis), 바베시아증(Babesiosis) 등이 있다.

(3) 세균감염

여름철에 이질균이 유행해서 배탈과 설사를 일으키는데 개의 대표적인 이질균인 캠필로박터 균과 클로스트리디움 균은 사람에게도 설사를 일으킬 수 있다. 또한 개의 생식기 질환과 유산을 일으키는 브루셀라균도 사람에게 전염될 수 있다. 이 전염병들은 모두 세균인데 소독을 철저히 하고 손을 깨끗이 씻으면 모두 예방됩니다.

렙토스파이라는 개에서 신장의 손상을 유발하는 치명적인 병원체인데 오줌으로 배출되어 사람에게 감염될 수 있다.

(4) 바이러스감염

대표적인 인수공통전염병을 유발하는 개의 바이러스는 광견병으로 광견병바이러스 감염은 감염된 개가 사람을 물어 교상부위에 개의 침에 분비되어있는 바이러스가 침투하여 감염을 유발한다. 감염된 사람은 신경계를 타고 바이러스가 뇌 세포로 이동하여 증식, 뇌손상을 유발하기 때문에 치명적인 종말을 유발한다. 그러나 이러한 비극적인 광견병 유발은 국가의 적극적인 예방접종 실시 정책 덕분에 그 발생이 거의 일어나지 않고 있는 실정이다.

(5) 피부에 증상을 나타내는 질병

개에게 옮을 수 있는 전염병들 중에 피부병을 일으키는 외부기생충들이 있다. 벼룩에 의해 알레르기가 나타날 수도 있고, 이나 옴이 옮아 무척 가려운 증상을 보일 수도 있다. 특히 벼룩과 옴은 개들이 쉽게 감염되어 강아지와 함께 있는 보호자까지 감염되는 경우가 많다. 또한 털이 빠지는 증상을 보이는 곰팡이 피부병도 사람에게 붉은 반점을 만들면 피부병을 일으킬 수 있다.

이상의 모든 인수공통 전염병들은 감염되면 심각해 해를 입히거나 목숨을 위협할 수 있지만, 평소 강아지의 건강관리를 잘하고 예방접종과 구충을 하면 모두 예방되는 질병들이다.

Chapter 07

반려견 연령별 사양 관리

Rearing management companion dogs by age

I. 반려견 연령별 사양 관리

반려견 연령별 사양 관리

학습목표 1. 반려견의 연령별에 따른 특징에 대해 이해 할 수 있다.

1. 반려견 연령별 사양 관리

1) 연령에 따른 분류

① 신생자견 : 갓 난 강아지, 태어나서 3주 까지
② 자 견 : 강아지, 3주에서 1년 까지
③ 성 견 : 어른 개, 생후 1년에서 6년 까지
④ 노 령 견 : 늙은 개, 생후 6년 이후

2. 연령에 따른 먹이

'필요한 영양'에서 언급한 것과 같이 발육기의 강아지는 체중 당 성견이 필요로 하는 열량의 두 배를 필요로 하며 체중이 불어나는 데로 수치를 대입해 계산한다.

예) 성견 10kg의 체중

① 1kg의 강아지 = 성견 필요 cal × 2kg
② 5kg의 강아지 = 성견 필요 cal × 1.5kg
③ 7kg의 강아지 = 성견 필요 cal × 1.2kg
④ 노견의 경우 소화 기능이 저하되어 음식을 남기는 수가 있습니다. 강아지는 육식을 주

로 하기 때문에 노견이 될수록 몸이 산성화 될 수 있으니, 물 공급 시 칼슘 이온수를 주 며 약 알카리성의 물도 건강에 도움이 된다.

3. 강아지의 성장에 따른 음식

① **이유전 :** 어미개의 젖이 가장 좋지만 만일 모유를 먹을 수 없을 때는 강아지용 분유를 주어야 한다. 강아지 분유는 사람이 먹는 분유와는 다릅니다. 우유나 사람들이 먹는 분유에는 유당이 많고 단백질이나 지방이 매우 부족하여 개에게 적합하지 못한다. 강아지는 사람보다 단백질과 지방이 많은 젖이 필요하고, 소화를 못하고 설사를 일으키는 유당이 포함되지 않은 강아지 전용 분유를 먹여야 한다.

② **생후 3주일~3개월 :** 이유와 함께 강아지 사료를 먹일 수 있는 시기이다. 강아지는 자견용 사료를 먹어야 하고, 처음에 잘 못 씹으면 불려주는 것도 좋다. 그러나 단단한 것을 씹어야 치아가 건강해지기 때문에 오랫동안 불려주기만 하면 오히려 소화기능도 약해지고 이갈이도 잘 못하게 된다. 처음 며칠만 불려주고 2~3일 지나면 건사료를 그냥 주는 것이 좋다.

③ **생후 3개월~6개월 :** 성장 속도가 빠르고 몸이 만들어지는 때여서 충분한 양을 주는 것이 좋습니다. 대략 몸무게의 5~8%정도를 먹으면 된다. 또한 이 시기는 사회화 과정이 진행되는 때여서 먹이를 이용한 훈련이 좋은 때이다. 이 시기의 에너지 요구량은 성견의 두배에 달한다.

④ **6개월~1년 :** 식사량을 서서히 줄이고 횟수도 줄인다. 충분히 성장한 때여서 식사를 하루 두 번만 주어도 충분하다.

⑤ **1년~6년 :** 성견용 사료만 주어야 합니다. 자견용 사료를 계속 먹이면 비만이 생길 수 있다. 대부분 비만은 이시기에 발생하므로 음식 양을 조절하고 가능한 충분한 운동을 하는 것이 좋다.

⑥ **6년 이상 :** 체중에 각별히 신경을 써야 하고, 노령견용 사료를 먹여야 한다. 질병이 있거나 몸이 약할 경우는 알맞은 처방식을 먹어야 하고 치아관리에도 신경을 써야 한다.

⑦ **임신견과 수유견 :** 임신하면 배속에 또 다른 생명이 있기 때문에 음식 양을 충분하게 늘려야 한다. 대부분 임신 4주부터는 평상시 먹었던 양의 2배 정도가 필요하다. 출산을 한 뒤에는 새끼에게 젖을 먹일 때는 세배 이상 양을 늘려 먹어야 한다. 새끼 숫자에 따라 양이 다르지만 평균 3마리 이상이면 4배 까지도 먹게 된다. 이 때 충분한 영양 섭취가 안 되면 젖양이 줄고, 어미개의 항체도 낮아져 강아지들도 허약해지고, 어미개가 산욕열

등의 질병에 걸리게 된다.

4. 자견의 사육 기초

자견은 강아지를 말하는데, 수의학적으로 생후 3주에서 생후 1년까지를 말한다. 이 시기는 강아지가 외부 환경에 대한 감각기능을 발달시키고, 혼자 독립해서 움직이고 먹이를 찾아 먹을 수 있도록 성장하고, 성적으로 성숙해서 짝짓기도 가능해지는 기간이다. 발육속도가 빨라 음식을 많이 먹고, 활발하게 움직이며, 사람과 다른 동물들과 사귀는 시기이기 때문에 입양시기로 권장되고 있다. 그러나 자견은 아직 어린 강아지여서 전염성 병원균에 대한 저항력이 약해 감염병에 쉽게 걸리는 시기이기도 하다. 따라서 예방접종 등의 관리가 필요한 때이다. 대부분 개들은 자견시기를 무사히 넘기면 건강하게 일생을 지내는 경우가 많다.

1) 강아지를 입양하기 전 생각할 점들

아장아장 걸어 다니며 장난기 있는 몸짓으로 사람에 애정을 보이는 강아지는 우리들에게 즐거움과 행복감을 준다. 어린이날 선물로 가장 받고 싶어 하는 것이 강아지인 것은 어쩌면 당연한 것처럼 보인다. 대부분의 사람들이 여건이 된다면 강아지와 함께 생활하길 바랄 것이다. 강아지의 입양은 집안에 새 식구를 맞아들이는 것과 같다. 입양한 강아지는 적어도 10년 동안 식구들과 함께 생활을 하게 되기 때문이다. 이러한 강아지를 '반려동물'이라고 부른다. 가족을 새로 맞이하는 데는 그만큼 신중한 결정과 책임감 있는 마음가짐이 필요하다. 그리고 그 강아지를 돌보고 기를 수 있는 여건이 되는 것인가 따져 보아야 한다. 유리창 너머 앙증맞은 모습에 반하여 순간적으로 결정한 입양은 사람과 강아지 모두에게 불행한 결과를 가져오는 경우가 많다.

우선, 강아지를 입양하려면 강아지를 돌볼 수 있는 시간과 경제적 여건이 충분한지 생각해 봐야 한다. 강아지를 입양하고 하루 종일 혼자 놔두는 경우가 있는데, 이것은 너무나 잔인하고 무책임한 일이다.

2) 강아지 입양하기

① 집단으로 분양하는 곳에서 데려오는 것 보다 가정집 혹은 전문가에게 데려오는 것이 가장 좋다.

② 입양 적기는 생후 3개월이다.

③ 입양 날짜는 휴일 전날로 정하는 것이 좋다. 다음날 시간을 두고 돌볼 수 있기 때문이다.

④ 전 주인으로부터 정보를 상세히 듣도록 한다.

⑤ 예방접종 날짜와 횟수 종류의 증서가 있으면 받아온다.

3) 강아지를 데려 오기 전에 갖추어야 할 물건들

강아지를 입양하면 새 식구가 생기는 것이기 때문에 이것저것 준비할 물건들이 많다.

① **이름표 :** 여기에는 개의 이름, 보호자의 전화번호를 반드시 기록하여 강아지의 목에 매어준다. 행여 있을지 모른 사고 때 매우 요긴하게 사용되기 때문이다. 그리고 이름을 불러주어야 강아지와 사람 사이의 관계가 형성된다. 나만의 특별한 강아지, 그 강아지의 이름을 목에 걸어주는 것이 강아지에 대한 관심의 출발이다.

② **침구 :** 자견 시기에는 잠자리가 중요하다. 편안한 잠을 잘 수 있어야 집안에 적응하는 시간도 빨라진다. 체구에 알맞은 부드럽고 가볍고 체온을 유지할 수 있게 적당히 쿠션이 들어간 것이 좋다.

③ **장난감 뼈 :** 막 이가 돋아나기 시작하면서 강아지들은 물어뜯기를 좋아하기 때문에 장난감 뼈다귀가 있으면 좋다. 또한 적합한 개 껌은 양치질하는 효과가 있기도 하다. 그러나 가죽으로 표백이 심하게 된 제품은 개에게 위장관 장애를 일으킬 수도 있으니 주의하는 것이 좋다.

④ **입마개 :** 입마개는 때때로 문제를 일으킬 때 사용된다.

⑤ **털 손질 도구 :** 빗질은 피부병을 예방하고, 강아지와의 접촉 기회를 제공해 준다. 털의 종류에 맞는 빗을 선택하는 것이 좋은데, 양질의 모직 솔은 가늘고 부드러운 털을 피부에 붙도록 빗겨 주는 데 쓰이고, 금속제 솔과 빗은 보다 두껍고 긴 털에 생긴 엉킴이나 얼룩 달라붙은 오물들을 제거하는 데 쓰인다.

⑥ **밥 그릇 :** 먹는 것이 제일 중요하니까 깨끗한 밥그릇을 준비하는 것이 중요하다. 개들은 각기 제 밥그릇을 가지고 있는 것이 좋다. 또한 항상 깨끗이 관리되어야 하며 미끄러짐을 방지할 수 있는 것이어야 하다.

⑦ **목걸이와 줄 :** 가죽으로 만든 목걸이와 줄은 성장한 개에게 알맞다. 강아지에게 사용할 목걸이와 줄은 곧 체격이 커질 것을 예상하고 구입하는 것이 좋다. 개는 항상 목걸이와 이름표를 달고 다니도록 버릇을 들이는 것이 좋다. 잘 훈련된 경우 외출할 때 강아지가 스스로 목줄을 입에 물고 와 산책할 것을 요구하기도 한다.

⑧ **집 :** 실외에서 키울 때는 물론 비바람을 막을 수 있는 공간이어야 하겠지만, 실내에서도 강아지의 잠자리가 정해져 있는 것이 좋다. 먹고 잘 수 있는 공간이 정해지면 대소

변을 길들이기도 쉬워지기 때문이고, 강아지에게도 자기 집이 있으면 안정감을 느끼게 된다. 바닥은 신문지나 애견용 패드를 이용하면 물을 엎질러도 흡수할 수가 있어 편리하다.

4) 건강한 강아지 고르는 법

① **눈 :** 맑고 총명하고 눈곱은 없어야 건강하다. 눈빛은 색조가 좋아야 하고 감염이나 염증이 없어야 하며, 하얀 동자(결막)에는 충혈이 없어야 좋다.

② **귀 :** 귀 안은 분홍색이 정상인데, 발적이나 분비물이 없어야 건강한 강아지이다. 갈색 분비물이나 검은색 또는 냄새가 심하다든지 하면 귀 안에 진드기나 염증이 있을 가능성이 높다.

③ **피부 :** 기름기가 많다거나 종기가 있어서는 안 되고 털이 빠져 있는 것도 좋지 않다. 얼굴, 다리, 엉덩이 꼬리 주변을 잘 살펴보아 털이 빠지지 않았는지 확인 하는 것이 좋다.

④ **치아 :** 잇몸은 분홍빛이며 냄새가 나지 않아야 건강하다. 그리고 몇몇 품종을 제외하고는 아래턱과 윗 턱이 알맞게 물려있어야 정상이다.

⑤ **항문부위 :** 항상 청결하고 습기가 없어야 건강하다. 설사나 생식기에서 나오는 분비물이 묻어 있는 것도 살펴본다.

⑥ **전반적인 상태 :** 활발하게 잘 움직이는 강아지가 건강하다. 한쪽에 웅크리고 있거나 기운이 없어 보이는 강아지는 건강이 매우 좋지 않은 것을 뜻한다. 호기심이 많고 사람에게 관심이 많은 강아지가 좋다.

5) 집에 도착하면

멀미를 했으면 조용한 곳에서 쉬게 하는 배려가 필요하다. 제일 먼저 화장실을 알려주는 것이 중요하고, 우선 신선한 물을 마시게 한다. 그리고 강아지는 이 시기에는 하루에 18시간 정도를 자야 하기 때문에 필요 이상으로 건드리지 않아야 좋다. 집안에 아이들이 있는 경우 하루 종일 강아지를 귀찮게 해서 병이 나는 경우가 종종 있다. 먹이는 원래 있었던 곳에서 먹던 먹이를 일부 가져와서 그것을 먼저 주는 것이 음식에 잘 적응하는 방법이다.

6) 이전에 기르던 동물이 있다면

강아지를 새로 입양할 때 전에 기르던 강아지가 있다면 서열을 분명하게 알려주는 것이 좋다. 처음부터 접근하지 않도록 하고 강아지가 잠이 들었을 때 보호자와 함께 관찰할 수 있도록 하는 것이 좋다. 어떤 개들은 보호자의 사랑을 독차지하기 위해서 심한 질투를 보이는 경우도 있으니 처음 기르던 강아지에게 먼저 애정을 보여주고 어린 강아지를 돌봐줘야 좋다. 만약 고양이를 기른다면 강아지와 고양이는 처음 만남에서 두려움을 느끼지만 않으면 매우 잘 사귀고 함께 지낼 수 있으므로 선입견을 버리고 고양이와의 대면도 마찬가지로 자고 있는 때 하도록 한다.

7) 데려온 첫날 개가 이상하면

(1) 음식을 먹지 않을 때

경계심이 많은 경우 처음 보는 장소와 사람들 때문에 다소 겁을 먹을 수도 있다. 이런 경우 일시적으로 식욕이 감소할 수도 있지만 일반적으로는 곧 먹기 시작한다. 그러나 만일 하루정도가 지나서도 먹지 않으면 문제가 있는 것으로 생각하고 병원에 가야 한다. 만일 하루 종일 아무것도 먹지 않으면 저혈당 증상이 나타날 수 있기 때문에 영 먹지 않으면 입에 부드러운 음식을 넣어 주는 방법도 좋다. 또한 손바닥에 음식을 올려놓고 먹기를 권유하면 잘 먹는 경우가 많다. 강아지는 식기보다 손바닥에 있는 음식을 더 좋아한다. 사람의 애정이 담겨있고 보다 적극적인 급여 방법이 되기 때문이다.

(2) 배설하지 않을 때

자견은 세 시간에 한 번 정도 배설을 하게 된다. 대부분 음식을 먹고 몇 분 지나지 않아 대소변을 보는데, 이것은 음식이 위에 들어가 위장관을 자극하여 변의를 느끼게 하기 때문이다. 만일 집에 데려오고 하루가 지나도 대변을 보지 않는다면 소화기 질환이 있을 가능성이 높으므로 진찰을 받아보는 것이 좋다.

(3) 기운이 없고 시무룩할 때

어린 강아지는 매우 활동적이다. 그런데 기운이 없이 시무룩하고 잘 움직이려 하지 않는다면 문제가 있는 것이다. 만일 밥도 먹지 않고 움직이지도 않는다면 심각한 질병의 증상일 수 있다. 그러나 겁을 먹고 새로운 환경이 두려워 일시적으로 행동을 하지 않는 경우가 있기 때문에 하루 정도 지켜보고 만일 하루가 지나서도 움직이려 하지 않는다면 바로 병원에 데려가야 한다.

(4) 쉬지 않고 짖을 때

종종 하루 종일 무엇인가 짖어 대는 경우가 있다. 흔히 처음 입양한 강아지에서 보이는 현상인데, 새로운 환경에 대한 요구나 적응의 표현일 수 있다. 대부분 적어도 2.3일 정도 짖는데, 특히 밤에 더욱 낑낑 덴다면 엄마 개나 보호자의 관심을 요구하는 것 일 수 있다. 그럴 때는 부드럽게 말을 걸면서 같이 놀아주는 것도 도움이 된다. 그러나 만일 강아지에게 독립심을 주고 혼자 자기를 원한다면 처음 하루 이틀은 짖어 대는 것을 무시하고 반응을 보이지 않는 것이 좋다.

Chapter 08

반려견 출산 및 신생 자견 관리

Procreation and newborn management of companion dogs

I. 반려견 출산 및 신생 자견 관리

I

반려견 출산 및 신생 자견 관리

학습목표
1. 반려견의 번식에 대해서 이해 할 수 있다.
2. 신생 자견에 대해서 이해 할 수 있다.

1. 반려견의 번식생리

1) 번식 생리 일반

개의 번식 적령기는 생후 약 10~12개월 이후에 시작되며 개의 영양상태나 여러 가지 질병요인 등에 의해서 번식 적령기가 늦추어지거나 빨라지기도 한다. 어떤 개는 생후 14~15개월이 지나서야 비로소 발정을 나타내는 성성숙이 늦게 발달하는 개체도 있다. 이런 경우 발정증상이 분명하게 나타나면 아무런 문제가 없으나 발정증상이 미약할 경우에는 번식견으로써는 적당하지 못하다. 그리고 생후 15개월 이상이 되어도 발정이 오지 않는 개는 생식기의 발육부전이라고 판단하여 번식견으로는 사용치 않는 것이 바람직하다.

① 약 12주령이 되면 육성견은 호기심이 많고 성장이 매우 빠르고 사료섭취량이 많아지고, 달리기, 걷기, 기타 다른 행동에 있어서 효율적인 동작을 배우게 된다. 또한 이 시기에 이성에 대한 지각을 갖게 된다.

② 14~16주령에 이갈이가 시작되면서 사료를 먹는데 문제가 생길 수 있으며 6개월령이 되면 젖니가 영구치로 완전히 대체된다. 이유시기와 비교시 성장기는 점진적인 변화가 일어나며 성숙기로의 전환시점은 성성숙 시점으로 간주한다.

③ 암캐의 첫 성성숙 징후는 9~11개월 사이에 나타나며 징후로는 생식기가 팽창되고 생식기를 핥거나 하고, 점액성의 분비물이 나타나고 암캐는 수컷을 접촉하려고 많은 노력을 한다.

④ 출혈기미는 보이지 않는데 이는 암캐가 생식기를 깨끗하게 핥아주어 혈흔을 남기지 않기 때문이다. 난소제거수술을 할 것인지 아닌지 아니면 암캐의 활동을 통제하기 위

해 가두어 둘 것인지(종부를 시키든 안시키든) 미리 결정할 사항이다. 수컷을 유인하는 암캐의 발정냄새(Pheromone)의 발산을 억제하는 물질들을 활용할 수 있다.

⑤ 암캐에 발정이 오면 화장실이나 안전한 우리에 가두거나 발정한 암캐를 다룰 수 있는 전문 개 기숙사로 보낼 수 있다. 암캐가 아무 개와 교미하여 새끼를 배는 것을 원치 않는다면 암캐는 어떠한 일이 있더라도 풀어놓지 말고 산책할 때 데리고 나가더라도 느슨하게 풀어 주어서는 안 된다.

⑥ 고도의 훈련을 받은 암캐라도 발정기 동안에는 수컷과의 접촉을 위해 주인에게 복종을 하지 않는다. 일부 개주인은 수컷과의 관계차단과 집주위의 혈흔발생을 방지하기 위해 팬츠를 착용시킨다.

⑦ 만약 종부시키기를 원한다면 종부에 적합한 체구와 일령, 즉 첫배새끼가 태어날 때의 나이가 12개월령이 될 수 있는 나이에 종부를 실시한다. 다수의 개 사육가들은 재발정까지 기다렸다가 종부 시키도록 권장하고 있는데 이러한 권장은 확실한 근거에 의한 것이 아니다.

⑧ 일반적으로 큰 개사육장에서는 암컷의 육체적 성장상태가 좋은 개는 첫 발정 때 종부를 시킨다. 그 후 발정시기에는 아무런 육체적, 물리적으로 스트레스가 없이 거르지 않고 계속 종부를 시킬 수 있다.

⑨ 새끼를 생산하고자 할 때에는 성질, 체형, 혈통, 건강 등을 고려하여 종모견과 종부견을 선발해야 하고 새끼를 효율적으로 키울 수 있는 시설의 확보 등에 관한 세부적인 계획의 수립이 요구된다.

⑩ 종부는 기본적으로 암캐가 수컷을 받아들이는 시기를 기준으로 한다. 이때가 바로 배란주기가 형성되는 시점으로 생식기관이 발달하여 배란이 되고 이를 수란 하여 수정하게 되면 자궁에 이르러 착상하게 된다.

⑪ 첫 종부시 암캐는 여러 가지반응을 보인다. 5~6주령 이전에 한배새끼로부터 격리된 후, 종이에 배변 훈련을 시키면서 종부시까지 다른 개들에게 노출시키지 않은 암캐는 흥미로운 반응을 나타낸다. 첫째, 많은 경우에 개들이 상대방 개가 같은 종족이라는 사실을 알지 못하며 설사 같은 개라는 것을 인식 한다고 하더라도 종부를 어떻게 하는지를 모른다.

⑫ 한배 새끼와의 사교화 기간 동안 어울려 노는 행동을 통하여 개들이 정상적인 성적행위를 하는데 필요한 정보나 방법을 어떻게든 터득하게 된다. 종부하여 새끼를 낳았을 때 사교화에 대한 경험이 없는 모견은 지극히 부실한 어미가 된다.

⑬ 일반적으로 종부경험이 없는 수컷을 처음 종부하는 암컷과 종부를 시키지 않는 것은 암컷이 수컷을 받아들일 준비가 되지 않았을 때 종부를 시키면 수컷을 물거나 해를 미칠 수 있는 행동을 하여 차후 수컷의 종부 활동에 좋지 않은 영향을 미칠 우려가 있기

때문이다.

⑭ 일반적으로 처음 종부시키는 수컷은 경험이 많은 암컷과 종부시킨다. 모견은 종부 후 임신과 분만으로 이어지는 임신기간이 약 63일이다. 암캐에 있어서 분만은 일생을 통해 매우 중요한 육체적, 생리적인 변화이다. 임신기간 동안 모견의 체중은 임신 전 체중보다 약 15%정도 증가하게 된다.

⑮ 임신초기 6주 동안 사료의 섭취량은 일반적으로 증가하지 않는데 이때까지는 태내에 축적되는 물질은 매우 소량이기 때문이다. 그러나 임신말기 3주 동안은 체중이 20% 정도 증가하며 임신기간 중 체중 증가율이 가장 높은 시기이다.

⑯ 임신기간이 정확하게 63일로 일정한 것은 아니다. 모견이 분만장소의 환경에 익숙해질 수 있는 시간이 필요하기 때문에 모견을 분만예정 5일전에 따뜻하고 새끼를 낳기에 적합한 분만장소로 이동시켜 주어야 한다. 모견이 분만시간에 임박하게 되면 불안해하면서 머리를 엉덩이 쪽으로 돌리고 궁둥이를 핥거나 엉덩이를 바라본다.

⑰ 분만 12~18시간 전의 모견 직장 온도는 약 1℃ 정도 떨어진다. 분만 후 모견이 어린강아지를 깨끗하게 핥아주는데 이는 어린 강아지의 혈액순환을 자극한다.

⑱ 또한 어미의 체온이나 주위의 보온으로 새끼들의 체온을 따뜻하게 해줌으로써 분만 직후 24℃~26.5℃ 정도로 떨어진 강아지 체온은 정상적인 체온인 38~40℃로 회복된다.

⑲ 정상적인 모견은 새끼를 잘 돌보므로 젖이 충분하고 새끼를 잘 돌보는 것 같으면 가능한 한 방해하지 말고 내버려두는 것이 좋다. 강아지의 상태는 느낌으로 알 수 있고 보다 좋은 강아지 상태파악 방법은 체중 및 증체량을 지속적으로 측정하여 강아지의 상태를 관찰하는 것이다.

⑳ 어린 강아지들이 활기 있고 견실하게 증체가 된다면 그 강아지들은 아무런 문제가 없을 것이다. 그러나 어린 강아지가 늘어지거나 활력이 없다고 판단이 될 때는 즉시 조치를 취해주어야 한다. 어린 강아지가 추위를 느껴 사료나 모유를 충분히 먹지 못할 때 보온 등이나 보온패드를 이용하여 보온을 해주면 쉽게 해결된다.

2) 발정주기

암캐의 발정주기는 빠른 것은 6~7개월령에 초회 발정하지만 8~9개월령에 초회 발정하는 것이 일반적이며 드물게는 10~12개월이 되어야 초발정이 이루어지는 품종도 있다. 소형품종일수록 발정주기가 짧으며 그레이하운드와 같은 대형품종은 1년에 1회 발정을 한다. 일반적으로 개는 1년에 2회 발정이 오는 것이 아니라 8개월 정도에 1회 즉 2년에 3회 발정이 온다고 보면 될 것이다. 그리고 개는 계절마다 발정이 오는 것이 아니라 일정한 주기를 가지고 반복해서 오기 때문에 주인이 자신의 개의 발정주기가 몇 개월인가를 알아두는 것도 좋은 방법이 될 것이다.

수캐는 일정한 발정기가 없고 발정기의 암컷이 주위에 있으면 그 냄새에 유인된다. 개의 이성에의 접촉은 전적으로 이 냄새 의하는 것이다. 여우나 고양이, 혹은 사슴이 울음소리에 의해 이성을 찾는 방법과는 전혀 다르다. 상대의 선택권은 전적으로 암컷에게 있지만 그 기준도 종잡을 수가 없다. 이는 보기에 종견으로서 우수한 수컷을 피하고 별로 우수하지 않은 수컷과 쌍을 이루는 경우도 많기 때문이다. 또한 암컷이 바닥에 앉아 버리면 아무리 힘센 수컷이라도 어쩔 수가 없다.

(1) 발정전기

발정은 보통 늦봄과 가을에 많이 나타나며 발정은 점진적이고 3~12일의 긴 발정전기가 있으며, 이 시기에는 음부는 부어있고 굳어있는 것처럼 보이며 자궁으로부터 피와 같은 분비물이 배출된다. 개가 발정전기에 이르게 되면 식욕이 증가하게 되고 털빛에 윤기가 흐르게 된다. 그리고 평소보다 불안해하며 자주 음부를 핥으며 매우 신경질적으로 된다. 또한 오줌의 횟수가 많아진다.

(2) 발정기

암캐가 수캐를 허용하는 기간은 평균 4~12일간 계속되며 대체로 4~5일 동안 지속되는데 이 시기를 발정기라 한다. 발정기를 알 수 있는 주요 증상은 자궁에서 분비되던 피와 같은 붉은 분비물이 점차 엷어져 분홍빛이 되고 발정극기에 가서는 분홍색이 거의 없어지고 소량의 무색투명한 액체로 되며 음부는 점차 정상 크기로 되돌아간다. 또 이 시기에 암캐의 음부 주위를 손으로 자극하면 꼬리가 옆으로 돌아가 수캐가 교미하기에 편리한 자세를 취한다. 이 시기는 대체로 발정이 시작된 지 약 10~14일 정도 지나서 나타나며 이때 교미를 시키는 것이 가장 적당하다. 그리고 배란은 발정기의 개시 후 1~3일에 일어나며 대부분의 난포가 배란을 끝낼 때까지는 대략 12~72시간이 걸린다고 한다. 이렇게 출혈이 있는 시기에 집안에서 기르는 개들은 기저귀나 위생팬티를 해주는 것이 위생적이다. 또한 발정이 시작되면 DHPPL 등의 백신과 구충을 해줌으로써 태어날 새끼들에게 모체이행항체가를 높이는 것이 중요하다.

가. 일자별로 본 발정 양상

① 1~4일 선명한 붉은 출혈이 있으며 외음부는 충혈 되어 부풀어 오르기 시작한다.
② 4~10일 검붉은 색상의 출혈이 증가되면서 외음부는 가장 크게 부풀어 오르며 수캐에 대한 관심을 나타내기 시작한다.

③ 10~11일 배란기에 해당되는 시기로서 출혈량이 감소되어 핑크색의 투명한 분비액으로 되며 외음부 역시 위축되며 수캐를 받아들일 태세를 적극적으로 나타낸다.

④ 11~14일 교배적기로사 11~12일에 1차 교배, 13~14일 정도에 2차 교배를 하는 것이 제일 수정율이 높다.

⑤ 15~16일 외음부는 수축하여 작아져 평소의 상태로 돌아간다. 분비액이 급격히 감소하며 수캐를 싫어하며 다가오지 못하게 함으로서 발정주기가 끝이 난다.

나. 발정기 동안의 여러가지 소견

일수	국부의 상태	출혈과 혈액의 상태	수캐에 대한 관심도
1일	크게 충혈 되어 부풀어 오른다	출혈이 시작 된다	
3일		출혈량이 증가, 빛깔이 짙어진다.	
7일	가장 크게 부풀어 오른다	출혈량이 많고, 빛깔이 더욱 짙어진다.	수캐에게 대단한 관심을 나타낸다.
10일		출혈량이 감소되어 핑크색의 투명한 분비액으로 된다.	수캐를 받아들일 태세를 적극적으로 나타낸다.
16일	점차 수축하여 작아진다. → 평소의 상태로 돌아간다.	분비액이 급격히 감소하기 시작한다.	수캐를 싫어하며 다가오지 못하게 한다.

3) 교배훈련

자연 상태에서의 교미행위는 본능적인 교훈을 통하여 종족이 보존되어 갈 수 있음에도 불구하고 사람에 의하여 인위적으로 제한 사육이 된 다음부터는 본능적인 기능을 제대로 수행치 못하는 사례들이 나타나기 시작하였다. 이는 기본적인 생태 환경을 무시하고 사람 본위의 방법으로 사람이 개입함으로써 나타난 현상이다. 따라서 교배 훈련의 시작과 끝은 자연 상태로 환원하는 방법을 제공하는데 초점이 맞추어주는 것으로 이해되었으면 한다.

(1) 종웅견(種雄犬)으로 사용할 수 있는 품종적 제한

순종 번식이냐 잡종 번식이냐에 따라 종웅견의 선택이 달라야 하지만 종웅견은 품종의 고유특징을 90% 이상 지닌 개체로 선정하되 철저하게 8촌 이내의 근친 번식이 안 되도록 유의하여 선정하여야 한다. 물론 순종 번식은 잡종번식에 비하여 산자수나 성장지수나 항병력 등이 상대적으로 약하기 때문에 순종 번식을 할 필요가 없는 분들은 순종을 고집하지 말고 사육목적에 맞는 종웅견을 선택하여 잡종강세(雜種强勢)를 이용하는 것이 합리적일 것이다.

(2) 종견(종웅견)으로 선발 할 수 있는 연령적 제한

종견으로 사용하는 수명을 길게 하려면 종웅견은 반드시 성성숙과 체성숙이 완료된 개체가 선택되어야 한다. 성성숙은 계절적인 요인에 체성숙은 섭취한 사료의 질과 사육기간에 좌우되지만 일반적으로 소형견은 18~20개월, 중형견은 20~22개월, 대형견은 22~24개월령에 성징이 확실하고 표준 체중에 도달한 개체를 대상으로 선택한다.

(3) 종웅견의 선택기준

① 순종 보존을 위한 번식의 경우에는 품종별 특징이 100% 유지되어야 한다.
② 고환 양측이 정상적으로 외부로 돌출 되어있어야 한다.
③ 피부 질환 및 켄넬코프 등 감염 질환이 없어야 한다.
④ 유전력을 감안 체형과 얼굴이 잘 생겨야 한다.
⑤ 심리적으로 웅견다워야 한다.

(4) 성적(性的) 동기유발 및 성성숙 유도 훈련

평상시 사육 중에는 암수를 구분하지 말고 동거 사육하여 자연스러운 암수 교감을 형성시키고 모방 성행위나 또는 자위행위를 나무라지 말고 그대로 놔두어 스스로 동기 유발이 되도록 하여준다. 다만 그룹 사육을 하던 중 발정 징후가 있으면 격리시키어 놓아 불필요한 출산 방지는 물론 더욱 그리움을 갖게 되도록 하여준다.

(5) 교배 훈련 시 착안 사항

동물의 본능은 근본적으로 암컷이 수컷에 비하여 더 적극적이고 수용적이다. 자연 생태 환경에서는 암컷이 발정에 의한 유인호르몬 또는 향취를 내품어 수놈을 유인하거나 수컷이 울음소리를 내면 암컷이 수컷을 찾아가 교미하는 것을 보아 알 수 있다. 이러한 것들을 이용한 것이 교배 훈련일 것이다.

① 암컷을 수컷이 사는 곳으로 이동하여 안정된 둘만의 시간을 갖도록 한다.
② 미경험 수컷은 경산견으로 암컷을 선택하여 자연스럽게 유도되도록 한다.
③ 암컷이 미경산 견일 때에는 경험이 있는 수컷으로 선택하여야 한다.
④ 특히 첫 교배 시에는 암컷은 수컷과 체중이 같거나 아니면 체중이 적은 것으로 선택하여 주어야 기능장해를 예방 할 수 있다.

4) 교미(종부, 교배)

① 교미(종부, 교배)를 시키기 위해서는 우선 정확한 발정기의 시작일을 알아야 하는데 정확한 날짜를 파악하기가 매우 어렵지만 난자가 4~5일 동안 자궁 내에서 수정 능력을 유지하기 때문에 1차 교미 후 2~3일 후 한 번 더 교미를 시켜주는 것이 확실한 방법이며

산자수를 증가시켜 주는데도 좋은 결과를 얻을 수 있다. 그리고 암캐의 경우 최초의 발정은 넘겨 보내는 것이 좋다. 이는 암캐가 성성숙이 이루어져 임신을 할 수 있다 해도 체성숙이 제대로 이루어지지 않았기 때문에 제대로 착상이 이루어지지 않아 산자수도 작을 뿐만 아니라 태어난 새끼들도 문열이의 발생이 많은 편이다. 수컷은 1개월에 4, 5회 이상 교배시키는 것은 삼가도록 해야 하는데 너무 자주 교배를 시키면 개의 수정 능력이 떨어지게 되기 때문이다. 그리고 같은 날 2마리의 암컷과 교배를 시키는 것은 피해야 한다.

② 수정 적기를 알아내기 위해서는 세심한 주의가 필요하다. 매일 질의 분비물을 관찰하거나 동작을 살펴보아야 하며, 암캐는 평소보다 냉정함이 없어지고 경계하는 회수가 많아지며 부지런히 국부를 핥기도 한다. 암캐가 발정기 때 수캐를 불러 모으기 위해 풍기는 성적인 냄새는 발정기 때 분비량이 증가하는 에스트로겐이라는 호르몬의 자극으로 인한 질전정이 그 원천이다. 수캐의 성욕은 환경의 변화에 따라서 영향을 받기 쉬우며 교미 시 낯선 사람이 있을 때는 때때로 교미를 하지 않기 때문에 암캐를 수캐가 있는 곳으로 데려가는 것이 바람직하며 조용한 분위기를 만들어줘야 한다.

③ 여름철에 교미를 시킬 때는 냉방장치가 되어 있는 실내에서 시키거나, 더운 낮을 피해 서늘한 아침이나 밤에 실시하는 것이 적당하다. 소형견이나 겁이 많은 암캐의 경우 교미의 미숙이나 지나친 흥분으로 실패할 수도 있으므로 암캐의 주인이 암캐의 머리를 잡고, 수캐의 주인은 한손으로는 암캐의 뒷다리를 잡고 한손으로는 음부를 삽입하기 좋게 만들어주어야 한다. 연결이 된 직후에 암캐가 심하게 흥분하여 난폭해지는 경우가 있으므로 2 ~ 3분정도 수캐를 잘 잡아주어야 한다. 확실히 연결이 되었으면 수캐를 암캐의 등에서 내려 방향을 바꿔준다. 암캐가 대단히 난폭하여 보조자를 물려고 할 경우에는 붕대 같은 것으로 입을 묶어두는 것이 안전하다.

④ 교미지속시간은 일정하지 않으며 대체로 10~20분 정도의 시간이 소요되며 길게는 40~50분까지도 소요되지만 교미 지속시간의 장단은 임신의 여부와는 크게 관계가 없다. 왜냐하면 수컷의 사정은 접촉직후에 있기 때문이다. 교미가 끝난 직후에는 30~40분간 암캐를 조용히 휴식을 취하게 하는 것이 좋다. 교미를 실시할 때 암캐와 수캐의 선택은 목적에 따라 신중을 가해야 하며 개에 있어서의 유전형질은 부모견에서만 받아오는 것이 아니라 2대, 3대위의 선조견들에게서도 받아 나오는 경우가 흔하기 때문에 선조견의 혈통도 고려해서 선택하는 것이 바람직하다.

⑤ 암캐가 한번 교미 후 다른 수컷과 교미하면 양쪽의 새끼를 다 낳는 수가 있다.

5) 배란기와 교배일의 결정

발정 10~13일 사이에 2회 교배

6) 임신

① 교배를 시킨 뒤에는 임신이 되었는지 확인을 해야 하는데, 사람처럼 소변을 통한 임신의 유, 무를 체크하지는 못하고, 실제로 임신의 기미가 나타나는 5주일 이후부터 육안으로 가능하다. 개의 임신기간은 9주일(63일)로 임신기간 동안 전반에 확인될 수 있는 것은 2주일쯤부터 생기는 외음부의 이완, 식욕이 떨어지고 활기를 잃는 입덧, 유선의 응어리 등이다.

② 개의 임신기간은 평균 63일 정도이며 대개 60~65일 정도의 임신기간을 갖는다. 임신기간의 차이는 암캐의 체질이나 태아의 수가 많고 적음에 따라 달라지며 태아가 많을수록 약간 빨리 분만하게 된다.

③ 임신기간 중에는 육류나 치즈, 우유, 계란등과 같은 영양가 높고 소화 잘되는 먹이를 주는 것이 좋으며 임신 1개월 이상이 되면 태아가 모견의 위를 압박하게 되므로 조금씩 자주 먹이를 주는 것이 좋다. 그리고 변비를 예방하기 위해서는 야채를 적당히 섞어 주는 것이 좋다.

④ 충분한 영양분 보충은 건강한 태아와 어미를 위해서 대단히 중요한 문제이다.

⑤ 점차 고단백질 영양분의 섭취를 늘려 가도록 하고, 만약 임신기간 중에 식욕부진을 보일 때에는 즉시 동물병원으로 데려 간다.

⑥ 저혈당증을 유발하거나 난산의 원인이 되기도 한다.

⑦ 그리고 한 번에 많은 양을 급여하기 보다는 급여횟수를 늘려서 소화 장애를 일으키지 않도록 한다.

⑧ 교미 후 3주 정도는 운동을 무리하게 시키지 않는 것이 좋다.

⑨ 임신 초기에 무리하게 운동을 시키게 되면 유산의 가능성이 있습니다. 그리고 이 기간이 지난 다음부터는 너무 무리하지 않게 적당한 운동을 꾸준히 시키도록 하시는 것이 좋다.

7) 분만

① 분만 예정 1주일쯤 전부터 분만실을 준비하여 모견이 익숙해지게 한다. 분만은 주로 밤에 이루어지므로 분만예정일이 가까워졌을 때 밥을 먹지 않고 자리를 발로 긁는 등의 분만증상을 주의 깊게 살펴야 한다.

② 분만을 위해서는 15~20장의 신문지를 펴놓고 그 위에서 분만하도록 해서 분만실이 지저분해지는 것을 막아주는 것이 좋다.

③ 분만은 진통에 의해서 시작되며 첫 번째 강아지가 태어나면 약 30~60분 간격으로 다음 새끼가 분만되는 것이 보통이며, 새끼가 분만되면 모견은 상반신을 일으켜 이빨로 새끼를 감싸고 있는 태막을 찢고 탯줄을 끊은 후 새끼의 몸을 돌려가며 혀로 핥아 점액

이나 양수 등을 닦아낸다. 만약 어미개가 태막을 찢지 못하면 새끼가 질식사하기 때문에 옆에서 주인이 지키고 있다가 손으로 태막을 찢고 탯줄을 소독된 실로 몸에서 1 ~ 2cm 되는 곳을 묶고 나머지는 잘 소독된 가위로 잘라낸 후 마른 수건으로 코 및 입주위와 몸 전체를 잘 닦고 호흡이 개시된 것을 확인(낑낑거리는 소리)한 후 어미의 젖부위에 넣어주면 새끼가 스스로 알아서 젖을 빨아먹게 된다.

④ 새끼가 분만시 모유를 힘차게 빨아먹는 것은 매우 중요하다. 모유에는 여러 가지 질병에 대한 면역소(항체)들이 풍부하게 포함되어 있으며 태변의 배설을 도와주는 작용을 가진다. 그리고 모유를 빨아먹음으로써 코로 호흡하는 것에 익숙해진다. 모견은 포유하면서 새끼의 전신을 핥아서 잘 건조시키고 항문의 주변을 자극해서 태변의 배설을 촉진시키며, 새끼의 배설물을 모두 먹어치운다. 새끼를 한 마리씩 낳을 때마다 곧이어 가벼운 진통으로 하나의 태반이 배출되며 모견은 태막이나 태반 그리고 양수, 혈액까지도 먹어치운다. 모견이 태반을 많이 먹는 것은 소화불량 및 설사의 원인이 되기 때문에 한두 개는 먹도록 하고 나머지는 배출 즉시 치워버리는 것이 좋다.

⑤ 모견이 다음 태아의 분만을 위해 진통이 시작되면 다시 흥분을 하는 경우가 있어 포유중인 새끼가 위험해질 수도 있으므로 초유를 충분히 먹은 새끼는 안전하고 따스한 상자로 옮겨 체온을 보호해 주는 것이 바람직하다.

⑥ 분만을 완전히 끝낸 후 모견을 밖으로 데리고 나와 배뇨, 배변을 시키며 그 사이에 새끼와 어미가 편안하게 지낼 수 있게 육성견사를 따뜻하고 안락하게 만들어 주어야 한다. 특히 새끼에게는 보온이 가장 중요하다는 것을 잊어서는 안 된다. 모견은 따뜻한 수건으로 배를 잘 닦고 유방을 마사지해서 유방 응어리를 풀어준다.

(1) 분만 1기

사람과 비교해 보면 1기 진통은 좀 긴 편이다. 1기 진통은 자궁이 수축하기 시작해서 자궁의 경관이 완전히 열릴 때 끝나게 된다. 자궁이 수축하는 현상은 관찰 할 수 없다. 대부분 6~24 시간정도 진행되며 자궁의 경관이 확장되고 새끼를 낳을 보금자리를 찾는 행동을 보이며, 안절부절 하고, 신경질적 반응을 보일 수도 있다.

(2) 분만 2기

분만 2기는 새끼를 낳는 과정을 말한다. 경관이 완전히 열리고 자궁속의 태아가 완전히 출생되면 분만 2기가 끝난다. 대부분의 보호자들은 분만 2기에 병원에 문의를 하여 늦는 경우가 많다. 특징적인 증상은 복부의 수축이 강하게 일어나며 태아가 나오는 것을 확인할 수 있다.

(3) 분만 3기

태아가 분만되고 난 뒤 태반이 자궁으로부터 나오는 시기이다. 태반은 5~15분 이내에 배출하지만 암캐는 보통 보호자가 보기 전에 먹어버리는 경우가 많다. 새끼가 두 마리 이상미면 분만 2기와 분만 3기는 반복적으로 함께 나타나게 된다.

(4) 난산

난산은 새끼를 정상적으로 분만하지 못하는 모든 증상을 총칭한다. 난산에 해당하는 상황은 다음과 같다.

① 지속된 분만 : 교배 후에 70일 이상이 되었을 때
② 골반의 폐쇄 : 이전의 사고의 의한 골반의 골절
③ 태아분만 지연 : 45~60분 동안 지속되는 수축기(새끼가 나오지 않는 상황에서)
④ 약한 수축 : 새끼가 나오지 않는 상황에서 4시간 이상 되는 약한 수축현상
⑤ 분만 1기의 실패 : 직장체온이 떨어지기 시작한 후에 24~36시간이 지날 때
⑥ 고통을 느끼는 어미 : 새끼가 나오는 것의 실패
⑦ 방사선적으로 명백한 이상 : 위치 이상 태아 사이즈 태아의 폐사 등
⑧ 질병 : 어미가 분만을 할 수 없을 정도의 질병에 걸려 있을 때

(5) 분만 시 주의 사항

만일 어미개가 스스로 알아서 분만하면 어미에게 모든 것을 맡겨두는 것이 좋다. 자연분만 하는 상황에서 사람이 잘 못 건드리면 새끼를 먹어버리거나 이상한 행동을 하는 경우가 있기 때문에 보호자는 조심스럽게 관찰하다가 분만을 정상적으로 하지 못할 때 도와주어야 한다. 새끼는 막에 싸여 나오는데 이것을 어미 개는 핥고 물어뜯어서 이 막을 벗기고 새끼를 계속 빨면서 탯줄을 끊어주는 것이 정상이다. 그런데, 간혹 어떤 개들은 새끼를 낳기만 하고 도망 다니는 경우도 있다. 이럴 경우에는 빨리 태막을 벗겨주고 탯줄은 실로 묶고 잘라주어야 한다. 묶는 길이는 피부로부터 0.5cm정도를 띠고 묶어야지 너무 붙여서 묶으면 혈액이 나올 수도 있다. 그리고 되도록 이면 어미가 탯줄과 태막을 먹지 않게 해야 한다. 또한 사람이 받아준 새끼는 숨을 쉴 수 있도록 따뜻한 수건으로 온몸을 마사지 해주고 입속의 이물을 제거해 준다.

(6) 분만 후 모견의 관리

① 모견의 건강은 곧바로 갓난 새끼의 건강과 연결이 된다. 모견에 회충이 있으면 강아지에게도 회충이 생기고, 모견이 설사를 하면 강아지도 설사를 하게 된다. 그러므로 강아

지의 이상적인 발육을 위해서는 우선적으로 모견의 건강이 선행되어야 한다.

② 모견은 분만이라는 심한 피로에다 밤낮 구별 없이 강아지들을 돌보고 포유나 강아지의 분뇨를 핥는 일에 온 신경을 쓰고 있기 때문에 매우 쇠약해져 있고, 운동부족의 상태이기 때문에 소화불량 및 설사를 일으키기 쉽다. 모견은 포유로 인해 많은 에너지량이 요구되므로 우유, 치즈, 계란 노른자, 육류, 내장 등 영양가가 높고 소화가 잘되는 먹이를 조금씩 자주 먹이는 것이 좋으며 소화불량이 일어나지 않도록 세심한 주의를 기울여야 한다. 그리고 포유량이 증대될수록 먹이내의 영양가를 높여주어 비유량을 증가시켜주고 모견의 건강을 유지시켜 주어야 한다.

③ 임신기간이나 포유기간 중 모견은 본능적으로 신경이 매우 예민해지기 때문에 낯선 사람이나 다른 개들이 접근할 수 없는 조용한 곳에 두어야 하는데 다소 어두운 곳이 모견의 신경을 안정시키고 강아지를 위해서도 좋다. 분만 후 3 ~ 4주일을 경과하게 되면 모견은 먹은 것을 토하여 강아지에게 먹이거나 자기 먹이의 일부를 강아지에게 먹이므로 강아지가 과식하거나 딱딱한 것을 먹어 목구멍이 막히지 않게 주의를 기울여야 한다.

출산이 끝나면 어미개는 식욕이 무척 왕성해진다. 젖을 빨기 시작할 때는 음식을 평상시 양의 세배 이상 늘려주어야 한다. 출산을 하면 다음날부터는 생식기 쪽으로 녹색이나 검은색 분비물이 계속 흘러나오는데 이것은 태반의 흔적 때문이다. 일주일 이상 분비물이 계속 나오는 것은 문제가 있는 것이니까 병원에 문의하는 것이 좋다. 또한 새끼 수가 많은 경우에는 산욕마비라는 증상이 오는 경우가 많다. 칼슘과 무기질의 부족으로 발생하는 이 질병은 어미 개를 굉장히 위험한 상태에 빠뜨리게 된다. 호흡이 거칠어지고 몸이 뻣뻣해지며 심하면 심장에 무리가 올 수도 있다. 그러나 사전에 병원에서 산욕마비 예방약을 처방받아 먹이면 이러한 질병을 방지 할 수 있다. 치료는 서둘러 하면 비교적 쉽게 되는데, 재발하는 경향이 많다.

(7) 제왕절개 후 모견관리

① 사람의 경우는 빠른 진화를 하다 보니 독특한 형태의 체형과 지나치게 큰 두뇌의 용적으로 인해 출산시의 위험이 증가하게 되어 제왕절개를 자주 행하고 있지만 동물세계에서는 아주 특이한 경우로 어미의 사망을 가져 올 수 있는 중대한 사태이다.

② 제왕절개는 자견의 크기, 골반상태, 태아수, 모견의 건강상태, 자궁파열 등으로 인한 난산 시나 난산이 될 가능성이 있을 때에 실시한다. 개들은 환경에 민감하여 제왕절개 후의 어미 개는 강아지를 돌보지 않을 수 있기 때문에 어린 강아지에 대한 주인의 세심한 관심과 배려가 필요하다.

③ 제왕절개 시 대개 자연분만보다는 모유량이 적게 분비되고, 모견도 자견에 대한 모성애가 적다. 모견이 자견의 배설물들을 다 제거해 주는지 보고 그렇게 하지 않으면 주인이 일일이 1일 3~5회 이상 젖을 먹은 후 배설시켜줘야 한다.

④ 자견은 모유를 먹고 크는 것을 원칙으로 하고, 초유는 꼭 먹이도록 해야 한다. 초유 속에는 어미개의 모체이행항체가 있기 때문이다.

⑤ 어미 개는 분만에 의한 피로와 젖 먹이기 그리고 밤낮으로 새끼를 돌보느라고 저항력이 많이 떨어져 있는 상태이다. 또한 분만 시 태반과 새끼들의 똥과 오줌을 먹기 때문에 소화기관 역시 좋지 않은 상태이다. 그러므로 이때 소화 흡수율이 좋은 양질의 음식을 급여함으로써 영양 보충은 물론 저항력을 회복 시켜 주는 것이 급선무이다.

⑥ 단백질이 풍부하고 지방과 칼슘 등의 무기질이 풍부한 음식을 하루에 3~4회 급여한다.

2. 신생 자견 관리

1) 신생자견의 성장과정

강아지는 태어날 때 엄마와 연결되어 있던 탯줄을 배에 달고 있게 된다. 탯줄을 엄마와 아기를 연결해 주는 끈인데, 이 끈 속에 큰 혈관이 있어서 엄마로부터 아기에게 영양분을 공급해 주어 아기가 뱃속에서 성장하도록 해준다. 강아지도 마찬가지로 이 탯줄에 연결된 상태가 떨어지면 출생이 이 된다. 뱃속에서 나와 탯줄이 끊어지고 남아 있는 탯줄 혈관은 태어나 2~3일쯤에 떨어지고 배꼽이 된다. 그리고 12~14일쯤에 눈꺼풀이 갈라지면서 눈을 뜨게 되는데, 이때쯤 태어날 때 몸무게의 두 배로 자라게 된다. 그리고 16일쯤에 서서히 걷기 시작해서, 21일 경에는 정상적으로 걸을 수 있게 된다. 또 이때 첫 번째 이빨이 나고 소리를 알아듣기 시작한다. 이 시기에는 듣고 보고하는 감각기관이 발달하는 시기이므로 매일 조금씩 자극을 주어 부드럽게 만져주면 나중에 자신감 있는 개로 성장한다고 한다.

2) 신생자견의 건강상태 확인하는 방법

① 머리에 숨구멍이 열려 있지 않아야 한다.

② 입천장이 갈라져 있는 구개열이 없어야 한다.

③ 혀나 입안의 색깔이 파랗게 되면 청색증으로 건강하지 못한 강아지다.

④ 콧구멍 안에 액체가 차 있으면 위험하다.

⑤ 몸 전체가 윤기 나는 털로 덮여 있어야 건강하다.

⑥ 발바닥 패드에 이상이 없어야 한다.

⑦ 호흡이 편안하고 가슴이 대칭이어야 한다. 가슴이 패어있는 기형이 종종 있다.

3) 환경관리

① 강아지는 대부분 태양의 길이에 영향을 받아 보통 봄과 가을에 출산 하지만 가을과 겨울에 태어나는 경우도 많습니다. 특히 겨울철에 출산하게 되면 특별히 조심해야 하는데, 강아지에게 가장 중요한 것이 체온을 유지하는 것이기 때문이다.

② 갓 태어난 강아지는 체온을 스스로 조절할 수 없기 때문에 어미개의 도움이 절대적으로 필요한 데, 만일 어미가 없는 경우에는 사람이 이를 대신 해주어야 한다.

③ 갓 난 강아지에게 적당한 외부 환경온도는 30도 정도로 강아지의 체온인 36도 정도를 유지할 수 있는 온도면 충분하다. 그러나 30도 정도의 환경온도는 몇 주가 지난 강아지에게는 높은 온도이기 때문에 시간이 지나면서 환경 온도를 조금씩 감소를 시켜주면 된다.

④ 가장 흔하게 사용하는 방법으로는 전구의 발열이나 전기장판을 이용하는 것인데, 조심해야 할 것은 강아지의 체온을 직접 올리는 것이 아니라 외부 온도를 올려서 강아지 체온이 따라 올라가게 하는 것이다.

⑤ 신생자견의 몸을 스스로 움직이지 못하기 때문에 전구의 빛이 직접 강아지의 피부에 닿거나, 전기장판 위에 강아지를 바로 놓아두면 화상을 입게 된다. 따라서 전구의 빛은 간접조명이 되게 하고, 전기장판은 수건을 충분히 덮어두어 강아지의 피부가 열에 직접 노출되지 않도록 해야 한다. 그리고 물주머니 같은 보온 팩을 이용할 때는 수건으로 감싸서 온도를 조절하면 되지만 물은 금방 식기 때문에 자주 갈아주도록 한다.

⑥ 적절한 보온을 위해서 담요를 덮어 주는 것은 좋은 방법이다. 물론 소란하지 않고, 외부의 자극이 없는 안락한 환경을 만들어 주는 것도 필수적이다.

4) 건강관리

① 갓 난 강아지인 생후 3주 동안의 신생자견 시기에 건강상 가장 중요한 것은 체온유지, 체액유지, 혈당유지이다.

② 체온이 떨어지면 강아지는 활동이 둔해지고, 몸 안의 대사기능도 떨어져 생명을 위협받게 된다. 또한 체온이 떨어진 강아지는 어미개가 싫어하고 돌보지 않고 밀쳐내 버려 몇 시간 지나지 않아 죽게 된다.

③ 사람이나 강아지나 몸의 70% 정도가 물인데, 몸 안의 물이 부족한 상태를 탈수라고

한다. 체액은 몸의 수분을 말하는데, 수분이 10% 정도만 부족해져도 강아지는 아주 위험한 상태에 빠진다.

④ 심장과 뇌는 혈액 안의 당분을 연료로 세포들이 움직이는데, 혈액 속의 당분 부족한 것을 저혈당이라 한다. 강아지에게 저혈당은 아주 위험한 상황으로 혈당이 떨어진 상태로 몇 분만 지나도 뇌는 손상을 받게 된다. 이러한 상태를 저혈당성 쇼크라고 한다. 저혈당 상태가 심하면 체온이 떨어지고, 경련이 일어나거나 몸이 딱딱하게 굳어지고, 때에 따라서는 발작 증세를 보일 수도 있다.

⑤ 체액과 혈당은 어미 개의 젖이나 음식을 통해 공급되기 때문에 신생자견은 영양관리와 체온유지에 각별히 신경을 써야 한다. 체온과 체액과 혈당은 강아지에게 가장 기본이 되는 생체 조건이고 이것들이 부족해지면 목숨을 잃게 된다.

5) 주의할 점

① 강아지가 우는 것은 배가 고프거나 졸릴 경우이다. 물론 몸이 불편하거나 어미개를 찾을 때 울기도 한다. 대부분은 배가 고파서 울게 되는데 이때는 배가 불룩하지 않고 홀쭉하게 들어가 있다.

② 신생자견은 두 세 시간에 한번 씩 젖을 먹는다. 이때는 몸집도 작고 위도 작아서 한꺼번에 많은 양을 먹을 수 없고 또한 성장속도가 빨라 몸 안에 에너지를 소비하는 대사율이 높아 자주 먹어야한다.

③ 신생자견을 사람이 돌보게 될 때는 적어도 3시간에 한 번씩 먹이를 주어야 하고, 젖을 먹인 뒤 에는 반드시 어미개가 하는 것처럼 항문과 생식기 주변을 젖은 손수건으로 살포시 닦아 주어 오줌과 똥을 싸게 해야 한다. 그러나 먹이를 준다고 계속 깨어 있도록 하면 안 되고, 젖을 먹인 뒤에는 가능한 잠을 잘 수 있도록 해주는 것이 중요하다.

Chapter 09

반려견 기초 미용 관리

Based beauty care of companion dogs

I. 반려견 기초 미용 관리

반려견 기초 미용 관리

학습목표 1. 반려견에 필요한 기본적인 미용에 대해 알 수 있다.

1. 브러싱

브러싱은 그루밍의 기본 작업으로 브러싱을 하기 전에 애완동물의 피부와 외부 구조에 관한 학습, 품종과 개체특성에 대한 정보가 필요하다.

1) 브러싱의 효과

① 피부에 적당한 자극을 주어 신진 대사, 혈액 순환 촉진시킨다.
② 털의 건강 상태를 점검할 수 있다.
③ 외부기생충의 감염 상태를 점검할 수 있다.

2) 목욕 전 빗질하기

산책 시 풀, 씨앗, 눈곱, 항문주변의 변이 엉킨 털과 뭉쳐 불에 젖으면 털이 더욱 단단해져 브러싱이 어려워지므로 반드시 목욕 전에 브러싱이 필요하다.

3) 브러싱 하기

① 피부와 털의 상태를 점검한다.
② 피부 손상에 주의하여 빗질한다.
③ 빗에 의해 피부에 상처가 나지 않도록 주의한다.
④ 브러싱 후 엉킨 부위가 없는지 점검한다.

2. 피부와 털

털의 관리를 위해 피부와 털의 특징과 기능에 대한 정보를 습득하도록 한다.

1) 피부와 털의 구조와 특징

① 주모 - 길고 굵으며 뻣뻣하다
② 표피 - 피부의 외층
③ 진피 - 입모근, 혈관, 임파관, 신경이 분포
④ 입모근 - 불수의근으로 추위, 공포를 느꼈을 때 털을 세울 수 있는 근육이다.
⑤ 피하 지방 - 피부 밑과 근육 사이의 지방
⑥ 피지선 - 털이 난 피부 부위에 분포하며 피지는 항균작용, 페로몬 분비기능이 있다.
⑦ 땀샘 - 항균작용, 페로몬 분비기능이 있다.
⑧ 부모 - 짧은 털로 보온 기능과 피부 보호기능이 있다.
⑨ 모낭 - 모근을 싸고 있으며 털을 보호한다.

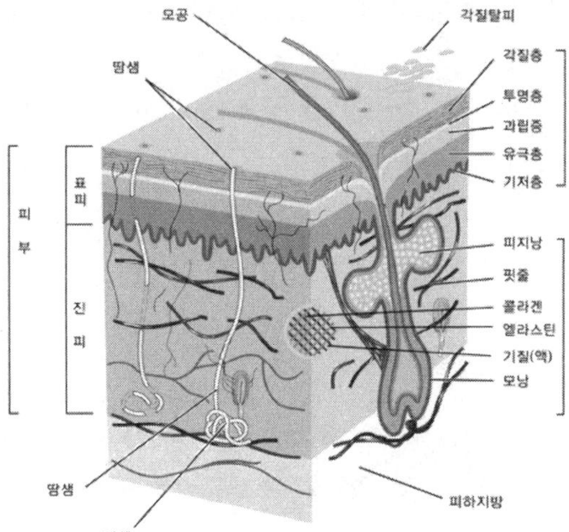

3. 샴푸하기

피부에서 분비되는 피지와 외부에서 부착되는 여러 가지 오염 물질이 쌓이게 되므로 샴푸하기를 하면 건강한 털을 관리할 수 있다. 샴푸하기는 피지와 외부 오염물질을 제거하고 빗질하기 쉽도록 해야 한다. 샴푸에는 계면 활성제, 향기를 위한 첨가제, 영양물질이 함유되어 있다. 개의 피부(pH 7~7.4) 사람 피부(pH 4.5~5.5)와 다르며 사람용 샴푸는 개의 피부에 자극적이므로 사용하지 않도록 한다.

1) 항문낭 관리

항문낭은 항문의 양쪽에 있으며 관리해 주지 않으면 항문선이 붓거나 막힐 수 있으며 방치하면 염증이 유발되어 수술을 통해 항문낭 이물질을 제거하는 상황이 생길 수 있으므로 관리가 필요하다.

2) 샴푸의 선택

털의 모질과 모색에 따라 샴푸의 종류를 선택할 수 있으며 털의 상태에 따라 영양 강화, 민감, 보습, 외부 기생충의 퇴치와 예방 등 샴푸의 종류를 선택할 수 있다.

4. 린스하기

린스하기는 샴푸하기에서 생긴 알카리화된 상태를 중화시키는 것이다. 너무 많이 사용하거나 잘못 사용하면 드라이 후 털이 끈적거리고, 너무 많이 헹구면 효과가 떨어지므로 올바른 사용 방법으로 사용한다. 린스는 정전기 방지제, 보습제, 오일, 수분 등으로 구성되어 있으며 털에 윤기와 광택, 정전기 방지, 엉킴방지 기능이 있다.

5. 드라이 하기

드라이하기는 드라이기의 올바른 사용방법으로 사용해야 최적의 효과를 볼 수 있으며 바람으로 말리는 동안 신속하게 빗질을 해야 하며, 피부에서 털 바깥쪽으로 드라이한다. 드라이 바람과 브러싱이 동시에 이루어져야 한다.

1) 여러 가지 드라이 방법

(1) 타월링

목욕 후 수분을 제거하기 위해 타월을 사용한다. 수분 제거가 잘 되면 드라잉을 빨리 마칠 수 있다. 그러나 지나치게 수분을 제거하면 드라잉할 때 피부와 털이 건조될 수 있으므로 적당한 수분 제거로 털의 습도를 조절할 수 있어야 한다.

(2) 새킹

커트를 하기 위해서는 털이 들뜨고 곱슬거리는 상태로 건조되는 것을 막기위해 털의 상태를 최고의 상태로 유지하여 드라이하기 위해 타월로 몸을 감싸는 것을 새킹이라 한다. 드라이기의 바람이 건조할 부위에만 가도록 해야 하며 바람이 브러싱하는 곳 주변의 털을 건조시키지 않도록 한다.

(3) 플러프 드라이

비교적 짧은 이중모를 가진 페키니즈, 포메라니안, 러프콜리 등의 경우에 핀 브러시를 사용하여 모근에서부터 털을 세워 가며 모량을 풍성하게 드라이 한다.

(4) 켄넬 드라이

켄넬 박스 안에 목욕을 마친 동물을 넣고 안으로 드라이기 바람을 쏘이게 하여 털의 수분이 날아가도록 하는 방법이다. 켄넬 드라이 후 어느 정도 수분이 제거된 뒤 피부와 털을 확인하여 드라이기 바람으로 귀, 얼굴, 가슴 등을 포함하여 전체적으로 한 번 더 꼼꼼하게 말려 준다. 드라이하는 동안 개체를 방치하면 바람의 열로 인한 화상을 입거나 체온이 상승해 호흡 곤란 등을 일으킬 수 있으므로 절대로 방치해 두어서는 안 된다.

(5) 룸 드라이어

룸 안에 목욕과 타월링을 마친 동물을 안에 두고 타이머, 바람의 세기, 음이온, 자외선 소독 등의 기능을 조정하여 사용하며 룸 안에서 입체적으로 바람이 만들어져 털의 수분이 날아가도록 하는 방법이다. 케이지 드라이어와 마찬가지로 드라이 후 어느 정도 수분이 제거된 뒤 개체의 피부와 털을 확인하여 드라이어 바람으로 귀, 얼굴, 가슴 등을 포함하여 전체적으로 한 번 더 꼼꼼하게 말려 주는 것이 좋다. 룸 드라이어에 익숙하지 않은 동물일 경우에는 연습이 필요하며, 드라잉하는 동안 동물을 방치하게 되면 드라이어 바람의 열로 화상을 입거나 체온이 상승하여 호흡곤란 등을 일으킬 수 있으므로 절대로 개체를 방치해서는 안 된다.

6. 귀 청소

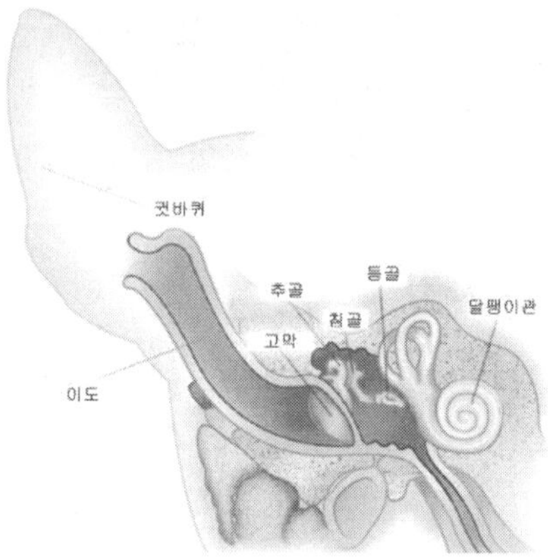

귀 청소를 하기 전 귓병의 유무를 확인하도록 한다. 치료가 필요할 정도로 귀지의 색이 나쁘거나 냄새가 심한 경우에는 귀에 자극을 주지 않아야 하며 관찰해 보아 건강한 상태의 경우에만 귀청소를 해주도록 한다. 귀청소에는 이어 클리너, 이어파우더, 겸자, 탈지면, 면봉 등이 필요하다. 귀청소를 하기 전 귀속의 구조에 대한 사전지식을 습득하고 외이, 중이, 내이의 형태와 위치를 파악할 수 이어야 한다. 먼저 귓속에 파우더를 도포하고 겸자로 조금씩 뽑아내어 귓속에 공기가 잘 통할 수 있도록 정리해 준다. 다음 귓속에 남아있는 귀지를 탈지면에 이어 클리너를 묻혀 닦아내도록 한다. 귀지가 많은 경우 여러 번 반복하여 닦아 줄 수 있으며 너무 깊숙이 넣어 자극이 되지 않도록 조심한다. 귀청소를 통해 귓병이 발생할 수 있으므로 귀의 자극을 최소화 하여 작업하도록 한다.

7. 발톱깎기

발톱정리에 사용되는 도구로 발톱깎기, 발톱깎기 사용 후 거칠어진 표면을 정리하는 파일, 전동 글라인더가 있다. 혈관이 길게 발달되어 있는 발톱의 경우 외관상으로 보아 매우 길지만 조금만 깎아도 출혈을 보이는 경우가 있으므로 조금씩 깎아주며 출혈 상태를 확인하도록 한다. 출혈이 있는 경우 지혈제를 도포하도록 한다. 발톱깎기 사용 후 파일 또는 전동 글라인더를 사용하여 거친 표면을 갈아주어 매끈하게 해 주도록 하며 며느리발톱을 포함하여 빠트린 부분이 없는지 확인하도록 한다.

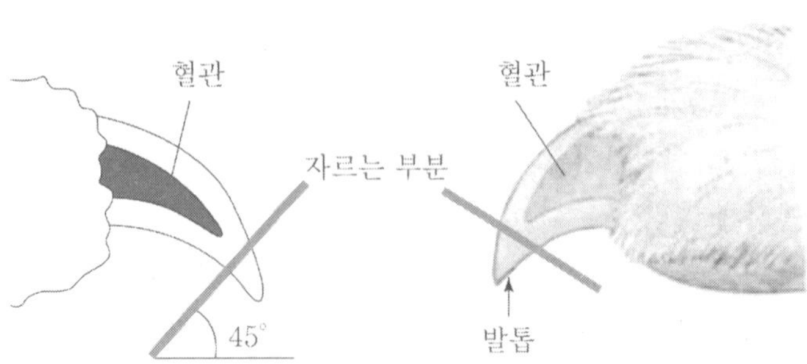

Chapter 10

반려 고양이 품종 및 특성

Companion cat breeds and characteristics

I. 반려 고양이 품종 및 특성

I 반려 고양이 품종 및 특성

학습목표
1. 반려 고양이의 종류에 대해서 알 수 있다.
2. 반려 고양이의 품종에 대하여 알 수 있다.

고양이 기원

1) 고양이의 진화 및 사육의 역사

고양이는 식육목 고양이과의 포유류에 속하고, 한자로 묘(描)라고 한다. 애완용 고양이는 아프리카, 남유럽, 인도에 걸쳐 분포하는 리비아 고양이를 사육하여 순화시킨 것이다. 따라서 고양이들의 조상은 5000년 전의 리비아 살쾡이가 선조라고 할 수 있으며, 이 리비아 살쾡이가 고대 이집트 시대 때에 곡물창고의 쥐를 잡아먹었고, 사람들은 쥐로부터 곡식을 보호하기 위해 고양이를 사육하기 시작하였다. 리비아 살쾡이를 사육하면서 번식을 시작해 시간이 많이 지나며, 지금의 고양이로 모습이 고정되었다. 시간이 흐르며 고양이는 여러 곳에서 쓰이게 되었으며, 무역선을 통해 여러 지역으로 퍼지게 되었습니다. 아프리카와 인도에 살던 고양이는 유럽과 아시아로도 옮겨지기도 하고, 사람들이 인위적으로 교배를 시켜 종류도 다양해 져서 현재는 약 30~40여 종이 보고되어 있으며, 미국의 CFA(Cat Fancier's Association)에서 인정받은 고양이 종류는 30종에 이른다.

우리나라에서는 중국에서 불교가 전래될 때 경전을 쥐로부터 보호하기 위하여 들여왔다는 설이 있다. 현재 고양이는 개와 더불어 가장 대중적인 애완동물로서 자리를 차지하고 있다.

2) 고양이의 선조

Scottish wildcat

Spanish wildcat

African wildcat

Indian desert cat

고양이는 식육목 고양이과의 포유류에 속한다. 고양이의 선조는 아프리카, 스코틀랜드, 스페인 등의 남유럽, 인도에 걸쳐 분포하였던 야생의 리비아 고양이로 알려져 있다.

인간과 고양이의 만남은 약 5,000년 전으로 거슬러 올라간다. 사람들이 쥐들로부터 곡물을 지키기 위해 북아프리카에 서식하는 리비아 고양이를 가축화한 것이 시초라고 알려져 있다. 온순해서 사람을 잘 따르는 리비아의 들고양이들은 식량이 풍부해지고 고대 이집트의 여러 도시에서 차츰 분포 범위를 넓혀 나가 이후 각지의 들고양이들과 교잡하여 현재의 '고양이'가 되었다.

고양이는 가축화한 역사가 짧다는 것과 쥐를 잡는 것 이외에는 별로 실용적이지 못하였기 때문에 개들처럼 형태적으로 차이는 별로 없다. 고양이의 품종 연구는 대단한 고양이 애호가였던 빅토리아 여왕에 의해 이루어졌다. 그때까지 각지에서 혼혈과 돌연변이로 여러 가지

종류의 고양이가 탄생하였지만, 현존하는 대부분의 종류는 19~20세기에 영국이나 미국에서 만들어져 품종으로 고정된 것들이다. 새로운 품종을 만들어내고 순혈종을 고정시키는 작업은 지금도 품종 개량가(breeder)들에 의해 계속되고 있다.

2. 고양이 종류

고양이는 장모종(長毛種)과 단모종(短毛種)으로 분류된다. 개와 달리 체격상 차가 적으므로 각 품종 중의 내종(內種)이 발달되어 있다. 고양이는 누가 뭐라고 해도 개와 더불어 가장 대중적인 애완동물이다. 품종은 약 30여 종이 되며 다른 동물에 비해 비교적 오래 사는 편으로 보통 15~25년쯤 산다.

1) 장모종

(1) 아메리칸 컬(American curl)

- 원산지 : 미국
- 기원 : 1981년
- 체중 : 3.0~5.0 kg
- 털종류 : 장모
- 체형 : 약간 가는 체형
- 털색 : 다양. 몸 끝은 진한 색
- 눈색 : 청색
- 특징 : 아메리칸 컬의 귀는 만져보면 견실하고, 얼굴에서부터 머리의 가운데 뒤를 향하여 우아한 아치를 그리면서 뒤집혀있다. 이것은 바로 부모대로부터 물려받은 유전적인 변화이다. 호기심이 많고, 동료애가 있으며, 매우 사람을 잘 따른다.

(2) 발리니즈 (Balinese)

- 원산지 : 미국
- 기원 : 1950년 돌연변이
- 체중 : 2.5~5.0 kg
- 털종류 : 장모
- 체형 : 약간 가는 체형

- 털색 : 회색, 청색, 초콜릿 색, 라일락 색
- 눈색 : 청색
- 특징 : 발리니즈의 기원은 시아미즈 고양이가 자연발생적인 돌연변이를 통해 롱헤어가 된 것으로 보는 것이 일반적이다. 시아미즈와 밸리니즈 사이 단지 털 길이만 다를 뿐이다. 털이 길고 비단 같은 오버 코트이다. 날씬하고 유연하다.

(3) 버만(Birman)

- 원산지 : 버마 미얀마 → 프랑스
- 기원 : 1916년 (1966년 공인) 샴 교배종
- 체중 : 4.5~8.0 kg
- 털종류 : 장모
- 체형 : 길고 튼튼한 체형
- 털색 : 네발의 끝이 버선을 신은 듯 하얗다.
- 눈색 : 진한 파랑
- 특징 : 미얀마(충남대학교출판부, 애완동물고양이(32p))에서 이 고양이는 Kittah 승려들의 반려 고양이로서 신성하게 여겨졌다. 길고, 비단결 같은 털을 지녔으며, 페르시안의 털처럼 굵지 않고, 엉히지 않는 질감을 지녔다. 정말 단단하고, 놀라울만한 강한 근육질이면서도 우아하고 세련되었고, 때로는 약하기까지 한 모순이 양립되어있는 고양이이다. 날씬한 몸매와 흘러내리는 털이 바위처럼 단단한 몸체를 가려줌으로써 곡예사의 솜씨와 같은 기막힌 비례를 이루고 있다. 거의 둥그런 눈은 청색이고, 강한 얼굴에 큰 턱, 빵빵한 아래턱, 매부리코를 지녔으며, 콧구멍은 낮게 생겼다. 매우 특징적인 흰색 발은 이상적인 대칭을 이룬다. 앞발의 장갑이 만일 완벽하다면 고른 선을 그리면서 가로지르고, 발 뒤에 있으며, 다리 뒤에 뾰족하게 올라가 있고, 레이스라 부른다.

(4) 페르시안(Persian)

- 원산지 : 페르시아 → 영국
- 기원 : 1800년대
- 체중 : 3.0~4.0 kg
- 털종류 : 장모
- 체형 : 통통하고 둥글다

- 털색 : 단일색, 실버, 스모그, 바이칼라 등 7가지로 분류
- 눈색 : 청동색
- 특징 : 둥글고 큰 머리에 작은 귀를 지녔다. 아주 동그란 큰 눈에 짧고 납작한 코, 목은 짧고 굵으며 어깨 폭은 넓고 몸통은 짧다. 다리와 꼬리도 짧으며 정사각형 체형이다. 긴 털이 장식하듯 몸 전체를 덮고 있다.

(5) 래그돌(Ragdoll)

- 원산지 : 미국
- 기원 : 1960년대
- 체중 : 4.5~9.0 kg
- 털종류 : 장모
- 체형 : 대형
- 털색 : 바이칼라
- 눈색 : 푸른색
- 특징 : 래그돌은 1960년대에 캘리포니아의 번식가 앤 베이커에 의하여 개발되었다. 크고, 사랑스럽고, 긴 털이 아름다우며, 커다란 청색 눈을 지녔다. 몸체는 연한 색깔이며 얼굴, 다리, 꼬리, 귀에 진한 시아미즈 형태의 반점이 있다.

(5) 노르웨이 숲(Norwegian forest)
– 노르웨이언 포레스트 캣

- 원산지 : 북유럽 (노르웨이)
- 기원 : 1000년대
- 체중 : 3.5~4.5 kg
- 털종류 : 장모
- 체형 : 당당하고 큰 체형
- 털색 : 다양
- 눈색 : 초록색, 황금색
- 특징 : 밝은 에메랄드 녹색 눈에 황금 띠가 둘러 있다. 털은 길게 흘러내린다. 얼굴은 상냥한 표정을 띤다. 귀는 말쑥하고, 발가락은 다듬어져 있다.

(6) 소말리(Somali)

- 원산지 : 영국
- 기원 : 1963년 아비시니안의 돌연변이
- 체중 : 3.5~5.5 kg
- 털종류 : 중모
- 체형 : 약간 가는 체형
- 털색 : 적갈색, 붉은 색, 푸른 색, 연갈색
- 눈색 : 황금색, 초록색
- 특징 : 작은 여우를 닮아서 귀가 크고, 얼굴에 마스크 무늬가 있고, 목 갈기 털이 풍성하고, 꼬리가 수북하다. 영리하며 역동적이고, 부드러운 목소리를 지녔으나, 보통은 조용히 지낸다. 부드러운 울음소리로 사람들과 의사소통을 하며, 매력적인 장식 깃털을 지녔다. 외향적이고, 매우 사교적이며 장난을 좋아하며 동물이나 사람과 함께 있기를 좋아한다.

(7) 터키쉬 앙고라(Turkish Angora)

- 원산지 : 터키
- 기원 : 1400년대
- 체중 : 2.5~5.0 kg
- 털종류 : 장모
- 체형 : 가늘고 길다
- 털색 : 다양
- 눈색 : 다양
- 특징 : 순수한 자연 품종으로서 본래 타타르인이 기르던 마눌(Manul)에서 기원한 것으로 보인다. 그들이 터키로 건너 와서 오늘날은 터키의 보배로 여겨지고 있다. 고양이 중에서는 가장 영리한 품종이다. 자신의 주인을 일편단심으로 섬기며, 길고, 우아하며, 가는 뼈대와 뾰족한 얼굴을 지녔다. 이 품종은 일반적으로 단일색, 태비, 스모크, 파티 칼라로 나타난다. 흰색이 아직은 가장 인기 있는 색깔이다.

(8) 터키쉬 밴(Turkish Van)

- 원산지 : 터키 (중앙아시아)
- 기원 : 터키 1950년대 개발, 1988년 등록
- 체중 : 4.5~6.0 kg
- 털종류 : 장모
- 체형 : 길고 튼튼한 체형
- 털색 : 하얀 몸에 머리와 꼬리에 색이 있다.
- 눈색 : 호박색, 청색
- 특징 : 이란, 이라크, 남서소비에트 연합과 극동 터키를 포괄하는 중앙/남서 아시아에서 개발된 희귀하고 오래된 품종이다. "van"은 수많은 도회지, 마을, 호수 – 반 호수를 포괄한 지역을 지칭하는 말이므로, 그 지역을 원산지로 하는 독특한 무늬의 고양이를 밴이라고 부른다. 얼룩 유전자를 지닌 원조 품종의 무늬는 흰색의 롱헤어에 가까운 고양이가 머리와 꼬리에만 색깔이 있는 무늬를 가진 형태이다. 터키쉬 밴은 크고, 활동적이고, 영리하다. 털은 매우 독특한 캐시미르 같은 질감을 지녔으며 방수성이 있어서 질감이 그렇게 독특하다. 여기에서 알 수 있는 흥미로운 사실은 물을 매우 좋아하여 원산지에서는 "수영하는 고양이"라고 부른다고 한다.

(9) 히말라얀(Himalayan)

- 원산지 : 영국, 미국
- 기원 : 1955년
- 체중 : 3.5~7.5 kg
- 털종류 : 장모
- 체형 : 통통하고 둥글다
- 털색 : 포인트컬러
- 눈색 : 청색
- 특징 : 색깔은 안면 마스크와 다리에만 나타나며, 몸체는 흰색부터 엷은 황갈색까지의 다양한 색조로 나타난다. 히말라얀은 페르시안의 형태에 시아미즈의 반점 색깔을 결합시키기 위하여 페르시안을 시아미즈에 교배시켜서 개발한 품종이다.

(6) 자바니즈 (Javanese)

- 원산지 : 미국
- 기원 : 1940년 (1963년 공인) 샴 교배종
- 체중 : 4.0~8.0 kg
- 털종류 : 장모
- 체형 : 길고 튼튼한 체형
- 털색 : 화려한 비단결, 칼라포인트 쇼트헤어의 색깔
- 눈색 : 에멀럴드 그린색 눈동자
- 특징 : 발리를 이웃한 섬에서 이름을 딴 자바니즈는 발리니즈 만큼 오래된 고양이이다. 자바니스는 생활 속에서 작은 정취를 찾고자 하는 사람들을 위한 품종이다. 정말 단단하고, 놀라우리만치 강한 근육질이면서도 우아하고 세련되었고, 때로는 약하기까지 한 모순이 양립되어있는 고양이이다. 날씬한 몸매와 흘러내리는 털이 바위처럼 단단한 몸체를 가려줌으로써 곡예사의 솜씨와 같은 기막힌 비례를 이루고 있다. 지능이 높은 그들은 사람들의 일상에 잘 적응한다. 일반적으로 자바니스의 목소리는 시아미즈보다 더 부드럽고, 더 점잖다. 발을 마치 손처럼 사용하여 캐비넷과 서랍을 열고 당신이 숨겨놓은 장난감을 찾아낸다. "물건 집어오기" 게임에서도 당신이 가르쳐 준대로 하지 결코 당신을 속이지 않는다. 물건을 던지는 법을 가르쳐준 그대로 따라 한다. 털은 쉽게 관리할 수 있으며, 결코 얽히지 않고, 시아미즈나 칼라포인트보다 털이 덜 빠지기 때문에 게으른 사람에 맞는 긴 털 고양이로는 제격이다 가끔 빗어주고, 비단결 질감을 되살리기 위해 목욕을 가끔 해주면 그만이다.

2. 단모종

(1) 아비시니안 (Abyssinian)

- 원산지 : 에티오피아 → 영국
- 기원 : 고대 이집트 집고양이.1800년대 말
- 체중 : 4.0~7.5 kg
- 털종류 : 단모
- 체형 : 가는 체형
- 털색 : 적갈색, 청색, 붉은 색, 황갈색

- 눈색 : 황금색, 초록색
- 특징 : 매우 사람에게 맞도록 길들여진 고양이이다. 무릎 위의 고양이가 아니라 사람과 어울리기 좋아하고, 사람이 뭘 하는지 알고 싶어 하고, 도와주기를 원하는 고양이이다. 아비스 보다 더 사람에게 충직한 품종은 아마 없을 것이다. 만일 아비스를 동반자로 기르게 된다면 결코 후회하지 않을 것이다. 아비스는 사람들이 원하는 바를 행할 수 있는 수준으로 훈련이 잘 된다.

(2) 아메리칸 숏헤어(American short hair)

- 원산지 : 미국
- 기원 : 1900년
- 체중 : 3.5~7.0 kg
- 털종류 : 단모
- 체형 : 중형으로 약간 통통
- 털색 : 다양
- 눈색 : 다양
- 특징 : 아메리칸 숏헤어는 미국 고유의 품종이며, 조상은 유럽으로부터 건너온 개척자들과 함께 북미에 도입된 고양이들이다."메이플라우어"호와 함께 몇 마리의 고양이들이 도착했음을 시사하는 기록들이 있다. 긴 수명, 튼튼한 건강, 어린이 및 개와 잘 어울리는 것, 잘생기고 태도가 정숙한 것으로 유명하다

(3) 아메리칸 와이어헤어(American wire hair)

- 원산지 : 미국
- 기원 : 1966년 (1967년 등록)
- 체중 : 3.5~ 5.5 kg
- 털종류 : 단모
- 체형 : 중형으로 약간 통통

• 털색 : 다양
• 눈색 : 다양
• 특징 : 1966년 뉴욕 주, 업스테이트의 한 고양이 농장에서 태어난 새끼고양이들 중에서 자연발생적으로 일어난 돌연변이로 시작되었다. 아메리칸 와이어헤어와 다른 품종을 구별하는 특징은 털이다. 태어날 때의 털 전체가 와이어인 것이 이상적이다.

(4) 봄베이(Bombay)

• 원산지 : 미국
• 기원 : 1953년
• 체중 : 3.5~5.0 kg
• 털종류 : 단모
• 체형 : 중형으로 약간 통통
• 털색 : 검정색
• 눈색 : 황금색, 구리 빛
• 특징 : 큰 눈과 검정색 짧은 털을 가지고 민첩하고 적응성이 강하다. 버만과 검정색

(5) 브리티시 숏헤어(British short hair)

• 원산지 : 영국
• 기원 : 1980년
• 체중 : 4.0~8.0 kg
• 털종류 : 단모
• 체형 : 튼튼한 체형
• 털색 : 다양
• 눈색 : 청동색
• 특징 : 브리티쉬 쇼트헤어는 아마도 영국에서 가장 오래된 고양이 품종으로서 조상을 추적하면 로마의 집 고양이로 거슬러 올라간다. 이 품종은 육체적으로 강하고, 사냥 능력 때문에 처음에 인정받았으나, 곧 이어 정숙한 태도와 지구력과 사람에 대한 충직성 때문에 인정받고 가치를 평가 받게 되었다. 아메리칸 숏헤어의 혼성 교배종이다.

(6) 샤트룩스 (Chartreux)

- 원산지 : 프랑스
- 기원 : 1800년대
- 체중 : 3.0~7.5 kg
- 털종류 : 단모
- 체형 : 중간 체형으로 늠름
- 털색 : 청회색
- 눈색 : 오렌지색
- 특징 : 전설에 따르면, 샤트룩스는 프랑스의 카르투지안(Carthusian)이라는 이름의 수도승과 살았으며 아마도 그 유명한 카르투지오 술까지도 나누어 마셨다고 한다. 최근의 연구에 따르면, 솜털같은 털의 특성 때문에 18세기 초에 스페인의 솜으로 잘 알려진 이름을 따서 샤트룩스로 지어졌다고 한다.

(7) 코니시 렉스 (Cornish Rex)

- 원산지 : 영국
- 기원 : 1950년대
- 체중 : 2.5~ 4.5 kg
- 털종류 : 단모
- 체형 : 가늘고 몸길이가 매우 길다.
- 털색 : 다양
- 눈색 : 다양
- 특징 : 영국의 Cornwall이 원산지이다.

1950년경에 한 배의 새끼 고양이들이 한 헛간에서 처음으로 모습을 나타냈다. 외모를 보면, 곡선이 유려하면서도 튼튼하게 생긴 고양이이다. 털은 매우 짧고, 몸체에 바싹 드러누워 있고, 만져 보면 믿을 수 없을 정도로 부드럽고, 비교하자면 공단이나 카라쿨 양, 토끼털이나 비단과 같다. 이 품종은 털 뿐만 아니라 머리와 몸체 형태도 독특하다. 커다란 귀가, 달걀 모양 같은 머리에 높이 자리 잡고 있으며, 광대뼈가 불거져 있고, 볼은 움푹하며, 로마인 코(매부리 코)의 콧대는 높고, 턱은 강하다. 몸체를 보면, 등이 아치형이고, 가슴이 통 모양이고, 허리는 작고 매우 길며, 다리는 길기 때문에 휘페트 견종에 비교된다. 우아한 외모에도 불구하고 지극히 단단한 몸과 근육을 지녔으며, 잘 발달된 엉덩이와 긴 다리로 빠르게 달릴 수 있고 순간적으로 멈출 수 있으며, 잽싸게 회전하고, 높이 도약할 수 있다.

(8) 엑조틱(Exotic)

- 원산지 : 미국
- 기원 : 1960년대
- 체중 : 3.0~3.6 kg
- 털종류 : 단모
- 체형 : 통통하고 짧은 체형
- 털색 : 다양
- 눈색 : 다양
- 특징 : 엑조틱의 털은 품종의 특징이며, 부드럽고, 둥그스름한 장난감 곰처럼 보이게 한다. 그들의 멋진 털은 페르시안 보다 빗질을 훨씬 덜 해주어도 되며, 엉히거나 매듭을 만들지 않는다. 이 특별한 품종은 털 관리가 쉽기 때문에 부지런 하지 못한 사람들에게는 때로는 엑조틱이 페르시안 대신에 사랑을 받는 대상이 된다.

(9) 하바나브라운(Havana Brown)

- 원산지 : 태국(Siam 왕조)
- 기원 : 1956년 (1964년 공인)
- 체중 : 2.7~4.5 kg
- 털종류 : 단모
- 체형 : 통통하고 짧은 체형.
- 털색 : 갈색
- 눈색 : 녹색, 크고 타원형
- 특징 : 하바나 브라운의 얼굴은 약간 길고 턱이 정방향이며 이마가 크고 귀의 끝이 둥글다. 체구가 중형으로 근육질을 가지고 있으며, 빛나는 마호가니 색조의 갈색 털을 가지고 있다.

(10) 러시안 블루(Russian Blue)

- 원산지 : 러시아 유래 → 영국에서 품종 등록
- 기원 : 1800년대

- 체중 : 3.0~5.5 kg
- 털종류 : 단모
- 체형 : 약간 가는 체형
- 털색 : 청회색
- 눈색 : 초록색
- 특징 : 피모는 이중이고 고급 융단을 만지는 듯한 촉감이며 털색은 반짝반짝 빛나는 라이트 블루이다. 둥근 눈은 진한 초록으로 미간이 벌어져있다. 입주위의 독특한 미소는 러시아의 스마일로 불린다. 다리는 길고 몸통은 가늘고 길며 몸놀림이 부드럽고 아름답다.

(10) 코렛(Korat)

- 원산지 : 태국 북부 코렛 지방
- 기원 : 1700년
- 체중 : 2.5~4.5 kg
- 털종류 : 단모
- 체형 : 중간 크기의 근육질
- 털색 : 윤이 나는 짙은 은회색에 실버 블루
- 눈색 : 녹색
- 특징 : 다른 고양이들과 잘 지내면서도 우선권을 가지려고 하며, 다른 고양이들이 주인 곁에 있는 것을 그냥 보고 있지 않는다. 그들의 고향인 태국에서 수세기 동안 잘 보살펴져 왔다. 털은 몸을 뻗거나 웅크릴 때에 흘러 떨어지지 않으므로 고양이 털 알레르기가 있는 많은 사람들은 가까이 해도 괜찮다. 털뿌리는 연하게 푸르스름한 색깔이며, 끝의 전까지 점점 진해지다가 끝은 은색이 된다. 이 은색은 몸 전체에 걸쳐서 할로우(후광 효과) 혹은 오로라 효과를 내야하며, 빽빽하게 드러누운 털이 마치 은빛 달라 지폐처럼 빛난다.

(11) 망스(Manx)

- 원산지 : 영국
- 기원 : 1700년대

- 체중 : 3.5~5.5 kg
- 털종류 : 단모와 장모
- 체형 : 등이 짧고 체형이 둥글다.
- 털색 : 다양
- 눈색 : 청동색
- 특징 : 망스는 영국 해안의 맨 아일랜드(Man 섬)에서 수백 년 전에 기원한 것으로 생각된다. 많은 무역선들이 섬에 정박하여 고양이를 실어 갔기 때문에 조상 고양이가 정확히 누구라고 말할 수는 없다. 분명한 것은 롱헤어와 쇼트헤어 모두 돌연변이의 원조라는 점이다. 새끼 고양이들은 완전한 꼬리, 짧은 꼬리("엉덩이 융기"로 알려진)융기를 지녔거나 꼬리가 아예 없을 수 있다. 한 배 새끼라 할지라도 꼬리 길이가 이렇게 다양하게 나타난다. CFA 챔피언쉽 카테고리에는 오직 엉덩이 융기 고양이만이 참가할 수 있다. 망스의 털에는 쇼트헤어와 롱헤어(이전의 Cymric) 두 종류가 있다. 쇼트헤어는 이중모를 지녔으며, 바깥 보호털이 약간 단단하고, 윤기가 나는 외양이다. 롱헤어의 털의 질감은 비단결 같다. 털은 중간급 길이이고, 둔부, 배, 갈기 털은 몸체의 털보다 더 길다. 비단결 질감은 부드럽고, 몸체에 매끄럽게 흘러 떨어지면서 빈자리 없이 다 나있고, 이중모인 까닭에 호화롭다. 일반적으로 매우 장난을 좋아한다. 상상을 초월하여 높이 뛸 수가 있고, 방 안의 가장 높은 곳에 앉아있는 것을 수시로 볼 수 있다.

(12) 옥시캣(Ocicat)

- 원산지 : 미국
- 기원 : 1964년대
- 체중 : 2.5~6.5 kg
- 털종류 : 단모
- 체형 : 튼튼하고 긴 몸통
- 털색 : 은색, 갈색 바탕에 반점
- 눈색 : 다양(청색은 제외)
- 특징 : 옥시캣은 적당한 형태의 아구티 반점 고양이이다. 아비시니안, 시아미즈, 아메리칸 쇼트헤어의 혈통이 섞인 이 고양이는 야생 고양이를 본뜨기 위하여 품종들을 선택하여 개발해낸 유일한 집고양이이다. 이상적인 것은 크고, 활동적이고, 운동으로 단련된 외모를 가지고 매우 단단하고, 근육이 잘 발

달 되었으며. 털은 짧고, 빽빽하며, 근육과 반점들은 공단처럼 윤기가나게 해서 최고의 장점으로 부각시킨다.

(13) 오리엔탈 (Oriental)

- 원산지 : 영국 --> 미국 (CFA 등록)
- 기원 : 샴고양이→1960년대 개량
- 체중 : 4.5~ 6.0 kg
- 털종류 : 단모와 장모
- 체형 : 체형이 가늘고 매우 길다.
- 털색 : 다양
- 눈색 : 초록색
- 특징 : 긴 얼굴이 날카로운 V 자형을 만들고 큰 귀와 길게 뻗은 코를 가졌다. 아몬드형으로 길게 찢어진 눈은 아름다운 짙은 초록색이다. 애교부리기를 좋아하고 표정이 풍부하다.

(14) 샴 (Siamese)

- 원산지 : 태국
- 기원 : 14세기→ 1700년대 개발
- 체중 : 2.5~ 5.5 kg
- 털종류 : 단모
- 체형 : 매우 가늘고 길다.
- 털색 : 포인트
- 눈색 : 사파이어 블루
- 특징: 근육질이고, 파이프 모양의 몸체를 긴 다리가 받치고 있으며, 기다란 목과 꼬리가 우아하다. 짧고, 빽빽하고, 비단결 같은 털이 긴 몸매를 강조해준다. 기다란 머리는 아주 똑바른 옆모습과 미끈한 쐐기꼴이다. 커다란 귀는 쐐기 꼴을 완성해 주며, 진한 청색의 아몬드 모양의 눈은 기울어서 자리잡고 있다. 이 고대의 품종은 족보가 있는 고양이 중에서 가장 오래된 고양이이다.

■ 고양이 털종류 별 분류

단모	장모
아비시니안 (Abyssinian) 원산지: 에티오피아→영국	아메리칸 컬 (American curl) 원산지: 미국
아메리칸 숏헤어 원산지: 미국	페르시안 (Persian) 원산지: 페르시아→영국
아메리칸 와이어헤어 원산지: 미국	래그돌 (Ragdoll) 원산지: 미국
봄베이 (Bombay) 원산지: 미국	버만 (Birman) 원산지: 버마 미얀마→프랑스
브리티시 숏헤어(British shorthair) 원산지: 영국	노르웨이 숲 (Norwegian forest) 원산지: 북유럽 (노르웨이)
샤트룩스 (Charteux) 원산지: 프랑스	소말리 (Somali) 원산지: 영국
코니시 렉스(Cornish Rex) 원산지: 영국	터키쉬 앙고라 (Turkish Angora) 원산지: 터키
엑조틱 (Exotic) 원산지: 미국	터키쉬 밴 (Turkish Van) 원산지: 터키 (중앙아시아)
하바나브라운 (Havana Brown) 원산지: 태국(Siam 왕조)	히말라얀 (Himalayan) 원산지: 미국(영국)
러시안 블루 (Russian Blue) 원산지: 러시아 --> 영국	발리니즈 (Balinese) 원산지: 미국
코렛 (Korat) 원산지: 태국 북부 코렛 지방	자바니즈 (Javanese) 원산지: 미국
망스 (Manx) 원산지: 영국	
옥시캣 (Ocicat) 원산지: 미국	
오리엔탈 (Oriental) 원산지: 영국 --> 미국	
샴 (Siamese) 원산지: 태국	

Chapter 11

반려 고양이 생리 및 특성

Companion cats and physiological characteristics

I. 반려 고양이 생리 및 특성

I 반려 고양이 생리 및 특성

학습목표
1. 반려 고양이의 생리에 대해여 알 수 있다.
2. 반려 고양이의 특성에 대하여 알 수 있다.

1. 새끼 고양이의 암수 구별법

갓 태어난 애기 고양이의 암수를 구별하기는 매우 어렵다. 암수 모두 거의 비슷하게 생겼기 때문이다.

그 구분 방법은

- 수컷 : 항문과 외부 성기 사이의 거리가 1~2cm 정도 떨어져 있음
- 암컷 : 항문과 외부 성기가 거의 붙어 있음

제일 좋은 방법은 암수를 동시에 한번만 관찰하면 확실하게 알 수 있다.

2. 고양이의 신체적 특징

고양이의 몸길이는 47~51cm이고, 꼬리길이 22~38cm, 몸무게 7.5~8.5kg이다. 귓바퀴는 삼각형이고, 귀의 등 쪽에 살쾡이에서 볼 수 있는 흰 무늬는 없다. 앞발에 다섯 발가락, 뒷발에 네 발가락이 있으며, 예리한 발톱이 있는데, 발톱은 속에 감출 수 있다. 앞 뒷발의 발바닥에는 연한 pad(육구, 肉球)가 있어 소리를 내지 않고 걸을 수 있으며, 뒷발이 비교적 길어서 도약력(跳躍力)이 뛰어나다.

1) 눈

① 어두운 곳에서 잘 볼 수 있음
② 사람이 볼 수 있는 빛의 양의 7분의 1정도
③ 색을 잘 볼 수 없음

2) 귀

① 개보다 청각이 좋음(가청주파수 : 30Hz~60KHz)
② 개의 가청 주파수 : 20Hz~40KHz
③ 사람의 가청 주파수 : 20Hz~20KHz
④ 사람이 들을 수 없는 소리도 들을 수 있음

3) 이빨

① 유치와 영구치가 있음.
- 유치 : 생후 8주 전에 모두 갖춤(26개)
- 영구치 : 생후 3~5개월 사이 영구치로 이갈이 함(30개)

② 송곳니 : 크고 날카로움,
③ 어금니 : 표면이 뾰족함(찢는 기능)

4) 코

① 개보다 뒤떨어짐
② 세력권(Home Area 와 Hunting Area가 있음)을 냄새로 확인
③ 음식의 부패 여부, 맛 등을 냄새로 확인
④ 유해 물질의 제거 적당한 온도와 습도의 조절과 냄새를 맡는 역할

5) 꼬리

① 미추라는 작은 뼈로 이어져 있음. 점프나 높은 곳에서 뛸 때 균형유지
② 꼬리의 움직임으로 고양이의 기분을 알 수 있음
- 심하게 휘휘 돌릴 때 : 기분이 나쁠 때
- 꼿꼿이 세울 때 : 기분이 좋음
- 꼬리를 부풀릴 때 : 흥분 또는 공포를 느낄 때

6) 수염

정보 수집을 위한 고성능 측정기로 감각모라고 불리는데 사람에게는 이런 기관이 없다. 입 주위, 눈, 코, 앞다리뒤쪽에 있는 식모 안에도 있다.

7) 등

고양이의 털 색깔을 내는 겉털과 속털에 덮인 몸통은 교묘하게 공격을 피할 수 있는 이점이 있다. 땀샘이 없어 털 손질로 털을 눅눅하게 만들어 체온을 조절하고 피부가 두꺼워 자유롭게 신축할 수 있다.

8) 다리

단거리 경주라면 동물 가운데 상위권에 둔다. 앞발보다 긴 뒷발의 강한 근육과 부드러운 관절이 점프, 나무타기에 최적이다. 뒷발은 추진력뿐이고 방향을 바꾸는 것은 앞발의 역할이다.

3. 고양이 타입

고양이는 전문가들이 털 색, 눈 색, 체형 등의 표준(Standard)을 정해서 표준에 가장 가까운 것을 쇼 타입, 그 다음이 브리드타입, 다음 펫 타입으로 분류한다.

POINT SCORE

HEAD and NECK(머리와 목)	20
BODY TYPE(체형)	20
EYE SHAPE(눈모양)	5
EARS(귀)	5
COAT(털)	20
COLOR(색상)	20
EYE COLOR(눈 색깔)	10
total.	100

고양이 품종 별로 표준형을 만점으로 하여 위와 같은 포인트로 계산된 합의 점수가 높을수록 표준에 가까운 좋은 품종으로 평가한다.

4. 고양이의 연령과 사람의 연령 비교

고양이의 수명은 약 20년이나 최고 31년의 기록도 있다. 1살 이상이 되면 성성숙이 다되어 사람의 성인에 해당된다고 볼 수 있다.

고양이의 연령	사람의 연령	고양이의 연령	사람의 연령
1개월	3세	8년	48세
1.5개월	4세	9년	52세
2개월	5세	10년	56세
3개월	6세	11년	60세
6개월	10세	12년	64세
9개월	14세	13년	68세
1년	16세	14년	72세
2년	24세	15년	76세
3년	28세	16년	80세
4년	32세	17년	84세
5년	36세	18년	88세
6년	40세	19년	92세
7년	44세	20년	96세
8년	48세	21년	100세

5. 고양이의 습성

1) 감정 표현은 몸짓으로 한다.

① 어리광 : 꼬리를 꼿꼿이 세우고 머리를 사람에게 비빈다.

② 위협 : 몸을 크게 보이려고 한다.(등을 둥글게 굽히고 꼬리를 부풀림. 털을 세움)

③ 공포 : 실제보다 작게 보이려고 함

④ 불안 : 몸을 핥는다.

⑤ 제 6감으로 사람의 마음을 읽는다.

⑥ 좋아한다고 무리하게 안으려고 하면 공격으로 알고 달아남

2) 고양이의 습성

① 야행성 동물 : 낮에는 자고 밤 11시경 가장 활발함
② 단독으로 생활하는 동물
③ 어릴 때는 여러 마리를 함께 기르는 것이 좋다.
④ 적응력이 뛰어나 각기 자기의 생활 스타일을 만들어 갈 수 있다.
⑤ 한 밤중에 한자리에 모이는 습성이 있다.(밖에 나가는 경우)

3) 세력권을 가진다.

① Home Area : 다른 고양이의 출입을 허락하지 않는 영역
② Hunting Area : 가까운 곳으로 다른 고양이와 공유하는 공간(반경 100~500m)
③ 냄새 묻히기 : 자기의 세력권에 자신의 냄새를 묻혀 둔다.
④ 여러 마리를 같이 키우는 경우 고양이들 사이에 우열의 순위가 결정됨

4) 발톱 갈기를 한다.

① 고양이의 발톱 갈기는 본능임
② 행동개시를 할 때 발톱 갈기를 함
③ 일정한 곳에서 발톱 갈기를 할 수 있도록 도와줌
④ 발톱 갈기를 시작하려고 할 때 발톱 갈기 도구가 있는 곳에 데려다 줌

5) 정해진 곳에 배변하는 습성을 가짐

① 정해진 곳에 배설하는 습성을 가지고 있음
② 맨 처음이 중요함 : 맨 처음 화장실에서 배설하도록 도와주면 거의 성공

6) 자기 구역엔 자기 냄새를 표시

동물은 본능적으로 충분한 먹이가 확보되고 안전하게 숨을 수 있는 곳(자신의 세력권)을 만든다. 사람이 기르는 고양이는 자신이 살고 있는 집을 자신의 구역으로 여기며, 가구 등에 몸을 문질러 자신의 냄새를 묻혀둔다. 자신의 냄새가 나는 장소에 대해서는 안심할 수 있기 때문이다. 이처럼 고양이는 얼굴의 관자놀이와 그 아래 취선을 통해 자기 구역에 자신의 냄새를 묻히는데 어른이 된 숫 고양이는 서서 뒤로 소변을 보는 '스프레이'라 불리는 행동을 통해 자신의 냄새를 남긴다. 동물들은 자기 영역에 자기의 냄새가 나지 않으면 불안해하고

스트레스를 받는다.

7) 야밤엔 외출

고양이는 야행성 동물인 만큼 낮에는 자고 밤이 되면 활기를 띠는 습성을 가지고 있다. 실내에서 키우는 고양이는 비교적 사람의 생활 패턴과 비슷하게 움직이지만 밤 11~12시쯤 가장 활발한 모습을 나타낸다. 풀어놓고 키우는 고양이의 경우에는 한밤중에 2~3번을 외출을 하여 '밤의 집회'에 다녀오기도 한다. 이것은 밤이 깊어지면 빈 공터에 그 지역에 사는 고양이들이 한곳에 모이는 것으로 10마리 이상의 고양이가 조금씩 떨어진 위치에 앉아 있기만 할 뿐 모여서 무엇을 하고 무엇 때문에 모이는지 등은 알려진 바가 없다.

8) 타고난 사냥꾼

고양이는 움직이는 공이나 장난감 등을 가지고 장난치는 것을 좋아한다. 또한 낮은 자세로 몰래 숨어 있다가 갑자기 달려들곤 하는데 이 모든 행동들은 야생동물로서의 사냥꾼 기질에서 비롯된 것이다.

9) 더 좋은 환경으로 가출

고양이는 그 어느 동물보다 자신을 깨끗하게 가꾸는 깔끔한 동물로 생활환경에 민감한 편이다.

자신의 생활공간이 쾌적한지 아닌지, 살만한 곳인지, 그렇지 않은지를 판단한다.

고양이가 쾌적하다고 느끼는 생활조건은 주인이 애정을 쏟아주고 먹이가 충분하며 안전이 확보되어 있을 때를 말하는 것으로 자신의 환경이 쾌적하지 못하다 여겨지면 더 좋은 환경을 위해 집을 떠나는 일도 있다.

10) 우열을 위해 싸움

고양이들이 처음 만나면 싸움을 하곤 하는데, 이는 자신의 구역을 위해 그리고 우열을 가르기 위한 것이다. 두 마리의 간의 다툼에서 한 번 승패가 결정되면 그 이후에는 싸움이 일어나지 않는다. 약한 쪽을 발견하면 길을 양보하거나 달아나는 등 말 그대로 약한 모습을 보인다.

여러 마리의 고양이가 함께 살 경우에는 우열의 순위를 위해 싸우고 난 후에는 그 순위에 도전하지 않는 한 더 이상의 싸움은 없다. 힘이 비슷한 고양이끼리는 서로를 무시하는 태도를 보이기도 한다.

Chapter 12

반려 고양이 행동학

The behavior of companion cats

I. 반려 고양이 행동학

I

반려 고양이 행동학

학습목표 1. 반려 고양이의 행동에 대해서 이해 할 수 있다.

1. 어린 고양이의 행동발달

새끼 강아지와 마찬가지로 태어난 지 얼마 안 된 새끼 고양이들도 움직임이 부자연스러워 처음에는 네발이 함께 움직이며 따로따로 움직일 수 있을 때까지 조금 시간이 걸린다. 신생아가 어미 고양이에게 다가갈 때는 앞발로 노를 젓듯이 무릎을 끌고 가는데 균형 잡힌 운동을 할 수 없기 때문에 새끼 고양이가 둥지를 벗어나 헤맬 걱정은 없다. 처음 2주간은 체온의 조절도 잘 할 수 없어서 어미나 다른 고양이들과 딱 붙어 있으려 하고 따뜻한 것에 다가가서 코끝으로 파고드는 동작이 보인다.

새끼 고양이가 어떠한 일로 뒤집혔을 때 스스로 일어서려는 입위(立位)반사는 태어나면서부터 곧바로 보이고, 전정계의 기능은 천천히 발달한다. 회전자극에 대해 일어나는 안진(眼振)반사는 생후 3주 후반에는 성숙한 고양이와 같아진다. 또한 목덜미를 잡아서 들어 올릴 때 몸을 둥글게 마는 굴곡반사는 많은 새끼 고양이들이 탄생 직후부터 보이는데 이 반사에 의해 어미 고양이가 둥지를 옮길 때 새끼 고양이를 운반하기 쉬워진다(그림 12-1). 새끼 고양이의 운동기능은 서서히 발달을 계속하며 대부분의 경우 생후 20일 무렵까지는 앉을 수 있고, 곧 아장아장 걷기 시작한다. 한번 걸을 수 있게 되면 다양한 행동을 보이기 시작한다. 걷기 시작한지 며칠이 지나면 둥지에서 나오려고 벽을 타고 오르는 동작을 보이기 시작하고 일단 밖에 나오는 것을 알면 점차 둥지 안에 있는 시간이 줄어들고 8주까지는 대부분의 시간을 둥지 밖에서 보내게 된다. 벽을 오르기 위해서는 발톱을 자유자재로 넣다 뺐다 하는 능력이 갖춰져야 하며 생후 2주까지 새끼고양이는 손톱을 집어넣지는 못하지만 3주째에는 상당히 자유롭게 조정할 수 있게 된다. 벽을 오르는 행동에 관해서는 새끼 고양이에게 올라가기

보다 내려오는 쪽이 어려워 내려오는 기술을 습득하는 데는 시간이 걸린다. 처음에는 엉덩이부터 내려오려고 하지만 머지않아 머리부터 내려오는 것을 익힌다.

이 무렵에는 형제나 주인에게 적극적으로 다가오고 3주 후반에는 달리기 시작하며 활동적인 놀이행동을 보이게 된다. 운동능력이 급속히 발달함에 따라 곧 공중에서의 입위반사도 가능해진다. 이 반사는 높은 곳에서 떨어질 때 다리부터 착지할 수 있도록 공중에 떠 있는 상태에서 몸을 비틀어 자세를 바꾸는 것으로 생후 40일경까지 완성된다. 이유기에 가까워지면 어미 고양이는 잡아온 먹이를 산 채로 둥지로 가지고 돌아와 먹이를 가지고 놀게 하면서 새끼 고양이들에게 사냥방법을 가르친다.

▌그림 12-1▐ 어미 고양이의 수유와 새끼 고양이의 운반

생후 1개월이 지나면 아기 고양이는 스스로 화장실을 찾아 배설을 하게 된다. 이 무렵은 아직 먼 곳까지는 가지 못하므로 잠자리 근처에 화장실을 만들어 준다. 아무 데나 배설하지는 않으므로 장소를 정해 깨끗하게 해 놓으면 배변습관을 들일 수 있다.

집으로 처음 데리고 온 날은 이전에 사용하던 모래를 새로운 화장실에 넣어둔다. 그러면 그곳이 화장실이라고 생각한다. 일정한 장소에서 대소변을 잘 보게 되면 아끼지 말고 칭찬을 해준다. 또 고양이 변기에 화장실 모래를 깔아주면 대소변 가리는 데는 별 어려움이 없다.

고양이는 발톱이 날카로우므로 정기적으로 개나 고양이 전용 발톱깎이로 혈관 분포를 살펴가며 혈관이 손상되지 않도록 깎아 주어야 한다. 실내에서 생활하는 애완용 고양이에게 날카로운 발톱이 필요 없으므로 아예 수의사에게 의뢰하여 발톱 제거 수술을 해주면 발톱으로 인한 문제가 더 이상 생기지 않아 좋다. 2개월이 지나면 뇌의 기능은 완성되고 움직임의 종류나 양이 불어나게 된다. 그리고 6개월이 지나 면 유모기가 끝나고 어린 고양이는 발도 튼튼해지고 호기심을 갖게 된다. 여러 가지 장난감을 가지고 놀기 시작하고 개구쟁이처럼 활동한다. 아기 고양이에게도 집안에서 지켜야 할 매너가 필요하다. 집안 식구들과의 존재를 가르치고 바깥 사회의 올바른 지식을 가르쳐야 잘 적응해 갈 수 있다.

2. 스킨십

고양이는 털 밑을 긁어 주는 것을 매우 좋아한다. 어미 고양이가 새끼들한테 하듯이 사람의 손을 핥으며 안정을 느낀다. 반면에 고양이 털 밑을 쓰다듬어 주다 보면 기분이 좋아진다. 어린이들한테도 고양이 때문에 가정에서 오가는 애정에 좋은 영향을 미친다. 어렸을 때 쓰다듬어 주는 버릇을 하지 않았던 고양이는 조금만 만지려 들어도 심하게 반항한다. 새끼 고양이의 몸 뒷부분을 한 손의 손바닥으로 받쳐주면서 다른 손으로는 앞발과 머리를 흔들어 준다. 결코 어미가 하듯이 목덜미를 잡고 들어서는 안 된다. 그러다가 약한 몸이 다칠 수도 있기 때문이다. 물론 새끼는 자주 만져 주어야 나중에 커서도 쓰다듬는 것을 좋아하게 된다. 머리를 비벼댄다. 고양이는 머리를 사람의 손에 대고 문지름으로써 자신의 체취를 남긴다. 귀 뒤쪽은 혀로 핥을 수 없기 때문에 이곳을 만져주면 좋아한다.

① 가슴과, 목, 등, 복부를 매일 쓰다듬어 준다.

② 만지면 고양이가 좋은 하는 부위들

아기고양이 때부터 자주 안아준다든지 쓰다듬어 주는 것이야말로 고양이를 사람과 친숙하게 길들이는 가장 기본이 된다. 쓰다듬어 주는 것을 싫어하는 고양이는 질병이나 상처가 생겼을 때에 발견 및 치료가 힘들며 충분히 보살펴 줄 수도 없다. 그러므로 매일 습관적으로 쓰다듬어 주고 안아주어 사람과의 접촉을 좋아하게 만들어야 한다. 혹 아기 고양이일 때는 만져주는 것을 좋아했는데 어른이 되어 이를 싫어하는 고양이도 있을 수 있다. 그럴 때에는 무리하게 쓰다듬으려 하지 말고 같이 놀이를 한다든지, 사람의 몸 위에 올려놓는다든지, 무릎에 앞발을 걸치게 한다든지 등의 방법을 통해 자연스런 친숙함을 만들어 가는 것이 좋다.

3. 일광욕하기

햇볕을 자주 쬐게 해주는 것은 살균과 청결에 중요한 역할을 하므로 고양이의 건강을 위해 반드시 필요하다. 햇볕이 잘 드는 창가나 베란다 등에 고양이 방석이나 타월 등을 마련해

주는 것이 좋다. 또한 일광욕을 시키데 자유롭게 그늘을 찾을 수 있도록 해 주어 탈수증에 걸리지 않도록 한다.

4. 애정을 가지고 끈기 있게 교육하기

교육을 시키기에 가장 좋은 시기는 태어난 지 2~3개월 때이다. 이 시기에 성격이나 습관들이 형성되므로 식사예절, 화장실, 발톱갈이 등에 관해 확실히 가르쳐 주어야 한다. 개들의 교육목적이 사람에게 길들이는 것이라면 고양이 길들이기의 최종 목적은 고양이의 야생적 본능에서 비롯되는 행동들을 사람이 사는 환경에 보다 적합한 습관으로 발전시켜주는 것이다. 그렇기 때문에 개에게는 벌과 칭찬이 엄연히 구분되지만 고양이는 칭찬에 대해 별 반응이 없다. 단지 고양이는 자신의 생활에 필요한 것을 마련해 주기만을 원한다. 단 고양이가 사람을 할퀴거나 잘못을 하면 코를 가볍게 한 대 톡 쳐주는 게 좋다. 너무 아프게 하면 역효과가 난다는 것도 기억해 둔다.

5. 혼자 있는 법에 익숙해지기

고양이가 집에 아무도 없이 혼자 있다고 하여 외로움을 타거나 신경질을 부릴 거라 생각하는 것은 오산이다. 고양이는 야행성 동물로 주로 낮에는 낮잠으로 시간을 보낸다.

이처럼 사람이 없어도 본능적 습성에 의해 혼자 있는 것에 낯설어하지 않으므로 많은 시간을 함께 보낼 수 없을 경우 혼자 있는 것에 익숙해지도록 길들이는 것은 쉬운 일이다. 단 배가 고플 때를 위해 식사는 넉넉하게 준비해 두어야 하며 낮 시간 동안 혼자 있게 한 만큼 밤에는 쓰다듬어주거나 안아주어야 한다. 하루에 한번은 꼭 스킨십을 해준다.

6. 불규칙 속의 규칙 찾기

고양이의 생활은 겉으로 보기에는 단순하며 불규칙적으로 보인다. 그러나 고양이가 하루 24시간을 어떻게 보내는지 유심히 살펴보면 의외로 규칙적인 생활을 한다.

잠자고 일어나고 노는 등의 시간이 일정하게 반복된다는 것이다. 결국 이 일정한 생활 패턴이 고양이에게는 가장 행복하고 안정된 생활이므로 이 패턴을 유지 시켜주는 것이 중요하다. 아기 고양이 때부터 매일 사람과 같이 어딘가로 외출하는 생활을 하고 있다면 그것이 그 고양이의 생활패턴이 되는 것이다. 그러므로 갑자기 차에 태운다든지, 모르는 곳에 데려가는 것은 고양이에게 큰 공포심을 불러일으킬 수 있다. 이처럼 갑작스런 생활환경의 변화는 고양이에게 스트레스와 불안감을 줄 수 있으므로 안정된 생활을 할 수 있도록 만들어 주어야 한다.

7. 발달행동학적으로 본 고양이의 문제행동

고양이에서도 개와 마찬가지로 부적절한 사회화가 원인이 되어 다양한 문제행동이 일어난다. 정상적인 사회화를 경험하지 못한 새끼고양이는 그 후의 생활에서 다양한 자극에 대해 보통과는 다른 반응을 보이게 된다. 예를 들어, 5주 이전에 입양된 새끼고양이는 다른 고양이들과 제대로 사회적 교류를 하지 못하여 결과적으로 사람에게 과도하게 달라붙게 되는 경우가 있다. 성장함에 따라 이러한 고양이는 다른 고양이에 대해 공격적이 되거나 주인의 주의를 끌기 위해 자학적 행동과 같은 이상행동을 보이게 되는 경우도 있다. 이러한 극단적인 행동에 의해 주인의 주인을 끌면 자신에게 향해진 주인의 관심이 보수가 되어 학습에 의해 그 행동이 더 강화되어 간다. 사회화가 충분하지 않은 고양이는 다른 고양이나 새끼고양이가 자신과 동종의 동물이라는 인식을 갖지 못하기 때문에 성장한 뒤의 성 행동이나 육아행동에도 영향을 미칠 수 있다. 또한 어미나 형제들과 충분히 놀지 못한 탓에 사회적인 교류의 장에서 발톱이나 이의 적절한 사용법을 학습하지 못하여 제대로 사용하는 요령을 모르는 개체도 있을 것이다.

8주까지 다른 동물종에 대해 제대로 사회화하지 못한 고양이는 사람이나 개에 대해 겁을 먹고 공격적인 태도를 보이게 되는 경우도 많다. 이러한 고양이는 소위 격리증후군에 빠져 조금이라도 사회적 스트레스가 가해지면 문제행동이 일어나기 때문에 애완동물로는 적절하지 않다. 상당히 성장한 새끼고양이나 성수가 된 고양이의 본성을 잘 알고 있으면 문제가 없지만 그렇지 않으면 사전에 주의 깊게 행동을 관찰한 뒤 결정해야 한다.

8. 고양이의 행동학적 특징

고양이는 우리 주위의 동물 중에서 유일하게 이러한 사회성을 명확하게 갖지 않는 동물이다. 따라서 가정이나 지역에서 보이는 고양이집단에서는 독특한 사회적 구조와 순위가 보인다. 예를 들어, 어떤 집단에서는 특정 수컷고양이가 전제군주적으로 우위적 입장을 가지고 나머지 고양이들은 동등한 입장에 있는 경우도 있을 것이다. 이러한 경우, 안정된 계급구조가 아니므로 사소한 계기로 개체 간에 싸움이 일어난다. 확실한 서열이 없기 때문에 싸움의 결과를 예측하는 것은 어렵다. 사회적인 동물의 경우는 몸의 크기나 체중, 성별 등의 요소가 승패에 영향을 주지만, 반면 고양이의 경우는 하루의 시간대나 장소, 먹이의 존재, 과거의 경위, 함께 사는 고양이의 수 등 복잡한 요인에 의해 영향이 생긴다. 예를 들어, 2마리의 고양이가 길에서 우연히 만났을 경우 등 평소와는 다른 시간대에 지나가는 고양이 쪽이 길을 양보하는 경우가 많다. 먹이를 둘러싼 전쟁에서도 엄격한 사회성을 가진 동물 종에서는 우위의 개체가 열위의 동물에게서 먹이를 빼앗지만 고양이의 세계에서는 보통 이러한 광경은 볼 수 없고, 자신의 순서를 기다려 공유하려는 경우가 많다.

고양이는 원래 비사회적 동물이기 때문에 특정 개체에 대해 친밀한 관계를 구축한다기보다 자신의 생활권이나 영역에 대해 강한 연대를 형성한다. 따라서 고양이에서는 사회적 거리가 중요하다(그림 12-2). 고양이의 사회적 거리는 몇 단계로 나눌 수 있다. 가장 바깥쪽에 있는 큰 범위가 평소의 생활에서 행동하는 범위인 생활권(home rage)이다. 인근에 사는 고양이들 간에는 생활권이 겹치지만 그 안쪽에 있는 세력권은 보통 겹치지 않는다. 세력권은 방위해야 할 영역이다. 그 안쪽에는 낯선 고양이가 접근하는 범위인 사회적 거리가 있고 그 이상의 접근은 특별한 관계의 고양이에게만 허용된다. 이와는 달리, 익숙하지 않은 고양이나 타종의 동물이 접근한 경우에 도망가는 거리를 도주거리, 그리고 도주하려고 해도 그렇지 못하거나 알아차리는 것이 늦어서 자기방위의 반격으로 바꿀 수 없는 거리를 임계거리라고 한다. 이러한 거리는 고양이를 둘러싼 다양한 외적 또는 내적인 상황에 따라 시시각각 변할 수 있다.

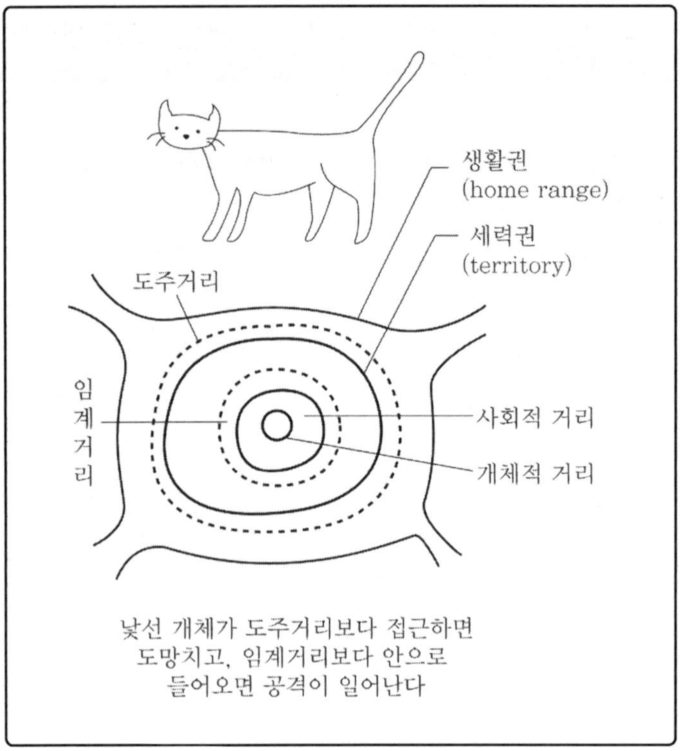

▌그림 12-2▐ 고양이의 사회적 거리

Chapter 13

반려 고양이 영양과 먹이 관리

Companion cat nutrition and feeding management

I. 반려 고양이 영양과 먹이 관리

반려 고양이 영양과 먹이 관리

학습목표
1. 고양이의 먹이에 대해서 알 수 있다.
2. 고양이 금기식품에 대하여 알 수 있다.

1. 고양이의 먹이

① 사람이 먹는 것은 절대로 주지 않는다.

② 가족의 식사 때 고양이에게 사람이 먹는 것을 주게 되면 식사 때마다 달라고 조르게 되고 더욱 곤란한 것은 음식에 조미료나 염분이 들어있어 질병의 원인이 됨

③ 한 번에 많이 주지 않는다.

④ 아기 고양이는 하루에 3~4회, 어른 고양이는 하루 2회가 기준

⑤ 간식을 너무 많이 주는 것은 금물

⑥ 먹기 전에 반드시 냄새로 확인하는 습관

⑦ 드라이 푸드가 최고

⑧ 신선한 쇠고기는 날 것으로 주어도 됨

⑨ 돼지고기는 반드시 익혀서 줄 것

⑩ 언제나 깨끗한 물을 준비해 준다.(물 대신 우유를 주어도 좋음)

⑪ 실내에서 키우는 경우 고양이 풀(개다래)을 준비하여 때때로 줄 것
개다래의 생잎이나 줄기 열매 등을 주면 좋아하나, 이것을 먹으면 술에 취한 것 같은 일종의 황홀상태가 되는데, 이것은 개다래나무 성분이 대뇌나 연수(延髓)를 자극하여 마비시키기 때문이다. 이와 같은 현상은 고양이과 동물 전반의 공통된 특징이다.

⑫ 적합한 음식물
- 닭의 가슴살
- 육류

• 계란 노른자
• 생선
• 밥
• 야채
• 고기는 전체의 1/3 정도 급여

1) 고양이 사료

고양이 전용 사료에는 타우린이 포함되어있어 별도의 타우린 공급을 하지 않아도 되는 등의 영양 공급이 용이하다는 장점이 있기 때문에 전용 사료를 공급하는 것이 좋다. 퓨리나, 유카누바, 사이언스다이어트 등의 사료회사 등에서 전용 사료가 시판되고 있다. 일반적으로 자묘용(7개월령 미만)과 성묘용(8개월령 이상)으로 구분하여 연령에 맞는 영양 공급이 될 수 있도록 나오고 있으며, hair ball을 예방할 수 있는 성분이 첨가된 사료도 나오고 있다.

2) 고양이에게 먹여서는 안 되는 식품

(1) 고양이에게 먹여서는 안 되는 식품

① **파류 :** 빈혈이나 중독, 패혈증의 원인이 됨. 양파, 파류를 사용한 요리도 주의.
② **전복 등의 조개류**
③ **닭뼈 :** 세세하게 부서지기 때문에, 목에 찔리는 위험이 있다.
④ **전갱이, 정어리 등 등푸른 생선 :** 불포화 지방산이 많기 때문에, 비타민 E를 함께 주어야함
⑤ **도그 푸드 :** 고양이에 필요한 영양소가 빠져 있다.
⑥ **염분의 진한 것 :** 신장병이나 고혈압의 원인이 됨
⑦ **유제품 :** 고양이에 따라서는 유당을 능숙하게 소화할 수 없기 때문에 너무 주면 설사할 수가 있다.

(2) 고양이에게 위험한 화학제품

사람에게는 편리해도 고양이에게 화학제품은 필요 없는 물건입니다. 계면활성제 등의 화학제품은 급격한 증상은 나타나지 않아도 서서히 간장에 쌓여 갑니다. 접하게 하지 않게 주의합시다.

① **방충제 :** 장뇌, 나프탈린, 유기 염소 화합물인 파라지크로 벤젠을 포함한다. 방충제는 매우 독성이 높고, 잘못해 말하면 중대한 증상을 일으킨다. 절대 고양이가 접하지 않

게 주의할 것

② **화장실 방취제 :** 파라지크로벤젠 들어 있는 방취제는 위험함

③ **석유계 제품 :** 자동차의 부동액은 치사성 강하므로 주의. 등유 등을 넣을 때는, 떨어뜨리지 않게 한다.

④ **제균 · 항균 상품**

⑤ **세탁 세제**

⑥ **식기 세제**

⑦ **곰팡이용 제품**

⑧ **청소용 세제**

⑨ **합성 샴푸**

⑩ **화장품 :** 화장품, 샴푸나 머리손질 제품 등 특히, 아래와 같은 지정 성분을 포함하는 것은, 고양이가 직접 접하지 않게 한다.

- 안식향산
- 오키시벤존
- 염화 세치르트리메치르안모니윰,
- 염화 스테아릴 새 메틸 벤질 암모늄
- 염산 지펜히드라민
- 파라크로로페노르
- 살칠산

(3) 중독성을 일으키는 식물

① 아이리스
② 나팔꽃
③ 아질리아
④ 수국
⑤ 살구, 사과
⑥ 월계수 극락조꽃
⑦ 쟈스민
⑧ 서향
⑨ 수선화속 구근
⑩ 은방울 꽃
⑪ 흰독말풀
⑫ 철쭉
⑬ 히야신스 구근
⑭ 베라존나
⑮ 꽈리의 열매

2. 건강한 고양이

눈을 크게 뜨고 상쾌한 느낌을 준다. 식욕이 좋아야 하며 살이 통통하게 찌고 털에 윤기가 나 있다. 몸은 부드럽고 탄력이 있으며, 변을 정상이며 설사한 흔적이 없어야 한다. 호기심이 강하고 활발한 개체를 고르면 된다.

구입 후 새끼 고양이가 충분한 휴식을 취할 수 있도록 귀찮게 해서는 안 된다. 충분히 수면 후 장난감을 주어 스스로 놀 수 있게 해준다. 아기 고양이가 2~5개월 되었을 무렵은 가장 귀여운 때여서 더 이상 크지 말았으면 하는 생각이 드는 시기이다. 고양이에게는 이 시기는 아주 중요한 시기로, 살아가기 위한 여러가지 훈련들을 해야 할 시기이다.

3. 먹이와 돌보기

아기 고양이의 식사 횟수는 하루 3~4회가 적당하며 고양이 전용 사료를 먹이면 된다. 사료는 반드시 고양이 사료여야 하며, 어린 고양이에게 성장용 사료를, 다 자란 고양이에게는 어른 고양이 사료를 먹여야 한다. 어린 고양이에게 어른 고양이 사료를 먹이면 성장률이 크게 저하되고, 어른 고양이에게 성장용 사료를 주면 지나친 비만이 되기 쉬우므로 잘 알아서 정확히 먹이를 주어야 한다.

고양이가 자라면 하루 두 끼로 충분하다. 식구들의 생활 리듬에 알맞은 시간을 정해서 물과 식사를 정해진 장소에서 주도록 한다. 가족이 식사를 하는데 가까이 오더라도 주지 말고, 또 식탁에 올라가려고 하면 확실하게 안 된다는 의사 표시를 하여야 한다. 이렇게 몇 번을 되풀이하면 알아차리고 자기의 식사 장소에서 기다리게 된다.

Chapter 14

반려 고양이 위생 관리

Companion cat hygiene management

I. 반려 고양이 위생 관리

I 반려 고양이 위생 관리

학습목표 1. 반려 고양이의 위생 관리에 대해 알 수 있다.

1. 청결한 화장실

고양이도 사람과 마찬가지로 각기 다른 성격을 지니고 있다. 사람을 잘 따르고 애교가 많으며 안아주고 쓰다듬어 주는 것을 좋아하는 고양이가 있는가 하면 사람이 안아주는 것조차 싫어하는 고양이도 있다. 또한 자는 곳이나 노는 것, 대화 나누는 법 등도 고양이마다 다 다를 수 있다. 그러므로 자기 고양이의 특성을 빨리 파악하여 고양이가 가장 좋아하는 방법으로 기르는 것이 바람직하다.

1) 처음 훈련이 중요

고양이는 원래 정해진 장소에서 배설하는 습성을 가지고 있으므로 화장실 습관 길들이기는 비교적 간단하다.

단, 맨 처음이 중요하다. 고양이를 데리고 온 날 식사를 하게 한 다음 화장실 안에 살포시 놓아주고 만약 배설이 이루어졌다면 이는 화장실 길들이기의 70%가 성공한 것으로 생각하면 된다. 두 번째로 스스로 화장실을 찾아 배설을 한다면 거의 100% 성공이라고 여겨도 좋다. 이때 '잘했어'라고 칭찬해주자.

만약, 고양이가 화장실 바깥에 배설하면 그 자리에 알루미늄 호일을 깔아둔다.

고양이는 호일이 발에 닿는 감촉을 싫어하기 때문에 화장실을 사용하는 것이 더 낫다는 것을 깨닫게 된다.

2) 화장실은 편안하고 조용한 장소에 마련

맨 처음에는 고양이가 잘 볼 수 있는 곳에 화장실을 두는 것이 좋다. 처음에는 데려다 준 장소에서 놀라 도망칠 수도 있으나 2~3회 사용하다 보면 곧 익숙해진다.

또 고양이가 편안한 마음으로 배변할 수 있도록 조용하고 사람의 통행이 적으며 모래를 갈아주기 쉬운 곳이 좋다.

3) 안절부절 앞발로 바닥을 긁을 때

고양이가 갑자기 안절부절 하면서 몸을 떨거나 방안 구석구석을 다니며 냄새를 맡고 앞발로 바닥을 긁기 시작한다면 '화장실에 가야 한다.'는 신호이다.

이럴 때에는 즉시 화장실로 옮겨 주어야 하는데 고양이가 놀라지 않게 천천히 옮겨야 한다. 급하게 옮기면 놀라서 배설을 하지 않을 수 있다.

4) 화장실에 자신의 냄새를 배게 해준다.

고양이는 후각이 발달되어 있어 냄새에 매우 민감하다.

그러므로 화장실 습관을 빨리 길들이기 위해서는 예전에 자신이 사용했던 화장실 모래나 자신의 변이 약간 묻어 있는 것을 화장실에 놓아두면 자기냄새로 인해 좀 더 쉽게 적응시킬 수 있다.

만약 화장실이 아닌 곳에 배설을 했다면 빨리 그곳을 치우고 냄새를 제거해 주어야 한다.

5) 화장실 위치 변경 시에는 이전에 사용하던 것을 이용

고양이의 화장실 위치를 바꿀 때에는 이전 사용하던 화장실 용기와 모래를 그대로 사용하고 직접 데리고 가 위치를 확인시켜주면 된다.

생활환경에는 변화가 없는데 화장실 환경만 갑자기 바꾸면 고양이가 스트레스를 받기 때문에 유의해야 한다.

6) 청결한 화장실

고양이는 깨끗한 동물로서 자신의 화장실이 지저분하고 더러우면 들어가지 않고 다른 장소에 배설을 한다.

따라서 배설한 즉시 치워주고 모래도 자주 갈아주어야 하며 화장실 용기도 햇빛에 말려 청결과 살균에 각별히 신경 써 주어야 한다.

2. 목욕

고양이들은 대부분 물을 두려워하므로 목욕을 싫어한다. 이 때문에 생후 4개월 무렵부터 목욕하는 것을 서서히 길들여야 한다. 목욕은 단모종의 고양이들에게는 별 필요가 없으나 장모종의 고양이들은 털이 쉬 더러워지므로 적어도 1개월에 2번 정도는 목욕을 시켜 주어야 한다. 먼저 빗질을 해서 빠진 털을 제거한 다음 귀에 물이 들어가지 않도록 주의하면서 모근까지 물이 스며들도록 천천히 감겨 준다. 그 다음 스펀지에 샴푸를 묻혀 거품이 많이 나게 문지른 다음 골고루 헹구고 다시 린스를 한 후 미지근한 물로 헹궈 준다. 마지막으로 드라이어로 털을 말린 다음 빗질을 해준다.

3. 발톱깍기

실내에서 키우는 고양이의 경우, 발톱이 너무 자라면 부러진다든지 갈라질 수 있다. 그래서 건강한 발을 간직하려면 발톱을 잘라 주어야 한다. 보통 앞발의 발톱은 약 2주일, 뒷발의 발톱은 3~4주일 간격으로 잘라주도록 한다. 동물전용 발톱깍기를 사용하여 발의 앞부분을 위에서 아래로 살며시 누르면 발톱이 나온다.

발톱 안에는 혈관이 있으므로 발톱깍기는 혈관 바로 앞에까지만 하며 잘라준다. 발톱을 자르다가 출혈이 나올 경우 당황하지 말고 압박지혈을 실시한다. 즉, 깨끗한 솜을 대고 출혈점을 누르면 가벼운 출혈은 곧 지혈이 된다. 그러나 계속 출혈이 나온다면 즉시 동물병원으로 데려 가야한다.

Chapter 15

반려 고양이 질병과 예방

Companion Cat Disease and Prevention

I. 반려 고양이 질병과 예방

반려 고양이 질병과 예방

학습목표
1. 반려 고양이의 질병에 대해 이해 할 수 있다.
2. 반려 고양이의 질병에 따른 예방방법에 대해 알 수 있다.

1. 고양이의 비전염성 질병

1) 심근병 (Cardiomyopathy)

(1) 원인

타우린과 같은 필수 영양소의 부족으로 알려져 있다. 심장은 4개의 방이 있는데 튼튼한 심근으로 이루어져 있어 혈액을 온몸에 퍼지도록 도와주는 펌프와 같은 역할을 하고 있다. 그런데 고양이가 심근증에 걸리면 4개의 방(chamber)은 심장벽은 안쪽에 향해 비대해져 방이 점점 좁아지게 된다. 그 결과 심장에서 전신에 보내는 혈액의 양이 감소하여 순환 장해에 빠지거나, 작은 혈액 덩어리가 작은 혈관을 막아 혈전증이 발생한다.

(2) 증상

특징적인 증상은 없지만 가벼운 운동을 해도 기침을 하며 청색증이 관찰되어 혀의 색깔이 보라색으로 나타난다. 진행이 되어 호흡 곤란이 생기면 마치 개처럼 혀를 내밀고 헐떡거린다.

(3) 진단과 예방

혈액 검사, 심전도, X-ray 촬영으로 정확하게 진단할 수 있다. 예방은 특별한 방법은 없지만 평소의 타우린 부족을 일으키지 않도록 고양이전용 사료를 주어야 한다.

2) 만성 신부전(Chronic renal failure)

(1) 원인과 병의 진행

원인은 여러 가지 병원체의 감염, 중독성 물질의 섭취, 선천적인 이상 그리고 면역기관의 장애이다. 고양이의 사구체 개수는 사람의 약 1/4밖에 되지 않아 신부전에 걸리면 매우 위험한 상태가 될 수 있다. 실제로 신부전은 고양이의 주요한 사망의 원인이 되고 있다.

(2) 증상

처음 증상은 물을 자주 마시고 오줌의 양도 많다. 식욕이 떨어지며 여위고 기운이 없어진다. 신부전이 진행되어 요독증을 일으키면 구토, 식욕도 없고, 더욱 진행되면 신경증상을 일으켜 경련을 일으킬 수 있다.

(3) 진단과 주의사항

혈액 검사를 통해 진단할 수 있다.

만약, 고양이가 만성 신부전증이라면 다음의 주의사항을 따라야 한다.

- 신선한 물을 언제라도 자유롭게 마실 수 있도록 준비해 두어야 한다.
- 고양이가 스트레스를 받지 않도록 해야 한다.
- 수의사의 지시에 따르고 적절한 식이 요법을 실시한다.
- 고양이를 자주 관찰하고 이상이 있으면 곧바로 수의사와 상담한다.

3) 자궁축농증(Pyometra)

(1) 원인

자궁 세균감염으로 농이 쌓인 상태를 자궁 축농증이라고 한다. 자궁은 농(고름)으로 가득 차 있어 복부 전체를 차지하여 배가 많이 부른 상태가 된다. 그래서 임신을 한 것으로 착각하기도 한다. 감염세균에 의하여 요독증이 발생하면 치명적인 여러 가지 장해를 일으킨다.

(2) 증상

기운이 없으며 식욕 저하, 발열, 복위팽만, 구토, 다음(물을 많이 마심), 다뇨, 그리고 생식기에서 분비물 등이 전형적인 증상이다.

(3) 예방과 치료

고양이가 성적으로 성숙하면 이 병에 걸릴 가능성이 있다. 중성화수술(난소, 자궁적출수술)을 하면 미리 막을 수 있다. 치료는 수술적 방법과 약물요법이 있지만 약물요법은 재발의 위험이 있어 수술을 하는 것이 좋다.

4) 고양이의 Struvite결석증 증상

(1) 고양이의 Struvite결석증 증상

- 소변을 빈번히 보고 생식기를 자주 핥는다.
- 소변 보는 시간이 길어지고 통증을 동반 한다.
- 소변에 때때로 혈액이 보인다.
- 식욕이 감소한다.

(2) 진단

- 소변검사, 혈액, 단백질, 결정체 검출
- ph측정 세균배양
- X-Ray

(3) 지켜야 할 사항

- 신선한 물을 항상 공급한다.
- 하루 식사량을 조절한다.
- 하루 3~4회 먹이 공급

(4) 물 공급과 뇨 희석

- 소금은 물 섭취를 증가 시킵니다.
- 소변량이 증가하면 뇨결석의 위험성이 줄어 듭니다.
- 다량의 소변은 인과 마그네슘 농도를 묽게하고 결석 형성의 위험을 줄여 줍니다.

5) 구내염과 충치

(1) 원인

구내염을 일으키는 원인은 다양하지만 전염성 전신 질병을 유발하는 전염병에 걸린 경우와 치석이나 이것으로 인한 세균 감염, 진균(곰팡이)감염, 비타민 결핍, 신장병 그리고 자기면역 질환 등이 원인이 될 수 있다.

(2) 증상과 치료

증상은 침을 흘려 입 주위가 지저분해지며, 입의 통증으로 사료를 먹고 싶어도 먹을 수 없다. 치료는 원인 치료가 바람직하지만, 전신 전염성 질환인 경우에 의한 구내염이라면 대증치료를 합니다.

6) 헤어볼(Hair ball)

(1) 원인

고양이는 자기 털을 핥고 다듬는 습관이 있어서 털을 많이 삼키게 되는데, 털은 소화가 되지 않으므로 변과 함께 배출되기도 하지만 배출되지 않은 털은 위에 남아 서로 엉키게 된다. 이것을 헤어볼(Hair ball)이라 하고 야구공 보다 단단하며 크기도 다양한데 위나 기도에 생기기 쉬우며 발생 빈도는 50~80%에 이른다. 자기 털을 유난히 자주 핥거나 길고 굵은 털을 가진 고양이들이 헤어볼 또는 모구증(毛球症)이 발생할 확률이 더 높다.

(2) 증상

크기가 작은 경우에는 별 문제가 되지 않으나 커지면 소화 기능이 저하되고 심하면 장을 막을 수도 있다. 헤어볼은 소화가 불가능하므로 고양이들은 입으로 뱉어내려고 애를 쓴다. 기침을 하며 입을 벌리고 헛구역질을 하거나 토한다. 주로 나타나는 증상은 설사, 변비, 또는 잦은 구토 등이다.

(3) 헤어볼 발생을 증가 시키는 요인

- 봄, 가을 털갈이 철이 한창일 때
- 피부나 털이 건강치 못할 때
- 스트레스가 심할 때
- 어미 고양이가 갓 낳은 고양이 털을 핥아 주는 시간이 길 때
- 주인이 고양이 털을 충분히 빗질해 주거나 다듬어 주지 않을 때

(4) 헤어볼 예방법

털갈이 철을 비롯해 평소 브러시 질을 자주 해주는 것이 효과적인 예방이며 고양이에게 물리적인 부담을 주지 않는 환경을 조성해서 스트레스 탈모를 줄인다. 수위사의 정기적인 검진도 필요하다. 최근에는 고양이 사료에 헤어볼 제거 성분이 포함된 사료가 시판되고 있어 이러한 사료의 급여로 질병의 예방에 도움이 된다.

(5) 치료

심하지 않은 경우 헤어볼 제거제를 먹이고 이로써 해결이 되지 않는 경우 외과적 수술을 한다.

(6) 헤어볼 제거제 : 사하제, 윤활제, 효소 섬유질 등

2. 고양이의 전염병

1) 바이러스

(1) 광견병 (Rabies)

광견병 바이러스 감염에 의하여 유발되며 광견병에 걸린 야생동물 또는 다른 동물에 의해 물릴 때 생긴 상처로 체내에 들어온 바이러스가 신경세포를 타고 뇌로 들어가 뇌세포를 손상시켜 신경마비와 광폭증상을 보이다 치명적으로 사망한다.

(2) 범백혈구감소증 (Feline panleukopenia, FPV)

고양이 홍역(distemper) 또는 고양이 전염성 장염이라고 불리기도 하는 바이러스 질환으로 고양이 파보바이러스 감염에 의한다. 혈액속에 모든 백혈구가 감소하는 것으로, 심한 장염을 일으키는 것이 특징이다. 초기에는 발열과 식욕부진이 나타나고 물도 먹지 않으며 구토나 탈수를 일으키고 계속해서 설사를 하는 경우가 있다. 적절한 치료를 받으면 거의 한 주간 이내에 식욕이 회복되지만 새끼의 경우나 합병증을 가지고 있는 경우에는 사망률이 높다. 원인이 되는 파보바이러스는 저항력이 강하고, 통상적인 소독으로는 효과를 기대할 수 없다.

(3) 백혈병바이러스 감염증 (Feline leukemia virus, FeLV)

레트로바이러스에 속하는 고양이 백혈병바이러스 감염에 의해 유발된다. 백혈구에 암이 유발되는 것으로 이 병에 걸린 고양이의 타액에는 대량의 바이러스가 존재하므로 같은 식기로 먹던가, 몸을 서로 핥는 것으로 감염된다. 2마리 이상 기르는 경우는 정기적으로 검사를 하고, 이 바이러스를 가지고 있는 것을 알게 되면 고양이의 사인에 크게 연관된 병으로, 감염되면 임파 B종이나 백혈병을 일으킬 수 있다. 또, 증상이 나타나지 않은채 전적으로 쇠약해져 여러 가지 증세를 나타내는 소위 후천성 면역부전 상태가 되며 다른 병을 합병하는 경우도 있다.

(4) 고양이 바이러스성 호흡기 질환

2개의 바이러스(칼리시바이러스, 허피스바이러스)에 의해 발생하는 경우가 많다.

① **고양이 비기관염** (Feline rhinotracheitis)

- 고양이 허피스 바이러스(Feline herpesvirus)감염에 의한다.

② **고양이 칼리시바이러스**(Feline calicivirus)

- 고양이 칼리시 바이러스(Feline calicivirus)감염에 의한다.

이것들은 공통된 증상이 많으며, 반드시 구별된다고는 할 수 없다. 재채기, 결막염, 콧물, 기침, 침흘림, 구내염 등이 나타나며 발열을 하며 식욕이 없어진다. 한번 걸려도 면역이 있는 기간이 짧고, 재감염되는 병이다. 전염력이 강한 병으로 증상이 가라앉아도 바이러스를 장시간 체내에 가지고 있다거나 가벼운 증상으로 감염이 지속되거나 또 만성축농증으로 변하는 경우도 있다.

(5) 전염성 복막염 (Feline infectious peritonitis, FIP)

고양이 코로나바이러스가 원인으로 생기는 병으로 전신의 장기를 침입한다. 복막염으로 인해 복수가 차거나, 가슴에 물이 차는 경우가 있다. 또 복수나 물이 가슴에 차지 않는 경우도 있으며, 눈이나 뇌에 이상이 생기는 경우도 있다. 병이 진행해도 비교적 식욕이 있는 경우가 많으며, 증상이 나타난 고양이는 서서히 소약해지고 회복의 기미가 없어져 버린다.

(6) 고양이 면역결핍증 바이러스 (Feline immunodeficiency virus, FIV)

고양이 면역결핍바이러스가 원인으로 생기는 병으로 면역 저하로 만성 구내염, 치은염, 기도염, 임파절 부종, 설사와 빈혈 증상을 보인다.

2) 클라미디아

Chlamydia Pschittasi 감염에 의한다. 결막염이 유발된다.

3) 기생충

(1) 톡소플라즈마

원충에 의한 전염병으로 사람과 고양이에 공통된 인수공통전염병이다. 원충은 고양이 몸 어딘가를 침입, 발열, 폐렴, 설사, 간장애(황달) 등의 여러 가지 증세를 일으킨다.

가. 생활사와 형태

반달형 모양의 원충으로 원충의 동물계와 식물계의 중간 단계에 해당하는 생물이다.

나. 인체감염경로

① 후천성 감염 : 식육(食肉) 중에서 외계에 분산하여 흙이나 식품 중에서 경구섭취. 잘 익혀지지 않은 상태의 돼지고기. 고양이 분변에서 유래한 것

② 선천성 감염 : 톡소플라즈마 원충에 감염된 임산부에서 태반을 통하여 태아에 감염.

다. 병원성

모체로부터 감염된 신생아에서는 뇌수종, 뇌염 등의 치명적인 증상을 일으킨다. 임산부의 경우에 유산, 사산 등의 치명적인 결과를 얻을 수 있어 고양이를 사육하는 가정에서는 임산부가 있는 경우에 톡소플라즈마 구충에 각별한 주의가 요망된다.

(2) 회충

가. 생활사와 형태

고양이 회충은 고양이가 회충 충란에 오염된 음식물이 등의 섭취를 통하여 전염된다. 섭취 후 회충의 알(egg)은 부화하여 자충이 되어 소장을 뚫고 복강으로 나와 다시 간장이나 피하로 파고 들어 간다. 그리고 다시 폐를 거쳐 기관지를 지나 다시 소장에 들어가서 회충으로 성장한다. 이렇게 회충의 자충은 고양이의 몸을 돌아다니면서 성장해 가기 때문에 내부장기는 치명적인 손상을 입게 된다. 또한 고양이회충은 어미의 태반을 거쳐서 자궁에 있는 태아에 감염될 수 있다. 드물지만 고양이의 몸을 돌고 있는 중에 뇌로 이행되어 자라는 경우도 있다.

나. 예방 및 치료

회충감염은 어린 고양이에게 특히 피해가 크기 때문에 어린 고양이는 동물병원을 방문하여 건강진단과 분변검사를 받아 보아야 한다. 생후 4~6주경에 구충한 후 생후 4개월이 되면 3주 간격으로 구충제를 투여한다.

(3) 조충

고양이조충은 길이가 15~40cm로 체절을 가지고 있으며 고양이의 소장에 기생한다. 오이씨 모양의 편절 또는 조충 자신이 신축운동을 하면서 항문을 통해 기어 나온다.

배설된 알(egg)을 쥐(또는 토끼)의 입을 통해 쥐의 몸 안으로 들어간다. 그 쥐를 고양이가 잡아 먹게 되면 소장벽에 기생하여 성충이 된다. 쥐나 토끼가 중간 숙주로 전염의 매개가 된다. 또한 조충의 전염은 벼룩이나 이와 관련이 있는데, 조충의 알은 벼룩에게 잡아 먹혀 그 안에서 발육한 뒤 벼룩이 성숙하여 흡혈을 할 때 감염능력을 가지게 된다. 고양이가 자기의 몸을 핥을 때 감염된 벼룩이 입으로 들어가 감염을 일으키게 된다.

(4) 콕시디움 감염증

몸이 약한 고양이가 감염되면 증상이 특히 심하며 장에 많은 병변을 일으킨다. 감염 후 3~5일 정도의 잠복기를 거친 뒤 수양성(watery) 설사가 시작되고 식욕 저하 또는 아무것도 먹지 않고 심한 점액성 혈변을 배출한 후 결국 사망하게 된다.

고양이 변을 통해 배출이 되므로 변은 바로 치워야 하며, 고양이 식기나 용품은 뜨거운 물로 열탕 소독을 하여 다른 고양이가 감염되지 않도록 주의를 해야 한다.

(5) 벼룩 감염증

만약 많은 수의 벼룩이 고양이 몸에 기생하여 장기간에 걸쳐 다량의 피를 흡혈하면 빈혈이 생길 수도 있다. 또한 벼룩에 흡혈했던 부분은 빨갛게 일어나며 알러지를 일으켜 고양이가 가려워 할 수도 있다.

벼룩 알러지는 벼룩의 수에는 관계가 없이 한 마리의 벼룩이라도 흡혈을 하면, 벼룩의 타액 때문에 전신적인 알러지 반응을 일으킬 수 있다. 또한 벼룩은 조충(유충) 감염을 일으키기도 한다.

(6) 외이염과 귀진드기 감염증

가. 원인

귀 안에 작은 개선충이라고 하는 일종의 진드기가 기생하여 일어나는 병이다. 귀속에서 암갈색의 귀지가 보이며 매우 전염력이 강하여 다른 고양이에게 옮기고, 심하게 긁으면 머리나 귀에 상처가 생길 수 있으며 이혈종으로 진행될 수도 있다.

나. 증상

고양이의 귀가 세균, 귀진드기, 진균(곰팡이) 등에 감염이 되면 심하게 머리를 흔들거나 몹시 가려워 한다. 심한 악취가 나며 지저분한 더러운 귀지가 쌓여 있다. 치료가 되지 않으면 중이염, 내이염으로 진행될 수도 있다.

4) 진균(곰팡이) 감염증

(1) 곰팡이성 피부병

가. 원인과 증상

주로 털 관리가 제대로 되지 않아 곰팡이에 감염되어서 발생하는 피부병이다. 증상은 털이 많이 빠지고 가려움증을 동반하며 몸 전체로 번진다. 또한 피부에서 하얀 비듬이 많이 떨어진다.

나. 예방

고양이의 털은 섬세하고 촘촘하기 때문에 털에 남아 있는 습기는 곰팡이성 피부병을 일으킬 수 있다. 털의 청결과 건조가 무엇보다 중요하다. 그러므로 평소에 햇볕을 많이 받도록 해야 하고, 고양이 주변 환경이 통풍이 잘 되게 해 준다.

털이 빠져 있는 곳만을 부분적으로 치료를 하면 재발할 수 있다. 전신치료가 원칙이다. 먹는 약, 약용 샴푸와 연고를 함께 치료를 해야 빠른 효과를 볼 수 있다

3. 전염병의 예방접종

1) 고양이 예방접종 종류

(1) 3종 종합백신

고양이 범백혈구감소증(Feline Panleukopenia virus, FPV)과 바이러스성 호흡기질환으로 고양이 바이러스성 비기관염(Feline Viral Rhinotracheitis), 고양이 칼리시 바이러스(Feline Calici virus)의 3개 병원체에 대한 예방

(2) 4종 종합백신

3종 종합백신 병원체 + 클라미디아의 4개 병원체에 대한 예방

(3) 단독백신

① 고양이 전염성 복막염(Feline infectious peritonitis, FIP)
② 고양이 광견병 : Ravies virus 예방
③ 고양이 백혈병 바이러스(Feline leukemia virus) 병원체 예방
④ 고양이 면역결핍 바이러스(Feline immunodeficiency virus, FIV) : lentivius 일종

2) 고양이 예방접종 스케쥴

고양이 백신은 생후 8주령부터 접종하는데, 종합백신은 흔히 3종 백신으로 「백혈구감소증(FPV)+바이러스성 호흡기질환(FVR, FCV)」의 3개 병원체에 대한 백신이 혼합되어 있는 제재를 많이 사용하며, 생후 8주부터 접종을 시작하여 3~4주 간격으로 3회를 실시한다. 이후 매 1년에 한번이상 추가접종을 해주며 종합백신 추가접종 시에는 고양이 백혈병 바이러스 검사를 필수적으로 해주어야 한다.

12주령에 고양이 백혈병 바이러스 백신 1차접종, 16주령에 2차, 이후 1년에 1회 추가 접종한다.

고양이 전염성복막염과 고양이 광견병 예방주사는 생후 16주령에 1차 접종한 후 매년 추가 접종을 한다.

고양이의 기생충 감염은 때로 사람에게도 옮겨 질 수 있기 때문에 기생충 검사 후 건강상태에 따라 구충제를 먹여야 한다.

연 령	백 신 종 류
6~8주령	1차 : 3종종합백신 「백혈구감소증(FPV) + 바이러스성 호흡기질환(FVR, FCV)」
12주령	2차 : 3종종합백신 「백혈구감소증(FPV) + 바이러스성 호흡기질환(FVR, FCV)」 1차 : 백혈병(FeLV)
16주령	1차 : 전염성복막염(FIP), 광견병(rabies) 2차 : 백혈병(FeLV) 3차 : 3종종합백신 「백혈구감소증(FPV) + 바이러스성 호흡기질환(FVR, FCV)」
매년	3종종합백신 「백혈구감소증(FPV) + 바이러스성 호흡기질환(FVR, FCV)」, 백혈병, 광견병

Chapter 16

반려 고양이 기초 미용 관리

Based beauty care cat companion

I. 반려 고양이 기초 미용 관리

I

반려 고양이 기초 미용 관리

학습목표
1. 반려 고양이의 기본적인 미용관리에 대해 알 수 있다.

1. 미용

피모를 중심으로 해서 귀, 눈, 발톱 등의 손질을 '미용'이라 한다. 고양이가 잘 손질되어 있으면 보기에도 아름답다. 또 피부병 발생률도 현저히 줄게 된다. 건강한 일상 생활을 계속하기 위해서는 반드시 필요한 일 가운데 하나이다. 필요한 도구는 여러 가지의 빗과 브러시, 애완동물 전용삼퓨와 린스 등이다.

1) 장모종 미용

손끝으로 빗기면서 성긴 빗으로 모근 쪽부터 쓸어 올려가며 엉킨 부분을 가위로 옆으로 눕혀서 잘라주고, 빗으로 조금씩 빠진 털을 제거 한다. 목이나 겨드랑이 아래, 귀 뒤, 아랫배 등은 피모가 엉키기 쉬우므로 잘 살펴보도록 한다.

엉킨 것이 남아 있으면 그 주변의 털도 함께 달라붙기 때문이다. 드라이 파우더를 모근에 뿌려 브러싱과 함께하면 피모의 기름기를 흡수해서 브러시 사용이 편해질 뿐만 아니라 파우더와 함께 더러움을 제거해 줄 수 있다. 브러싱은 털을 일으켜 세워 듯이 털의 밑뿌리에서 위로 쓸어 올리듯이 빗어주는 것이 요령이다. 가는 빗으로는 머리털을 세우듯이, 또 뺨의 털은 옆으로 빗어주는 것이다.

2) 단모종 미용

우선 손바닥을 적셔서 고양이의 전신을 상하 또는 원을 그리듯이 몇 번이고 되풀이한다.

털 손질을 하기 전에 하는 마사지는 털이 위로 떠오르도록 하는데 효과가 있다. 한편 샴고양이가 피모를 손질할 때는 가는 빗을 털의 결대로 천천히 빗어주면 그동안 빠진 털들이 말끔히 제거된다. 또 실크 수건이나 가죽을 사용해서 전신을 골고루 마사지하는 것도 좋은 방법이다.

Chapter 17

반려견 용품 및 특성

Characteristics of Companion Dog's Supplies

I. 반려견 용품 및 특성

I

반려견 용품 및 특성

학습목표
1. 반려견의 용품에 대해 알 수 있다.
2. 반려견 용품들의 특성에 대해 알 수 있다.

1. 반려견 용품의 종류

1) 목걸이

강아지의 목에만 매는 것으로 쓰임새는 이름표를 같이 달 수 있어 신원 파악이 되며 외출 시 목걸이에 강아지 끈을 걸 수 있어 편리합니다. 재질은 가죽과, 비닐, 금속이 있으며 목에 너무 꽉 조이지 않게 조정하며 연결 고리가 튼튼한 것을 고른다.

2) 강아지 줄

강아지를 산책시킬 때 끄는 것으로 튼튼한 것을 먼저보고 다음에 칼라나 굵기를 보고 고른다. 굵기가 가늘면 강아지도 날씬해 보이며 요사이는 다양한 칼라의 끈을 구하기 쉬우므로 강아지의 모색에 맞춰 구입할 수 있다. 재질은 헝겊, 가죽, 나일론 등이 있다.

3) 마스크 (MUZZLE)

재갈이나 부리망의 역할을 하며 평소에 물을 위험이 있는 성견에게 사용하며 강아지나 성견의 치료 시에도 사용하고, 강아지의 질병 시 음식요법이나 단식을 해야 되는 강아지에게도 유용합니다. 갑자기 마스크가 필요할 땐 끈이나 헝겊으로 묶는 방법도 있다.

4) 식기

애견 용품점에서 강아지 종을 말한 후 식기를 사면 강아지에게 알맞은 식기를 구할 수 있다.

만일 구입을 안 하고 가정에서 사용하던 것을 고를 때에는 식기의 바닥면이 윗면보다 같거나 넓은 것을 고른다. 바닥면이 좁으면 식기가 자주 넘어져 집안을 더럽히는 일이 생긴다. 강아지 종의 입의 모양을 고려합니다. 퍼그 같이 입이 짧은 강아지 종은 구경이 넓고, 깊이가 얕은 것을 고르고 콜리와 같이 입이 긴 강아지 종은 구경이 좁고 깊이가 있는 식기를 고른다.

귀가 길게 늘어져있거나 털이 긴 견 종 또한 구경이 좁은 식기를 선택해야 개의 귀나 털이 밥그릇 속에 들어가는 것을 방지할 수 있다. 식기의 안쪽 바닥면과 벽면이 완만한 곡선을 그리는 식기를 고른다. 식기의 바닥면과 벽면이 직각을 이루고 있으면 음식물이 그 사이에 남아있어 매번 세척해야 되는 불편함이 있다. 식기의 재질은 금속재와 합성수지가 있다.

5) 장난감

강아지에게는 노는 일이 매우 중요하다. 어느 동물이나 어린 시절 놀이를 통해 체력을 단련시키고 사냥기술을 습득하기 때문이다. 종류는 주인과 같이 물고 잡아당길 수 있는 PULL 이나 FUN RING, 주인이 던지면 물고 올 수 있는 고무제품, 강아지 혼자 놀 수 있는 고무공이나 CHEW 가 있다.

주인과 던지기 놀이를 할 때에는 막대기나 돌은 피한다. CHEW는 말 그대로 씹는 것으로서 뼈를 압축한 것, 가죽으로 만든 것 등 다양하다. DOG CHEW 의 활용도는 많다. 장난감으로서 뿐만이 아니라 갉아대기 잘하는 강아지에게 있어서는 그 집안의 구두 및 가방 등의 보호, 이갈이를 하는 시기의 강아지에게는 치아 건강, 성견 에게도 치석방지, 나아가서는 강아지의 스트레스 해소용 등에 효과가 있다. 사람도 화가 나거나 불안하면 많이 먹는 스트레스성 비만이 있듯이 강아지를 키우다 보면 강아지가 스트레스를 받았을 때 뭔가를 물어뜯거나 물고 흔드는 모습을 자주 볼 수 있다. 이때 봉제 인형이나 양말 등을 씹으면 털이나 실 등이 강아지의 기도를 막아 질식사하는 경우도 종종 발생한다.

6) 미용 재료

빗, 브러시, 발톱깍이, 칫솔, 샴푸, 린스 등이 있다.

7) 기타

강아지의 목걸이에 다는 메달이나 액세서리, 변기, 생리대 등이 있다. 강아지에게 물건 운반을 시킬 경우 주로 바구니를 사용하는데 이때 바구니는 강아지가 물 수 있는 손잡이가 있고, 강아지가 물었을 때 바구니의 바닥이 지면과 20cm 이상 떨어지는 크기가 적당하다.

손잡이가 얇거나 딱딱할 때에는 그 부분을 헝겊 등으로 싸서 개의 입이 상하지 않게 한다.

Chapter 18

반려 고양이 용품 및 특성

Characteristics of Companion Cat's Supplies

I. 반려 고양이 용품의 종류

II. 반려 고양이 용품의 선택

I 반려 고양이 용품의 종류

학습목표
1. 반려 고양이의 특성을 알아본다.
2. 반려 고양이의 특성에 맞는 용품을 알아본다.

1. 반려 고양이의 특성

반려동물의 용품을 준비할 때는 동물의 행동 및 습성을 알고 이해한 다음 준비하여야 한다.

1) 사냥 본능

고양이는 사냥하려는 본능이 강하기 때문에 움직이는 물건, 움직이는 작은 곤충, 창가에 어른거리는 아지랑이 등을 보면 잡으려는 습성이 있다. 이러한 움직이는 물체를 잡아 사냥 욕구를 표출하는 고양이의 습성을 이해하여 캣타워 등 고양이가 움직이면서 놀 수 있는 공간이나 용품을 제공해 주거나 움직이는 장난감을 준비한다.

2) 청결 본능

고양이는 청결을 유지하려는 습성이 있기에 자신의 몸을 핥는 그루밍이라는 행동을 통하여 몸을 깨끗하게 한다. 또한 고양이는 사람의 힘에 의해 제지당하며 물에 몸을 닿는 목욕을 쉽게 허락하지 않으므로 잦은 목욕은 고양이에게 많은 스트레스를 줄 수 있다. 이로 인해 집에서 기르는 고양이는 목욕을 자주 하기도 힘들며 그럴 필요도 없다. 또한, 모래로 자신의 배변을 덮기 위해 모래가 있는 곳에 배변을 보기 때문에 모래를 채운 화장실이 필요하다.

3) 영역 본능

고양이는 자신의 영역을 냄새로 표시하며 그 영역 내에 다른 고양이가 들어오게 되면 공격적으로 변하여 영역 싸움이 벌일 수 있다. 고양이는 오줌을 싸거나, 꼬리, 이마, 입술, 그리고 앞발의 밑부분과 같은 향선이 위치한 곳을 문질러서 냄새를 남기고 영역표시를 한다. 그러므로 여러마리의 고양이를 기르는 경우 각 개체별 공간 및 식기가 필요하다.

4) 독립성

길고양이는 일정한 개월 수가 되면 홀로서기를 통해 어미에게서 독립을 하게 되므로 외로움을 크게 타지 않는다. 하지만 집에서 사람과 함께 생활하는 반려 고양이의 경우 새끼였을 때부터 사람에게 키워졌기 때문에 사람에게 의존적이고 독립성이 약해지므로 외로움을 많이 탄다. 그러므로 혼자 있는 시간이 많은 반려 고양이의 경우 외로운 시간을 달래줄 수 있는 다양한 장난감이 필요하다.

2. 반려 고양이의 용품

1) 식기 (밥그릇 물그릇)

여러 마리를 함께 키우는 경우 건강상의 이유 뿐만 아니라 식사 중 스트레스를 줄이기 위해서는 개체별 식기를 준비해 두는 것이 좋다. 밥과 물을 담는 그릇은 매일 매일 씻어 주어 물이끼가 끼는 등 오염된 식품을 섭취하지 않도록 유의한다.

2) 사료

자묘용, 성묘용, 노령묘용 등 나이에 따라 요구하는 영양소가 차이가 있으므로 연령에 맞는 사료의 선택이 필수적이다. 또한 강아지와는 필수 영양소에서 차이가 나므로 반드시 고양이 전용 사료를 주어야 한다.

3) 스크래쳐

고양이들은 성장하면서 자라나는 발톱을 손질하기 위해 여기저기 스크레치를 하는데 이는 고양이의 본능적 행동으로 가구나 벽 등 여기저기 스크래칭을 하는 습관을 갖게 되면 고치기 힘들 수 있으므로 고양이용 스크레처를 구입해서 발톱을 긁을 수 있도록 해주는 것이 좋다.

4) 장난감

고양이는 강아지에 비해 외로움을 잘 타지 않는다고 알려져 있지만, 반려 고양이로 새끼였을 때부터 사람에게 키워진 고양이는 사람에게 의존적이게 되어 독립성이 약해진다. 단지 강아지에 비하여 표현을 잘 하지 않는 것일 뿐이지 고양이 역시 사람의 사랑을 필요로 하고 외로움도 잘 느끼므로 외로움이나 지루한 시간을 달래기 위한 장난감이 꼭 필요하다. 특히 새끼고양이 시절에는 호기심이 많으므로 장난감이 더욱 필요하며 에너지가 넘치는 시기이므로 집안을 돌아다니며 사고를 일으킬 수도 있으므로 하루 조금씩이라도 시간을 내서 꼭 놀아주도록 한다.

5) 화장실과 모래 주걱

대소변을 본능적으로 모래에 싸고 보이지 않도록 묻는 습관을 가지고 있기 때문에 화장실과 모래는 꼭 필요한 필수 용품이다. 용변을 보는 동안 고양이는 무방비 상태이므로 남들에게 발견되기 쉬운 복도나 문간 등 너무 밝은 곳이나 트인 곳 보다는 조용하고 통풍이 잘 되는 깨끗한 장소가 고양이 화장실을 두기에 좋은 장소이다.

한집에 여러마리의 반려 고양이를 기르는 경우에는 반드시 한 마리가 하나의 화장실을 사용해야 하는 것은 아니지만 너무 많은 고양이에게 모래상자 하나를 공유하게 하면 모래화장실 사용을 거부하는 일이 생길 수 있다.

6) 전용 모래

모래로 자신의 배변을 덮기 위해 모래가 있는 곳에 배변을 보기 때문에 모래를 채운 화장실이 필요하다.

7) 목욕 등 청결용품

강아지와 비교해 정기적으로 목욕을 해 주어야 하는 간격이 넓고 물을 싫어하는 경우가 많으므로 잦은 목욕이나 미용 등으로 스트레스를 주지 않는 것이 좋다.

고양이 전용 샴푸를 사용하며 정전기 방지 및 털의 건강을 위해서 린스를 사용하기도 한다.

8) 발톱깍이

사람을 공격하지 않도록 잘 훈련된 고양이라고 해도 극도로 긴장했을 때나 흥분했을 때, 낯선 사람을 만났을 때에는 자기도 모르게 사람을 다치게 할 수도 있다. 이런 일이 생기지 않도록 정기적으로 발톱을 깎아주어야 하는데 발톱깎이는 사람용과는 다르게 가위형태로 생긴 고양이 전용을 준비한다.

9) 빗

고양이는 반려동물 중 가장 털빠짐이 심한 동물이라고 할 수 있다. 보통 야생 상태에서 고양이는 봄과 가을철에 털갈이를 하지만, 실내에서 생활하는 반려 고양이의 경우 계절이 거의 비슷한 온도나 일조량 하에서 생활하기 때문에 일년 내내 털갈이를 한다. 정기적으로 빗질을 해주거나, 털의 건강에 도움을 주는 사료를 먹이면 털빠짐이 줄어들기도 한다.

10) 이동장

고양이는 낯선 장소에서 예민하게 반응하므로 잔뜩 긴장한 상황에서 돌발상황이 발생하는 경우 사람의 품을 박차고 뛰어 나가버리기 때문에 그냥 안고 외출하는 경우 분실 위험성이 매우 크다. 낯선 환경에 고양이를 데리고 외출하거나 병원에 가는 등 이동시에는 스트레스를 줄이고 분실 방지를 위해서 반드시 이동장이 필요하다.

Q&A

아기 고양이는 우유를 좋아하나요?

고양이의 몸에는 유당 분해효소(lactase)가 부족하여 우유 속에 함유되어 있는 유당(lactose)으로 인해 설사를 할 수 있으므로 적합하지 않다. 간식으로 줄 때에는 젖당을 제거한 고양이 전용 우유를 제공한다.

고양이에게 생선은 좋은 음식일까요?

단백질이 풍부하고 고양이도 좋아하는 식품이지만 살모넬라균에 의해 식중독이 발생할 우려가 있고 기생충에 감염될 수 있으므로 완전히 익혀 주는 것이 좋다. 또한 생선뼈가 목에 걸리거나 입속에 상처를 낼 수 있기 때문에 날생선은 피하는 것이 좋으며 통조림 참치의 염분이나 기름기 역시 문제를 일으킬 수 있으므로 특히 통조림 참치는 주지 않는 것이 좋다.

반려 고양이 용품의 선택

학습목표 1. 각 반려 고양이에 맞는 용품을 선택한다.

1. 반려 고양이 용품의 선택

1) 식기(밥그릇 물그릇)

재질에 따라 스테인리스, 도기 재질, 플라스틱 등이 있는데 경제적으로 많이 저렴한 플라스틱은 세균번식이 용이하므로 주의하여야 하고 고양이의 발톱에 의해 스크래치가 많이 생길 수 있으므로 자주 교체해 주어야 한다. 도기 재질의 식기는 고양이들의 장난에 깨지는 경우가 생길 수 있으므로 유의하도록 하고 적당히 무게가 있는 식기를 선택하며 사류와 물그릇이 따로 분리되는 식기가 위생적이다.

2) 사료

고양이의 건강 상태, 성향, 나이, 사육 환경 등을 종합적으로 고려하여 사료의 종류를 고른다. 보통 건강한 12개월 이하의 고양이는 새끼 고양이용(kitten) 전용 사료를 먹이고 1살 이상은 어른고양이용(adult) 사료를, 7살 이상은 나이든 고양이용(senior) 사료를 먹인다.

(1) 유기농(Organic)

제조과정에서부터 일체의 합성비료이나 농약, 항생제, 유전자 조작식물(GMO)이나 환경호르몬이 사용된 바 없으며, 제품에서 검출도 되지 않아야 하며 유기농 제품을 재배 한 농장은 최소한 최근 3년간 유기농방식으로 경작해야 한다.

AAFCO 기준에 따라 재료명(ingredient)에 Organic이라는 표현이 들어가고, 공신력 있는 인

증기관으로 부터 Organic 인증을 받은 사료를 위미한다. 유기농은 독자적인 등급이 아니고 재료가 유기농인지를 표시한 것으로 안정성의 문제이니 품질의 문제는 별도로 판단해야 한다.

(2) 홀리스틱 (최고급사료)

미국 농무성(USDA) 인증 재료로 휴먼그레이드(human grade) 또는 from USDA(또는 FDA) approved plant 라고 표시되며 검사결과 bha, bht, ethoxyquin등 합성 방부제 및 살충제, 항생제 등이 검출되지 않아야 한다.

가공하지 않은 곡물을 통째로 사용하며(Whole Ground ~), 옥수수, 콩, 밀과 같은 알러지 유발가능성 있는 작물을 사용하지 않아야 한다. 또한 육류의 함량이 높고, 다수의 허브, 과일, 야채, 유산균 등을 사용하며 영양가가 파괴되지 않게 비교적 저온으로 조리하고, 흡수가 용이한 킬레이트 형식(Chelated Mineral)의 미네랄을 사용한 사료를 의미한다. 환경 호르몬이 함유되어 있지 않고(Hormone Free), 일부 제품은 유전자 조작 식물(GMO)를 사용하지 않았다고 표시한다.

(3) 슈퍼프리미엄 (고급사료 지칭)

일반적으로 육류함량이 곡물보다 높으며 가장 큰 특징으로 부산물, 육분, 육골분을 사용하지 않는 사료를 의미한다. 일반명칭의 재료 보다는 특정명칭의 재료를 사용(ex. chicken meal〉 poultry meal, Chicken fat〉 Animal Fat)한다. BHA, BHT, 프로필갤레이트(Propyl Gallate), 솔빈산칼륨(Potassium Sorbate), 솔빈산(Sorbic Acid), 프로필렌글리콜(Propylene Glycol), 에톡시킨(Ethoxyquin), 프로피온산 나트륨(Sodium Propionate), 안식향산나트륨(Sodium benzoate) 등 합성보존료 또는 합성항산화제를 사용하지 않고(일부는 예외), 비타민C, 비타민E(Mixed Tocopherol), 로즈마리액기스 등으로 보존한다. 다만 옥수수, 콩, 밀과 같은 알러지 유발작물이나 gluten meal, brewers rice, Bran, Hulls, Malt 같은 영양가 없는 Filler(양을 채우기 위해 쓰는 보충제)나 조각난 곡물을 사용한다. 단 일부 제품의 경우 일부재료에 있어서 휴먼그레이드의 재료를 사용하며 정맥보리나 쌀겨의 경우는 홀리스틱급에도 사용한다.

(4) 프리미엄 (일반사료)

가장 큰 특징으로 부산물을(by-products) 사용하며 영양가 없는 filler의 비중이 많으며, poultry, animal fat, vegetable oil, fish meal 같은 일반명칭의 출처불명 재료를 사용한다. 기호성을 높이기 위해 육류를 효소로 처리한 digest류를 사용하며 제품에 따라 합성방부제사용, 고온처리, 간혹 Soybean meal(대두박)같이 강아지에게 고창증을 일으킬 가능성이 있는 재료도 쓰인다.

(5) 마트용 사료(저급한 사료 지칭)

일반적으로 저급한 사료를 지칭할 때 쓰는 말로 저가의 재료, 고열처리, 육류보다 곡물비중이 높고 곡물도 찌꺼기, 인공방부제, 색소, 향미로, 소취제 등을 사용하고 좋지 않은 기름, 각종 부산물이나 내장, 육골분 등 안 좋은 재료를 사용한다. 필수지방산의 비중이 낮고 곡물 가공 찌꺼기도 쓰일 수 있다. 4D(dead, dying, diseased, or disabled- 도살장 도착시 기준) 육류제품도 사용되었을 수 있다.

3) 스크래쳐

▌그림 18-1▌ 종이로 된 저가형 스크래쳐(좌)와 원목, 헝겊 드을 사용한 고가형 스크래쳐(우) 고양이의 성향 및 경제적 상황을 고려하여 구매 가능하다.

4) 화장실과 모래 주걱

일반적으로 네모난 플라스틱 재질로 되어 있으며 어린 고양이를 위해서는 출입하기 편하도록 입구가 너무 높지 않은 것을 쓰거나 드나들기 쉽도록 계단을 만들어 준다. 지붕이 있는 것과 없는 것이 있으니 환기 시기 및 경제적 상황, 사육환경 등을 고려하여 선택한다.

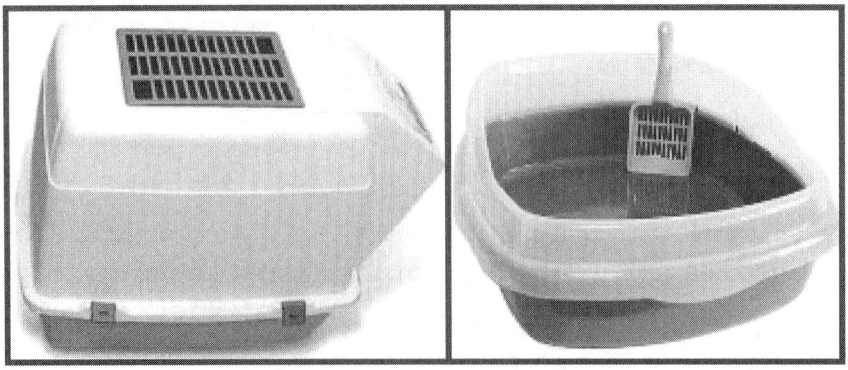

▌그림 18-2▌ 지붕이 있는 화장실(좌)과 지붕이 없는 화장실(우)

5) 전용 모래

용변 후 배설물이 자동적으로 굳어지게 해서 전용 주걱으로 건져낼 수 있는 종류도 있고 먼지를 최소화한 종류도 있으며 화장실용 모래는 일반 모래와는 달리 항균, 악취제거 기능도 있다.

(1) 흡수형 모래

대변으로 떠서 변기에 버리고 소변은 계속 흡수되도록 놔둘 수 있으므로 모래 소모가 적으나 냄새가 나는 단점이 있고 싫어하는 고양이가 있을 수 있다.

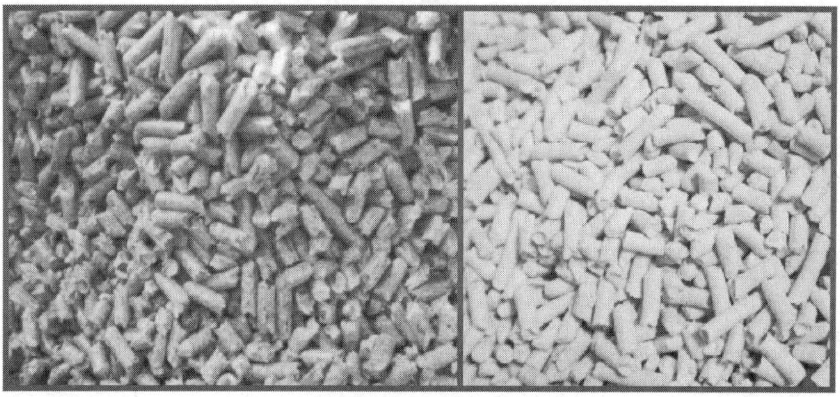

▌그림 18-3▐

(2) 응고형 모래

흡수형 모래보다는 냄새가 많이 나지 않고 고양이들이 가장 좋아하는 형태이나 집안에 모래가 날릴 수 있고 모래 소모량이 많아 유지 비용이 올라가는 단점이 있다.

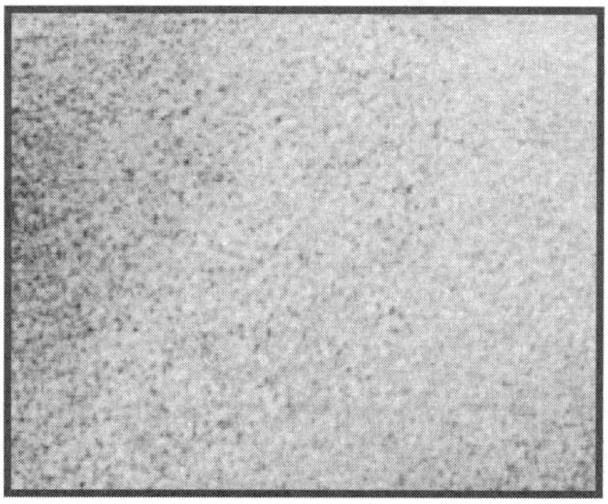

▌그림 18-4▐ 응고형 모래

(3) 실리카겔 모래

일반적인 모래 모다는 먼지가 적고 가벼운 편이나 밟는 촉감이 모래와 달라 싫어하는 고양이도 있다.

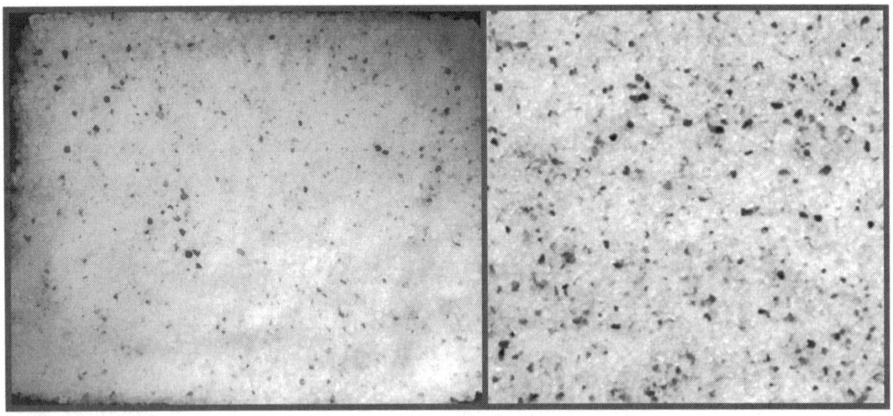

▌그림 18-4▌ 실리카겔 모래

6) 발톱깍이

고양이의 발톱은 사람의 손톱과 쪼개지는 방향이 다르기 때문에 사람용 손톱깎이를 사용하지 말고 동물 전용 발톱깎이를 사용해 발톱이 갈라지는 것을 막는다. 사람용과는 다르게 가위형태로 되어있고 강아지와 함께 쓰는 용도로 판매하고 있다.

발톱 자른 자리가 날카로울 수 있어서 연마기를 사용하는 경우도 있다.

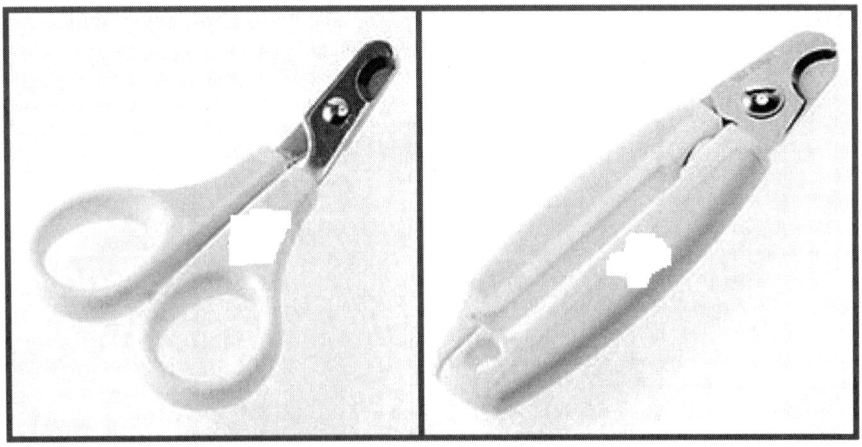

▌그림 18-5▌ 동물용 발톱깍이

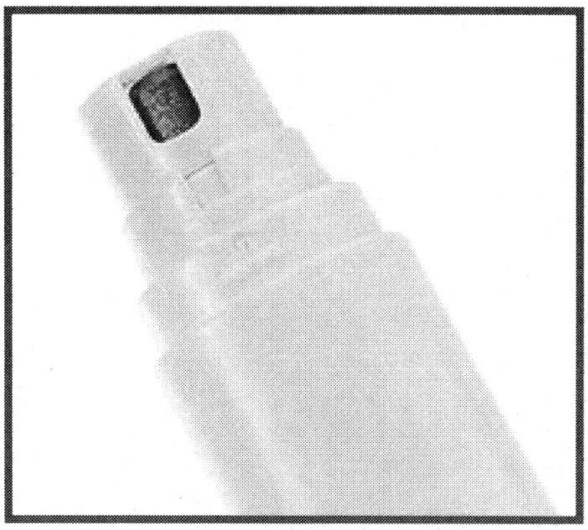

▌그림 18-6▐ 동물용 발톱 연마기

7) 빗

털이 긴 품종은 일자빗과 브러시를, 짧은 품종은 솔 형태나 고무재질의 빗을 준비하며 편의성을 증진시킨 장갑형의 빗도 있다.

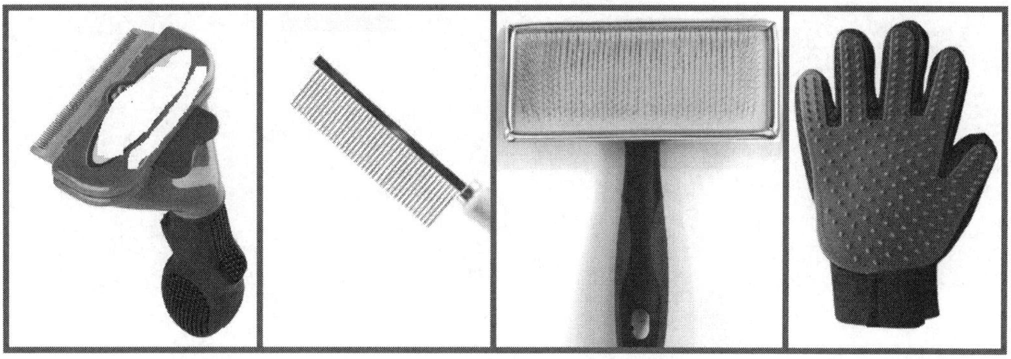

▌그림 18-7▐ 여러 가지 형태의 고양이 빗

Q&A

집앞 놀이터이 모래가 많은데 고양이 모래로 써도 되나요?

위생적으로 기생충감염 위험이 있고 기능적으로도 냄새를 잡지 못하고 응고되지 않으므로 쓰지 않도록 한다.

Chapter 19

반려동물 입양 개론

Introduction of Companion animal adoption

I. 반려동물 입양

II. 유기동물 입양

반려동물 입양

학습목표
1. 동물의 입양 환경을 살펴본다.
2. 건강한 반려동물 입양 요령을 알아본다.

1. 입양 환경 확인

반려동물의 입양을 준비할 때는 동물의 행동 및 습성을 알고 이해한 다음 준비하여야 한다.

1) 반려동물을 받아들일 마음의 준비

지나가다가 본 동물이 너무 예뻐서 쉽게 입양을 결정한 경우 파양 확률이 높다. 반려동물도 생명을 가진 생명체이므로 작고 귀여울 때가 있는 한번 아프고 예민할 때나 예쁘지 않은 모습으로 다가올 때가 있다는 사실을 분명히 인지하여야 한다. 한번 맺은 인연은 반려 동물이 생명을 다하는 10년~15년까지 이어지므로 끝까지 책임지고 보살피겠다는 결심이 선 이후에 입양 절차를 밟아야 한다.

2) 모든 가족 구성원과의 합의

가족 구성원 중 일부만 입양을 찬성하는 경우 한 공간에서 생활하는 다른 구성원 및 반려동물에게는 서로 힘든 일이 될 수 밖에 없다. 행복한 반려동물과의 생활을 위해서는 모든 가족 구성원과의 합의가 필수적이다.

3) 경제적 부담을 짊어질 의사

반려동물을 기를 때에는 적절한 치료를 하거나 필요한 물품과 음식을 구매할 의사와 경제적 능력이 필요하다. 아플 때 적절한 치료를 할 수 없는 상황은 보호자나 반려동물 모두에게 힘든 시간이 될 수 밖에 없다.

4) 다른 반려동물과의 유화

위 모든 조건이 충족되었다 하더라도 같이 기르는 반려동물이 있는 경우 그 동물과의 동거 가능 여부를 필히 확인하여야 한다. 입양 후 동거가 불가능하다고 판단이 되는 경우 새로 입양한 반려동물에게는 상처가 될 수 밖에 없으므로 기존 반려동물과 잘 어울릴 수 있는지 미리 확인하는 과정이 꼭 필요하다.

2. 건강한 반려동물 선택 요령

새로운 가족을 받아들일 마음의 준비가 되었다면 가장 중요한 건강한 반려동물을 입양하는 것이 다음 과제이다. 입양을 희망하는 사람 뿐 아니라 다른 반려동물이 이미 있다면 그 반려동물의 건강을 위해서도 새로운 반려동물의 질병 유무의 확인은 필수적이므로 건강한 반려동물을 선택하는 방법을 알아보자.

1) 눈, 코, 입, 귀, 항문의 상태 확인

(1) 눈

눈 주변이나 눈 속에 눈곱이 붙어있으면 각종 전염병 특히 홍역에 걸린 경우 노란 눈곱이 많이 끼게 되므로 필히 확인해야 하며 단순 안과 질환이 있거나 전체적인 면역력이 떨어 진 경우에도 눈곱이 많이 낄 수 있다.

(2) 코

코가 마르지 않고 촉촉하고 윤기가 있어야 하며 감기 등 호흡기 질환에 노출이 된 경우 콧물이 날 수 있으므로 확인해야 한다. 특히 누런 콧물이 홍역의 대표적 증세이므로 꼭 전염병 감염 여부를 확인해야 한다.

(3) 귀

귀에서 악취가 나거나 귀를 닦았을 때 검은 귀지가 나오는 경우 외부 기생충, 곰팡이, 세균 등에 감염되었을 수 있다. 보통 어미에게서 감염이 될 수 있으므로 이 경우 무작정 입양을 보류하기 보다는 귀 청소 및 관리하는 방법을 숙지하여 집에서 관리를 하는 것도 좋다. 일반적으로 반려 동물의 외이도가 사람보다 얇고 긴데다가 직각으로 꺾여져 있어서 기생충, 곰팡이, 세균 등에 감염되기 쉽기 때문에 수시로 귀 세정제를 사용하여 귀를 관리해 주어야 한다.

(4) 항문

설사 흔적이 있는지 확인한다. 특히 항문 주위에 설사변이 묻어서 굳어 있으면 소화기 질환을 동반하는 경우가 있으므로 설사 및 변비 유무를 확인하며 입양 직후 기생충 구충제를 복용시킨다.

(5) 입

구토의 흔적이 있는지 확인한다. 일반적으로 구토를 한 경우 입에서 일반적인 사료의 냄새보다 역한 냄새가 나며 입가에 이물이 묻어있는 경우가 있다.

2) 걸음걸이

보통 소형견의 경우 무릎뼈가 내측으로 탈구되는 선천적인 기형을 가진 경우가 흔하며 대형견의 경우 반대로 외측 탈구가 많이 발생하므로 바르고 활기차게 걷는지 확인한다. 또한 다리 모양이 곧은지, 특히 대형견의 경우 고관절 문제가 있지는 않는지 앉거나 설 때의 자세도 확인한다.

3) 탈장

배꼽, 사타구니 등 부위에 볼록하게 튀어나오는 탈장이라는 증세를 확인할 수 있다. 자연적으로 없어지는 경우도 있고 건강에 큰 영향을 끼치지 않기 때문에 심각하게 생각하지 않는 경우도 많이 있다. 간혹 탈장으로 인해 성견이 되어 임신을 한 경우나 체중이 많이 나가게 되는 경우 높아진 복압이 문제를 발생시키기도 하므로 주의 깊게 확인한다.

4) 예방접종 및 구충 기록

예방접종 수첩 등을 확인하여 예방접종 내역과 구충 내역을 확인하며 분양받을 당시 전염병 검사를 키트로 해 보는 것도 좋다. 물론 분양받을 당시의 검사 결과가 음성이라고 하더라도 잠복기일 수 있으므로 최소한 분양받은 15일 이후까지는 건강 상태를 유심히 관찰하여야 한다. 구충은 반려동물뿐만 아니라 입양하는 가족의 안전을 위해서도 꼭 필요하다.

5) 기존 사료 정보

기존에 먹이던 사료 정보를 확인하여 그대로 먹이고 바꾸는 경우 새로운 사료의 비율을 점차 늘여가며 2주 정도 기간을 두고 천천히 바꾸어 먹인다.

3. 새로운 환경 적응하기

1) 스트레스 최소화

기존에 먹던 사료나 음식은 한동안 유지하도록 하고 지나친 스킨십이나 목욕, 산책, 미용 등은 적응이 완전히 끝난 후 시켜주는게 좋다. 마음의 여유를 가지고 적응 기간을 충분히 주도록 하자.

2) 보금자리 인식

맨 처음 만난 사람에게 호감을 가지고 그 사람에게 의지하려는 습성이 있어서 강아지를 예뻐하면서 장시간 안아주거나 잠을 잘 때도 함께 자는 경우가 있는데, 시간이 지난 뒤에 사람에 대한 의존도가 지나치게 커질 수 있고 분리 불안이 생기는 원인이 될 수 있다. 그러므로 가장 편안하고 안락함을 느낄 수 있는 강아지만의 공간을 만들어 주도록 한다.

3) 배변 환경 제공

강아지가 쉽게 배설장소를 구분하고 찾아갈 수 있도록 환경을 최대한 간결하고 깨끗하게 조성하고 유지해 주며 바뀐 환경속에서 최대한 편안하게 배변활동을 하도록 조용하고 편안한 배변 환경을 제공해 준다. 화장실 장소에 볼일을 보면 긍정적인 경험(간식, 칭찬) 등으로 보상해 주되 도착하자마자 배변 훈련을 강압적으로 시키지 않도록 한다. 마음의 여유를 가지고 천천히 배변을 원하는 위치로 유도하는 방법으로 적응시킨다. 배설을 하면 가급적 자주 청소를 해주어 배설장소를 청결히 유지한다.

4) 훈육

반려동물과 즐겁게 생활하기 위해서 꼭 필요한 기본 훈육은 며칠간의 가정 적응 후 시키는 것이 좋다. 반려동물에게는 가장 중요한 본능인 의식주가 편안하게 해결이 되었다는 믿음을 먼저 주고 난 후 동물과 유대관계를 맺도록 시도를 한다. 해도 되는 행동과 그렇지 않은 행동에 대해서는 명확하게 구변해 적절한 칭찬과 보상을 통한 훈육을 시도한다.

Q&A

입양 후 적응 기간은 얼마 동안이라고 예상할 수 있나요?

강아지가 새로 입양된 집에서 먹고, 자고, 싸고, 집안을 탐색한 후 편안함을 느낄 수 있는 적응 기간은 개체별, 종별 차이가 있겠지만 평균적으로 약 2주정도로 예상하면 된다. 그 기간 동안에는 원치 않는 공간에 배설을 한다고 해도 심한 처벌은 하지 않도록 한다.

II 유기동물 입양

학습목표
1. 유기동물 입양 절차를 알아본다.
2. 유기동물 입양 후 준수사항을 알아본다.

1. 유기동물 개요

1) 유기동물 관련 법령 (동물보호법 제9조 유기동물등에 대한 조치)

① 시장 · 군수는 도로 · 공원 등의 공공장소에서 나돌아 다니거나 내버려진 동물을 발견한 경우에는 그 동물이 제6조의 규정에 따라 보호 · 관리될 수 있도록 필요한 조치(이하 "보호조치"라 한다)를 하여야 한다.

② 시장 · 군수가 보호조치를 한 경우에는 소유자 등이 보호조치의 사실을 알 수 있도록 지체 없이 7일 이상 공고하여야 한다.

③ 제2항의 규정에 따른 공고가 있는 날부터 10일이 경과하여도 소유자 등을 알 수 없는 경우에는 「유실물법」 제12조 및 「민법」 제253조의 규정에 불구하고 해당 시 · 군 · 자치구(이하 "시 · 군"이라 한다)가 그 동물의 소유권을 취득한다.

④ 시장 · 군수는 제3항의 규정에 따라 해당 시 · 군에 소유권이 귀속된 동물을 시 · 군의 조례가 정하는 바에 따라 동물원, 동물을 애호하는 자(시 · 군의 조례가 정하는 자격요건을 갖춘 자에 한한다), 대통령령이 정하는 민간단체 등에 기증하거나 분양할 수 있다.

⑤ 시장 · 군수는 소유자등 또는 분양받은 자에 대하여 보호조치에 소요된 경비에 상당하는 금액을 청구할 수 있다.

⑥ 보호조치의 방법 및 제5항의 규정에 따른 경비의 산출 그 밖에 보호조치에 관하여 필요한 사항은 시 · 도의 조례로 정한다.

2) 유기동물 입양의 의의

국내에서는 반려동물의 유기・유실을 방지하고 유기동물로 인한 질병 및 인수공통전염병 예방을 위하여 반려동물 등록제를 실시하고 있다. 아래 표와 같이 현재 국내 유기동물은 유기동물보호소에서 일정기간 보호된 후 주인이 찾으러 오지 않거나 입양되지 않으면 안락사가 불가피하다. 유기동물 입양은 반려동물을 새 가족으로 동시에 한 생명을 구했다는 자부심으로 뿌듯한 일이 될 수 있다.

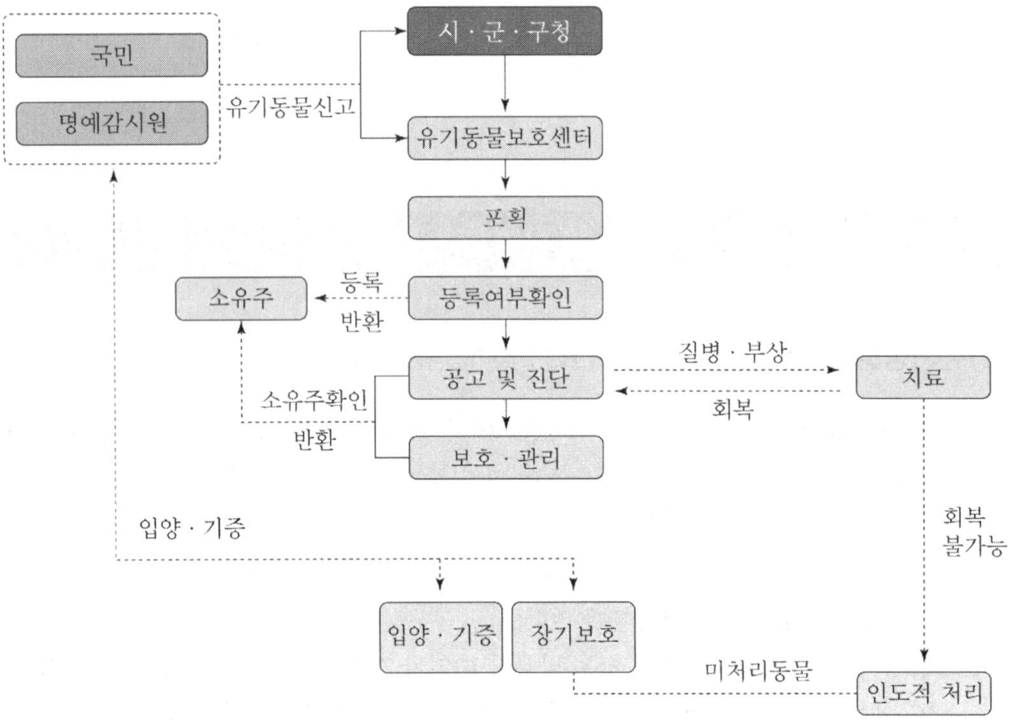

▌그림 19-1▐ 국내 유기동물 처리 과정
(출처 http://www.animal.go.kr/. 동물보호관리시스템 홈페이지)

2. 유기동물 입양

1) 입양 절차

① 시・군・구청에서 보호하고 있는 유기동물 중 보호시설을 공고한 지 10일이 지나도 주인이 나타나지 않는 경우에는 일반인에게 분양이 가능하다.

② 입양 보호시설에 미리 전화로 문의 후, 담당자의 안내에 따라 방문 일시 등을 예약한다.
③ 입양 시 신분증 복사본 2장과 개집, 개줄, 목걸이 등 필요한 물품을 준비하고 보호시설을 방문한다.
④ 입양에 필요한 상담 및 교육이 필요한 경우도 있고 자격 조건 검토과정이 필요한 경우도 있다. 입양 조건을 심사하는 과정이 필요하므로 유기동물 분양 기관에 따라 여러번 방문해야 할 수도 있다.
⑤ 입양이 결정되면 입양계약서를 작성한다. 입양 보호시설에는 신청자 본인이 직접 방문해야 하며 가족 구성원 모두가 방문하여 새로운 가족을 확인하는 것이 바람직하다.
⑥ 대부분의 경우 미성년자에게는 반려동물을 분양하지 않는다. 분양을 원하는 미성년자의 경우 부모님의 허락을 얻어 반드시 부모님과 함께 방문해야 한다.

2) 유기동물 분양 시설

현재 각 지방자치단체가 유기견보호소를 직접 운영하는 경우도 있지만, 대부분의 자치단체가 민간동물단체나 지역동물병원에 위탁하는 방식으로 관리하고 있다. 시내나 주거밀집지역과 가까운 곳에는 소음등의 민원문제로 유기견보호소를 세우기 힘들기 때문에 도심지의 동물병원위탁을 제외한 대부분의 보호소는 외곽지역에 설치되어 있으므로 먼저 유기견보호관련 홈페이지에서 살펴보는 것이 좋다.

① 농림축산검역본부 산하 유기동물・동물보호센터(http://www.animal.go.kr/)
② 서울특별시 산하 반려동물 입양센터
③ 동물자유연대 반려동물복지센터(www.animals.or.kr/)
④ 동물권단체 케어(구 동물사랑실천협회)(http://www.fromcare.org/)
⑤ (사)동물보호시민단체 카라(https://www.ekara.org/)
⑥ 한국동물보호협회(www.koreananimals.or.kr)
⑦ 한국동물보호교육재단(http://www.kapes.or.kr/)
⑧ 동물학대방지연합(www.foranimal.or.kr)
⑨ 포인핸드(www.facebook.com/pawinhand)
⑩ 광주 동물보호소(www.kcanimal.or.kr)
⑪ 부산유기동물보호협회(www.dog119.org/)

이 외에도 여러 기관 및 민간 운영 유기동물 분양 시설이 있다.

3. 유기동물 입양자 준수사항

① 모니터링

- 입양된 이후에 단체에서는 3개월에 1회 이상 전화나 방문을 통해 입양 동물을 모니터링 하며 기본적으로 입양 후 5회의 모니터링이 시행된다.
- 입양인은 단체의 모니터링에 대해 반드시 응해야 하며, 절대 거부할 수 없다.

② 입양된 동물은 양도, 판매, 학대, 유기할 수 없다.

③ 입양자가 이사를 가거나 연락처가 변경되었을 시 반드시 단체에 통보해야 한다.

Chapter 20

반려동물 장례 개론

Introduction of Companion animal funeral

I. 반려동물 장례문화
II. 장례관련법 및 외국현황

반려동물 장례문화

학습목표
1. 반려동물 장례문화의 개념에 대해 알아본다.
2. 장례서비스에 대해 알아본다.
3. 반려동물 장례 절차에 대해 알아본다.

1. 반려동물 장례문화

최근 몇 년간 발표된 각 분야의 통계를 분석해 기업과 마케터 그리고 정부가 주목할 만한 블루슈머(경쟁자가 없는 시장인 블루오션과 소비자의 합성어로 블로오션의 새로운 소비자를 의미)의 6개 아이템 중 하나에 반려족을 선정하며 반려동물 장례 서비스를 유망산업으로 제시하였다. 하지만 현행법 상 반려동물의 사체의 처리는 「폐기물관리법」이 적용되어 동물병원에서 죽은 경우는 의료폐기물, 일반 가정 등 그 외의 장소에서 죽은 경우는 생활폐기물로 분류하여 처리기준에 따라 처리하여야 한다. 의료폐기물의 경우 폐기물처리업자에게 위탁처리하고 생활 폐기물은 쓰레기봉투인 폐기물 종량제 봉투에 넣어 수거 처리하여야 한다.

반려동물과 가족처럼 지내던 반려인에게 반려동물을 쓰레기봉투에 넣어서 떠나보내야 하는 사체 처리 방식은 정서적 거부감이 높은 탓에 반려동물 장례 시설의 필요성이 꾸준히 제기되고 있다. 다행히 동물보호법의 개정으로 동물장묘업의 등록제가 법제화 되어 시행되었지만 현재 반려동물 장례시설은 전국에 22곳으로 반려동물 수에 비해 턱없이 부족하고 요금이 비싸 어려움이 많은 실정이다.

2017년 7월 초, 이런 실정을 반영하여 서울시에서는 '반려동물 공영 장례시설'을 포함한 5개 시민 정책 제안과 관련해 찬반 투표를 실시하여 그 결과를 발표하였는데 무려 절반이 넘는 54.2%의 시민이 '반려동물 공영 장례시설' 정책에 찬성을 하였지만 폐기물 시설이라는 이유로 설치 대상 지역 주민의 반대 뿐 아니라 지자체의 승인을 받기가 쉽지 않은 이유 등으로 정책이 실현되는 것이 쉽지 않을 것으로 예상된다.

2. 장례서비스

1) 장례서비스의 의미

반려동물 장례 서비스는 반려동물이 죽은 후 장례를 치러주는 서비스로 죽은 반려동물을 위해 수의를 장만하고 염습을 거쳐 장례식 진행, 화장 또는 건조장, 납골당 안치 등 사람 못지않게 엄숙한 절차로 진행되는 서비스를 말한다.

2) 동물장묘업자의 의미

① 동물장묘업자는 동물전용장례식장, 동물화장시설 또는 동물건조장시설, 동물전용납골시설 중 어느 하나 이상의 장묘시설을 설치·운영하는 사람을 말한다.

② 반려동물 장례서비스는 동물보호법에 따라 동물장묘업의 등록을 한 자가 동물장묘시설에서 진행하여야 한다.

③ 필요한 시설과 인력을 갖추고 시장·군수·구청장에게 동물장묘업 등록을 하여야 한다.

3) 동물장묘업의 필요성

(1) 반려동물의 죽음을 대하는 인식의 전환

펫로스(petloss)란 말 그대로 반려동물을 잃은 반려인의 상실감을 나타내는 말로 사랑하는 반려동물을 떠나보낸 뒤 느끼는 정상적인 감정의 표현이다. 사랑하는 존재가 떠난 후 일정 기간 동안 슬픔과 애도의 시간을 보내는 것은 지극히 정상적인 정서이지만 우리 문화에서는 반려동물이 죽었을 때 주변 사람에게 배려 받는 데는 한계가 있으며, 슬픔으로 정상적인 생활을 이어나갈 수 없는 상황을 비난하는 분위기이다. 이런 문화로 인해 반려인들은 반려동물을 잃은 슬픔을 온전히 드러낼 수 없었지만 최근 몇몇 반려동물 장례관련 회사가 생겨나기 시작하였고, 사이버상의 추모묘지 또한 등장했다. 반려동물의 죽음에 대해서 주위의 눈치를 보지 않고, 떳떳하게 자신의 감정을 표현할 수 있는 여건이 조금씩 형성되고 펫로스에 대한 시선이 조금씩 바뀌어 가고 있다.

(2) 반려동물의 죽음이 많아지는 시기

반려산업에서 흔히 말하는 호황기가 지난 지 어언 10여년이 지나면서 나이가 든 반려동물과 사는 사람들이나 반려동물을 먼저 떠나보내는 사람들이 늘어나고 있다. 바로 지금이 반려동물의 죽음과 펫로스에 대해 논의하기 가장 적절한 시기이다. 타인에 대한 배려를 바탕으로 펫로스가 논의되어야 할 시기인 것이다.

3. 반려동물 장례절차

사체수습부터 이송 화장까지 모든 절차를 반려동물 장례지도사가 책임을 져야 하므로 반려동물장례 의뢰 시 관할 관청에 동물장례출장 이동 대행 사업등록이 되어 있는지 확인 할 필요가 있다.

1) 일반적인 장례절차

① 장례 의뢰가 들어오면 장례 절차를 상담한다.
② 영구차를 보내 장례식장으로 운구한다.
③ 반려동물 사체를 곧고 깨끗하게 한 후 수의를 입힌다.
④ 입관이 끝나면 발인을 하며 고객의 종교에 맞게 장례의식을 치른다.
⑤ 화장 후 유골을 수습한다.
⑥ 분골을 고객에게 인도하며 예식을 종료한다.
⑦ 고객에 따라 화장만 하는 경우도 있고, 또는 화장한 뒤에 반려견 장례업체가 보유하고 있는 납골당에 안치하거나 야외에 뿌리는 경우도 있다.
⑧ 장례식에 참여하지 못하는 가족을 위해서 장례 절차를 동영상으로 촬영하여 보내주기도 한다.
⑨ 요즘은 화장을 하고 남은 뼛가루를 고온 처리하여 반려석을 만들어 목걸이나 팔찌 등으로 제작하기도 한다.

2) 고객 집으로의 출장 장례절차

① 고객의 자택으로 반려동물장례지도사가 직접 방문하여 반려동물의 사체를 수습하여 위 장례절차를 거친다.
② 분골을 가족에게 전달한다.

장례관련법 및 외국현황

학습목표

1. 우리나라의 반려동물 장례관련법에 대해 알아본다.
2. 외국의 반려동물 장례문화에 대해 알아본다.

1. 우리나라 반려동물 장례관련법

1) 사체투기 금지

① 반려동물의 사체는 공중위생상 위해를 끼치지 않는 방법으로 처리하여야 하며 반려동물의 사체를 함부로 아무 곳에나 버려서는 아니 된다. 특히 반려동물의 사체를 공공수역, 공유수면, 항만과 같이 공중위생상 위해발생 가능성이 높은 장소에 버리는 행위는 하여서는 안 된다.

② 누구든지 시설의 관리자가 폐기물의 수집을 위하여 마련한 장소나 설비 외에 장소에 폐기물을 버려서는 안 된다.

③ 위반시 100만원 이하의 과태료를 부과하도록 하고 있다.

2) 임의매립 금지

① 반려동물의 사체를 누구든지 폐기물관리법에 따라 허가 또는 승인을 받거나 신고한 폐기물처리시설이 아닌 곳에서 매립하여서는 안 된다.

② 위반시 100만원 이하의 과태료를 부과하도록 하고 있다.

3) 임의소각 금지

① 반려동물의 사체를 누구든지 폐기물관리법에 따라 허가 또는 승인을 받거나 신고한 폐기물처리시설이 아닌 곳에서 소각하여서는 안 된다.

② 위반시 100만원 이하의 과태료를 부과하도록 하고 있다.

③ 가구 수가 50호 미만인 지역, 산간・오지・섬지역 등으로서 차량의 출입 등이 어려워 생활폐기물을 수집・운반하는 것이 사실상 불가능한 지역은 예외이다.

4) 반려동물 사체 처리 방법

① 동물병원에서 죽은 경우, 의료폐기물로 분류되어 지정폐기물에 속하여 사업장폐기물에 해당된다. 사업장 폐기물 배출자는 그의 사업장에서 발생하는 폐기물을 스스로 처리하거나 폐기물처리업의 허가를 받은 자 또는 폐기물처리 시설을 설치・운영하는 자 등에게 위탁하여 처리하여야 한다.

② 동물병원 외의 장소(일반가정)에서 죽은 경우, 사업장폐기물 외의 폐기물에 속하며 생활폐기물에 해당된다. 분리수집이 쉬운 폐기물 종량제 봉투(생활쓰레기봉투) 등에 넣어 배출하여야 한다.

③ 반려동물 소유자가 죽은 반려동물에 대하여 장례를 치러주기를 원할 경우에는 반려동물의 사체를 동물보호법에 따른 동물장묘시설(동물전용장례식장, 동물화장시설 또는 동물건조장시설, 동물전용납골시설)을 설치・운영하는 동물장묘업자에게 위탁하여 반려동물의 장례를 치러줄 수 있다.

2. 외국의 장례문화

1) 미국

이미 100여 년 전부터 애완동물의 장례를 실시하고 있었으며, 사람 장례에 준하는 의식과 공동묘지에 비석을 세우는 등의 애견 장례 문화가 보편화되어 있다. 이들의 반려동물 장례 문화는 단순한 장례의식의 차원을 넘어 보호자의 슬픔을 위로하고 심리적 안정을 되찾는데도 가장 큰 역할을 하고 있다. 정신과 상담이 유난히 많은 미국의 여건에서 볼 수 있듯이 가족처럼 지내던 애완동물을 잃은 보호자들의 심리적 안정을 위해 수의사, 심리학자, 정신과 의사 등의 전문인이 동원된 다양한 상담 등을 주관하는 것도 공원묘지의 역할에 포함되어 있다. 또한 이러한 장례문화는 동물병원 수의사로부터 시작되는 경우가 많은데, 안락사를 권해야 될 상황인 경우 수의사나 공원묘지 측에서는 보호자의 슬픈 감정을 단계별로 분석하고 이를 적절히 위로할 수 있는 세심한 배려와 체계를 갖추어 놓고 있다. 장례비용이나 방식도 개개인의 경제적 여건을 고려하여 다양한 방식을 택할 수 있다.

개별 매장 및 화장을 비롯하여 비용이 적게 드는 공동 장례방식을 선택할 수 있으며, 시골이나 교외의 개인은 가정매장도 고려할 수 있다. 매장 문화 난립이나 공중 위생학상의 문제를 해소하기 위하여 각 주는 비교적 엄격한 법률을 제정하고 있으며, 장례를 위해 사체를 운반하는 차량에 관한 법규도 엄격하다. 철저한 밀봉 냉장 및 이동 시 환경오염을 막기 위한 시설 설치가 요구되며, 매 1년마다 시설 및 면허를 점검받도록 되어있다. 애완동물을 싫어하는 사람의 반감이나 사회 부작용 등을 고려한 세심한 배려와 철저한 관리가 행해지고 있음을 쉽게 짐작할 수 있다.

2) 독일

독일에는 2천만 마리 이상의 애완동물이 있는데, 매년 140만 마리의 고양이와 개가 죽고 독일의 애완동물 장의사 협회에 따르면 전국적으로 120개의 동물 묘지가 있으며, 180명의 동물 장의사가 활동하고 있다.

3) 일본

일본의 경우 역시 나날이 증가하고 있는 펫의 사체처리에 대해 심각하게 고민하고 있으나, 우리나라와 비슷하게 아직 이렇다 할 관련 법규는 정립돼 있지 않고, 현재로써는 〈폐기물 처리법〉에 의거하여 취급하고 있으며, 사체 역시 일부 지자체에서는 행정처리하고 있으나, 대부분 민간 영원업자(장의사)에게 위임하고 있는 실정이다.

또한 민간영원업의 영업행위에 대해서도 지자체별로 인가 내지는 허가 조건이 상이하다.

(1) 일본의 폐기물 처리법

일반적으로 펫의 사체는 일반폐기물로 취급되어, 지방자치단체에서는 쓰레기로 처리하는 것이 현상이다. 지자체 중에는 펫 전용의 소각로를 갖춰 화장을 해 주고 있는 곳도 있으나, 합동으로 화장하고 있는 곳이 대부분이다. 통상적으로는 쓰레기로 처리되고 있지만, 지자체에 따라 처리방법은 약간씩 차이가 있다.

동물의 사체처리를 행정기관에 의뢰할 경우의 대응에 대해서는 지자체 별로 다르나, 전용 소각로에서 소각한 다음 그 재를 일반폐기물처리장에 매립하고 있다.

(2) 반려동물의 매립 및 투기

공원이나 타인의 토지, 하천이나 산림 등에 무단으로 묻는 일은 '폐기물의 처리 및 청소에 관한 법률'의 규정에 위반되며, 경범죄법 위반에 따라 처벌받는다. 또한 바다에 투기하는

일 역시 동법률 시행령으로 금지하고 있다.

단, 반려동물의 사체를 사유지인 자기 집 뜰 등에 묻는 행위는 문제가 되지 않는다. 다만, 공중위생 상의 문제로 원만하게 흙으로 환원될 수 있도록 구덩이를 깊게 파고 묻는 등 이웃에 악취가 나지 않도록 하는 배려해야 하므로 작은 동물들은 어느 정도 가능하나, 대형견 등을 매장하는 일은 현실적으로는 대단히 어려운 일이다. 화장을 하여 그 유골을 잘게 분쇄한 다음 자신의 뜰에 묻는 것은 괜찮다.

(3) 동물 장례 디렉터

펫 장례 및 장의사 개업에 관한 법률이 아직 제대로 정립돼 있지 않고 있으나 반려동물을 가족의 일원으로 생각하는 풍조가 확산되면서 '동물 장례 디렉터'가 등장했으며 애완동물 장례를 전문적으로 취급하는 업체가 급증하였고 전국 체인점을 운영하는 업체나 애완동물 전용 공동묘지도 등장했다.

Chapter

21

반려동물 법규

Companion animal Regulations

I. 동물보호법

II. 그 외 동물관련법

I

동물보호법

학습목표 1. 각 상황별 해당되는 동물보호법을 알아본다.

동물보호법은 동물을 적정하게 보호·관리해서 동물에 대한 유기·학대행위를 방지하고 국민 의 동물보호정신을 함양할 것을 목적으로 하는데, 이를 위해 동물등록, 적정 한 사육·관리, 유기·학대 등 금지, 유기동물에 대한 조치 등에 관한 사항을 규정하고 있다. ① 반려견을 밖으로 데리고 나갈 경우, 인식표를 반드시 부착하고, 안전장치를 휴대하도록 명시하고 있으며, 오물수거 등의 의무를 부과한다.

1. 동물 유기·학대행위 방지법

1) 동물등록제

① 동물등록제의 실시 여부는 시·도지사가 결정하게 되어 있으며, 동물등록제를 실시하는 지역에서는 반려견에 대해 의무적으로 등록하여야 한다.

② 동물등록제 시행 지역에서 등록을 하지 않을 경우 조례에 따라 100만 원 이하의 과태료가 부과된다.

2) 분실 및 유기 방지

① 반려견을 동반하고 외출할 때에는 소유자 성명, 소유자의 주소, 전화번호 등이 기재된 인식표와 목줄 등 안전조치를 취하고, 배설물이 생기면 미리 준 비해간 휴지와 비닐봉투로 즉시 수거해야 한다. 이를 위반하는 경우 50만 원 이하의 과태료가 부과된다.

② 동물을 유기하면 100만 원 이하의 과태료에 처해지며, 유기된 동물은 소유자에게 알릴 수 있도록 보호시설에서 7일 동안 공고하게 된다. 만약 공고된 날부터 10일이 지나도

소유자가 나타나지 않는 경우 그 동물의 소유권은 시, 군, 자치구에 속하게 된다.

3) 학대 방지

아래와 같은 행위로 동물을 학대할 경우 1년 이하의 징역 또는 1천만 원 이하의 벌금에 처한다.

① 목을 매다는 등 잔인한 방법으로 죽이는 행위

② 길바닥 등 공개된 장소에서 죽이거나 같은 종류의 다른 동물이 보는 앞에서 죽이는 행위

③ 동물의 식성 및 생태환경 등 부득이한 사유가 없음에도 불구하고 다른 동물을 해당 동물의 먹이로 사용하는 행위

④ 사람의 생명・신체에 직접적 위협이나 재산상의 피해를 방지하기 위하여 다른 방법이 있음에도 불구하고 동물을 죽이거나 상해를 입히는 행위

⑤ 도구・약물을 사용해 상해를 입히는 행위

⑥ 살아있는 상태에서 동물의 신체를 손상하거나 체액을 채취하거나 체액을 채취하기 위한 장치를 설치하는 행위

⑦ 도박・광고・오락・유흥 등의 목적으로 동물에게 상해를 입히는 행위

⑧ 열・전기・물 등에 의한 물리적 방법이나 약품 등에 의한 화학적 방법으로 동물에게 상해를 입히는 행위

2. 동물의 사육 관리방법

1) 일반기준

① 동물의 소유자 등은 동물을 사육・관리할 때에 동물의 생명과 그 안전을 보호하고 복지를 증진하기 위하여 성실히 노력하여야 한다.

② 동물의 소유자 등은 동물로 하여금 갈증・배고픔, 영양불량, 불편함, 통증・부상・질병, 두려움과 정상적으로 행동할 수 없는 것으로 인하여 고통을 받지 아니하도록 노력하여야 한다.

③ 동물의 소유자 등은 사육・관리하는 동물의 습성을 이해함으로써 최대한 본래의 습성에 가깝게 사육・관리하고, 동물의 보호와 복지에 책임감을 가져야 한다.

④ 동물의 소유자 등은 자신이 기르는 동물이 공포감을 조성하거나 털, 소리, 냄새 등으로

인하여 다른 사람에게 피해를 주지 아니하도록 노력하여야 한다.

2) 개별기준

(1) 사육환경

동물의 종류, 크기, 특성, 건강상태, 사육 목적 등을 고려하여 최대한 적절한 사육환경을 제공하여야 한다. 야외에서 사육하는 경우에는 직사광선, 비바람 등을 피할 수 있는 공간이나 우리 등의 시설을 갖추어야 한다. 이 경우 우리는 동물에게 상해를 입히지 아니하는 재료로 제작된 것이어야 한다. 동물의 사육공간 및 사육시설은 동물이 자연스러운 자세로 일어나거나 눕거나 움직이는 등 일상적인 동작을 하는 데에 지장이 없는 크기이어야 한다.

(2) 건강관리

전염병 예방을 위하여 정기적으로 동물의 특성에 따른 예방접종을 하여야 한다.

개는 분기마다 1회 이상 구충을 하여야 한다. 번식을 목적으로 하지 아니하는 개나 고양이는 수의사가 권고하는 연령이 되면 중성화수술을 시키도록 하여야 한다.

(3) 훈련

공동주택에서 사육하는 개는 짖지 못하게 하는 등 주변 사람들에게 피해를 주지 아니하도록 필요한 훈련을 시켜야 한다. 개의 경우에는 사람에 대한 공격성을 감소시키기 위하여 복종훈련을 시켜야 한다.

3. 동물판매 및 판매업

(동물판매업자의 준수사항 및 애완동물 판매업에 대한 소비자분쟁해결기준)

1) 동물판매업자의 준수사항

① 판매할 수 있는 동물의 월령은 다음과 같다.
- 2008년 12월 31일까지 : 1.5개월(6주) 이상
- 2009년 1월 1일 이후 : 2개월 이상

② 14세 미만인 자에게는 동물을 판매하여서는 아니 된다. 다만, 보호자를 동반한 경우에는 그러하지 아니하다.

③ 동물을 사육하려는 개인에게 동물을 판매한 경우에는 「소비자기본법 시행령」 제8조제3항에 따른 소비자분쟁해결기준에서 정하는 계약서를 내주어야 하되, 계약서에는 동물판매업 등록번호, 업소명, 동물의 출생일자가 포함되어야 한다.

④ 동물판매업자에게 동물을 판매하는 경우에는 동물판매업 등록번호, 업소명, 동물판매업자의 성명과 주소, 동물의 품종, 털색깔, 출생일자, 성별, 치료기록 및 약물투여 기록, 판매일자 등이 포함된 서류를 내주어야 한다.

⑤ 동물은 종류별, 성별(어리거나 중성화된 동물은 제외한다), 크기별로 분리하여 관리하고, 질환이 있는 동물(상해를 입은 동물을 포함한다), 공격성이 있는 동물, 늙은 동물, 어린 동물(어미와 함께 있는 경우를 제외한다), 새끼를 배거나 젖을 먹이고 있는 동물은 분리하여 관리하여야 한다.

⑥ 영업장에 새로 들어온 동물에 대하여는 체온과 외부 기생충 및 피부병 등 건강상태를 확인하여야 한다.

⑦ 영업장 내 잘 보이는 곳에 동물판매업 등록증을 게시하여야 한다.

2) 소비자분쟁 해결기준

구입 후 15일 이내 폐사시 동종의 애완동물로 교환 또는 구입가 환급(단, 소비자의 중대한 과실로 인하여 피해가 발생한 경우에는 배상을 요구할 수 없음) 판매업자는 애완동물을 판매할 때 다음의 사항이 기재된 계약서를 소비자에게 제공하여야 한다.

① 분양업자의 성명과 주소
② 애완동물의 출생일과 판매업자가 입수한 날
③ 혈통, 성, 색상과 판매당시의 특징사항
④ 면역 및 기생충 접종기록
⑤ 수의사의 치료기록 및 약물투여기록 등
⑥ 판매당시의 건강상태
⑦ 구입시 구입금액과 구입날짜

구입 후 15일 이내 질병 발생 판매업소(사업자)가 제반비용을 부담하여 회복시켜 소비자에게 인도. 다만, 업소 책임하의 회복기간이 30일을 경과하거나, 판매업소 관리 중 폐사시에는 동종의 애완동물로 교환 또는 구입가 환급.

계약서 미교부시 계약해제.(단, 구입후 24시간 이내)

4. 이동수단 이용

(여객자동차운수사업법 시행규칙)

운수 종사자는 여객이 '다른 여객에게 위해를 끼치거나 불쾌감을 줄 우려가 있는 동물(장애인 보조견을 제외한다)을 자동차안으로 데리고 들어오는 행위'를 하는 때에는 안전운행과 다른 여객의 편의를 위하여 이를 제지하고 필요한 사항을 안내하여야 한다.

1) 버스, 택시 등을 이용할 경우

① 버스의 경우 다른 승객에게 위화감이나 불쾌감을 주지 않는 작은 애완동물(개, 고양이 등)은 동승할 수 있으나 위화감이나 불쾌감을 주는 경우에는 동승할 수 없다.

② 운반용구를 갖춘 애완용 소동물과 공인된 기관에서 증명서를 발행한 맹인 인도견은 제외한다.

2) 지하철을 이용할 경우

① 지하철은 동물 중에서 용기에 넣은 소수량의 조류, 소충류, 병아리와 시각 장애인의 인도를 위해 공인증명서를 소지한 보조견만이 탑승할 수 있도록 규정하고 있어 개, 고양이 등의 애완동물과의 동승이 불가능하다.

3) 기차를 이용할 경우

① 기차는 동승자에게 불쾌감을 줄 동물은 차내에 휴대할 수 없도록 되어 있어 동승자에게 불쾌감을 줄 수 있는 경우는 언제든지 철도직원의 직무상 지시로 탑승을 거부당할 수 있다.

② 철도 이용자는 애완용 동물은 가방 등에 넣어 보이지 않도록 하고 광견병 등의 예방접종 증명서를 휴대한 경우, 객석 또는 통로를 차지하지 않는 2개 이내의 휴대품을 휴대하고 승차할 수 있다.

③ 철도공사는 철도 이용자가 휴대하는 물품이 철도안전법에서 정한 위해물품 및 위험물에 해당하거나 안전상 또는 기타 사유에 의하여 필요하다고 인정되는 경우 철도 이용자, 경찰(또는 철도공안)과 함께 내용물을 확인할 수 있다.

5. 주거 관련

(주택법시행령, 관리규약의 준칙)

1) 입주자

① 가축(개 · 고양이 · 토끼 · 쥐 · 닭 · 파충류 · 조류 등 집에서 애완용으로 기르는 동물 등을 말한다. 다만 장애인 보조견은 제외)을 사육함으로써 공동주거생활에 피해를 미치는 행위를 하고자 하는 때에는 관리주체의 동의를 얻어야 한다.

② 규정에 의하여 정하여진 공동 주택관리규약을 준수하여야 한다.

③ 가축을 사육하는 입주자 등은 다른 입주자 등에 대한 피해가 미치지 않도록 스스로 조심하여 주의를 다하여야 한다.

2) 관리주체

① 가축사육 허용여부에 대하여는 공동주택 단지별 실정에 맞도록 입주자 등의 의견을 수렴하여야 한다.

② 결정 가축을 사육할 경우에는 가축소유자의 인적사항(주소,주민등록번호,전화번호 등) 및 가축사육내용(종류,사진, 특이상항 등) 등과 주민피해 최소화를 위한 서약서를 첨부하여 입주자에게 신고받아야 한다.

③ 주택법령에서 입주자대표회의 의결내용을 지켜야 하며 입주자대표회의 및 이해당사자의 의견을 받아야 한다.

6. 농림축산식품부 '반려견 안전관리 대책'

1) 주요 내용

농림축산식품부가 2018년 1월 18일 '반려견 안전관리 대책'을 새롭게 내놨다. 이번에 발표된 '반려견 안전관리 대책'은 기존 3종의 맹견을 8종으로 확대하고, 공동주택 내 사육을 금지하는 방안 등을 뼈대로 하고 있다.

2) 세부 내용

① 공공장소에서는 2m 이하의 목줄 착용을 의무화한다.

② 체고 40cm 이상의 개는 공격성을 평가해 '관리대상견'으로 지정해 입마개를 의무적으로 착용해야 한다.

③ 개가 사람을 공격해 사고가 발생한 경우 주인은 형사처벌을 받게 된다. 안전관리 의무 위반으로 반려견에 의해 사람이 다치거나, 죽음에 이르게 한 경우와 맹견을 유기한 경우는 소유자를 형사 처벌할 수 있게 될 전망이다. 국회에 계류 중인 관련법이 통과되면 사망사고 발생 시 3년 이하의 징역 또는 3천만 원 이하의 벌금으로 처벌받을 수 있다. 상해 발생이나 맹견 유기 시에도 2년 이하의 징역 또는 2천만 원 이하의 벌금에 처해질 수 있다.

④ 개가 사람을 공격하는 경우 지자체장이 소유자 동의 없이도 격리 등 필요한 조치를 할 수 있도록 한다.

⑤ 상해 · 사망사고를 발생시킨 개는 전문기관의 공격성 평가 결과에 따라 훈련, 안락사 등을 하도록 소유자에게 명령할 수 있는 근거도 마련한다.

⑥ '안락사 명령'의 경우 동물보호법 개정을 통해 오는 2021년부터 시행한다.

⑦ 맹견 범위는 도사, 핏불테리어, 로트와일러, 마스티프, 라이카, 오브차카, 캉갈, 울프독 등 총 8종으로 확대됐다. 이들 견종을 데리고 외출할 때에는 목줄과 입마개를 착용하거나 탈출방지용 이동장치를 사용해야 한다.

⑧ 맹견 수입은 물론 아파트 등 공동주택에서 키우는 것을 제한하고, 어린이집, 유치원, 초등 · 특수학교 등에는 아예 출입하지 못하도록 한다.

⑨ 맹견소유자가 안전관리 의무를 위반한 경우 과태료가 현행 50만 원 이하에서 최고 300만 원 이하로 상향된다.

⑩ 정부는 주택 외의 장소에서 경비 · 사냥 등 반려견이 아닌 다른 목적으로 기르는 맹견도 동물등록대상에 포함시키는 한편, 상해 · 사망사고로 인한 피해를 보상하기 위해 보증금을 예치하거나 책임보험에 가입하도록 하는 방안을 추가 검토할 계획이다.

⑪ 관리대상견의 경우 맹견은 아니지만 사람을 공격해 상해를 입힌 이력이 있거나, 체고(바닥에서 어깨뼈까지 높이)가 40cm 이상인 개로 규정된다.

⑫ 관리대상견에도 엘리베이터, 복도 등 건물 내 협소한 공간과 보행로 등에서는 입마개 착용 의무가 부과된다. 다만 전문가 평가를 거쳐 공격성이 높지 않고, 소유자가 안전하게 통제할 수 있는 것으로 판단된 경우는 제외하기로 했다.

▌표 21-1▐

구분	과태료 금액	
	변경 전	변경 후
맹견 안전관리 의무 위반	50만원 이하	**300만원 이하**
관리 대상견 목줄, 입마개 미착용	1회 - 7만원 2회 - 7만원 3회 이상 - 10만원	**1회 - 20만원 2회 - 30만원 3회 이상 - 50만원**
일반 반려견 목줄 미착용		

▌표 21-2▐

형사 처벌	
사망	상해
3년 이하 징역, 3천만원 이하 벌금	2년 이하 징역, 2천만원 이하 벌금

▌그림 21-1▐ 반려견 안전관리 대책 (맹견의 유형 · 판단기준)
(출처 : 농림축산식품부 18.01.18 뉴시스)

그 외 동물관련법

학습목표
1. 사료관리법을 알아본다.
2. 가축전염병예방법을 알아본다.
3. 수의사법을 알아본다.

1. 사료관리법

사료의 수급안정·품질관리 및 안전성확보에 관한 사항을 규정함으로써 사료의 안정적인 생산과 품질향상을 통하여 축산업의 발전에 이바지하는 것을 목적으로 한다.

1) 사료제조업 허가

반려동물의 간식 또는 사료를 판매하려면 사료제조업 허가를 받아야 판매 가능

2) 사료성분 등록번호

① 사료성분검사는 반드시 종류별로 각각 등록되어야 한다.
② 성분등록번호가 제품별로 모두 등록되어있어야 한다.

3) 표시사항

① 간식 또는 사료의 종류별로 모두 각각 표시사항을 기재해야 한다.
② 표시사항에 표기해야할 정보는 다음과 같다.
제품명, 성분등록번호, 명칭, 형태, 용도, 성분, 원재료, 제조년월일, 중량, 유통기한, 제조원, 포장재질, 보관방법, 주의사항

2. 가축전염병예방법

가축전염병의 발생을 예방하고 그 확대를 방지함으로써 공중위생의 향상에 기여할 것을 목적으로 하는데, 이를 위해 동물 소유자 등의 책무, 동물의 예방접종, 동물 수출입 검역에 관한 사항이 규정되어 있다.

3. 수의사법

수의사의 기능과 업무의 적정성을 확보해서 동물전염병의 예방을 강화하고 공중위생의 향상에 기여할 것을 목적으로 하는데, 이를 위해 동물병원의 개설, 수의사의 진료거부 금지, 과잉진료행위 등 금지, 진단서 등의 교부에 관한 사항을 규정하고 있다.

4. 그 외 관련법

「민법」, 「악취방지법」, 「도시공원 및 녹지 등에 관한 법률」, 「경범죄 처벌법」, 「도로교통법」, 「검역법」, 「폐기물관리법」, 「수질 및 수생태계 보전에 관한 법률」, 「공유수면 관리 및 매립에 관한 법률」, 「항만법」 등에서 반려동물의 사육·관리에 관한 소유자 등의 의무를 규정하고 있다.

Chapter 22

반려동물 복지학

Companion Animal Welfare

I. 반려동물의 복지학

II. 반려동물복지 관련 법령

III. 동물복지 관련 사회문제

I

반려동물 복지학

학습목표
1. 반려동물의 의미를 이해할 수 있다.
2. 반려동물의 보호 및 관리의 필요성에 대해 알 수 있다.

1. 반려동물의 의미

반려동물이란 일반적으로 좋아해서 가까이 두고 귀여워하며 기르는 동물을 말하는데, 최근에는 사람과 더불어 살아가며 사랑을 주고받는 가족이라는 의미에서 반려(伴侶)동물이라고도 한다. 1983년 10월 27-28일 오스트리아 빈에서 인간과 애완동물의 관계(The Human-Pet Relationship)를 주제로 하는 국제 심포지엄이 동물 행동학자이자 노벨상 수상가인 K. 로렌츠의 80세 탄생일을 기념하기 위하여 개최되었다. 오스트리아 과학아카데미가 주최한 이 자리에서 개, 고양이, 새 등의 애완동물을 종래의 가치성을 재인식하여 반려동물로 부르도록 제안하였고 그 결과 미국, 유럽, 일본 등 대부분의 국가에서 반려동물이라는 용어가 사용되고 있다. 동물이 인간에게 주는 여러 혜택을 존중하여 사람의 장난감이라는 의미의 애완동물이 아닌 더불어 살아가는 동물이라는 의미의 반려동물(Companion Animal)이라는 용어로 개칭된 것이다.

2. 반려동물의 보호 및 관리의 필요성

반려동물에 대한 관심이 증대되면서 반려동물을 기르는 가정이 급속히 증가하고 있다. 반려동물을 기르는 것이 일상화되고 반려동물에 대한 긍정적 인식이 많이 확산되었음에도 불구하고, 한편으로는 반려동물에 대한 인식 부족과 보호조치 미흡으로 인해 반려동물과 사람

모두에게 부정적 영향을 끼치는 경우가 종종 있다. 즉, 반려동물이 버려지거나[유기(遺棄)]·학대받는 등 생명과 안전을 위협당하거나 반려동물의 관리 소홀로 인해 사람들이 불편을 겪는 사례가 늘어나고 있는 것이다.

따라서 사람과 반려동물과의 행복한 공존을 위해서는 반려동물의 생명과 안전을 보호하고 그 복지를 증진하기 위해 노력해야 하며, 반려동물의 적정한 관리를 통해 다른 사람에게 피해를 끼치지 않도록 주의해야 한다.

반려동물 관련 법령

학습목표
1. 개별법상 동물의 범위를 알 수 있다.
2. 반려동물복지관련 동물보호법을 알 수 있다.
3. 동물의 사육 및 관리방법에 관한 기준들을 알 수 있다.
4. 동물 판매업자의 준수사항을 알 수 있다.

1. 개별법상 반려동물의 범위

반려동물과 관련된 법률에서 정하고 있는 동물의 범위는 약간씩 차이가 있지만 개와 고양이는 공통적으로 포함되어 있다.

▌표 22-1▐ 반려동물의 범위

「동물보호법」	1. 포유류, 조류 : 개, 고양이, 소, 말, 돼지, 토끼, 닭, 오리, 산양, 면양, 사슴, 여우, 밍크 등을 말함(「동물보호법」 제2조제1호 및 「동물보호법 시행령」 제2조제1호 · 제2호) 2. 파충류 · 양서류 · 어류 중 농림수산식품부가 관계 중앙행정기관과 협의를 거쳐 정하는 동물 : 현재 정해진 것 없음(「동물보호법」 제2조제1호 및 「동물보호법 시행령」 제2조제3호)
「가축전염병예방법」	개, 고양이, 소, 말, 당나귀, 노새, 양(염소 등 산양을 포함), 칠면조, 오리, 거위, 돼지, 닭, 꿀벌, 사슴, 토끼, 타조, 그 밖에 사육하는 동물 중 가축전염병이 발생하거나 퍼지는 것을 막기 위해 필요하다고 인정해서 농림수산식품장관이 정해서 고시하는 동물 : 현재 고시된 것 없음(「가축전염병예방법」 제2조제1호 및 「가축전염병예방법 시행령」 제2조)
「수의사법」	소, 말, 돼지, 양, 개, 토끼, 고양이, 조류, 꿀벌, 수생동물, 노새, 당나귀, 친칠라, 밍크, 사슴, 메추리, 꿩, 비둘기, 시험용 동물, 그외 앞에서 규정하지 않은 동물로서 포유류, 조류, 파충류 및 양서류(「수의사법」 제2조제2호 및 「수의사법 시행령」 제2조)
「소비자분쟁해결기준」 (공정거래위원회고시 제2011-10호, 2011. 12. 28. 발령 · 시행)	개, 고양이[「소비자분쟁해결기준」(공정거래위원회고시 제2011-10호, 2011. 12. 28. 발령 · 시행) 별표2 제21호]

2. 반려동물복지 관련 동물보호법

최근 대두되고 있는 동물복지에 대한 인식 상승과 동물학대 등 동물복지에 대한 사회문제들이 발생하면서 동물복지 및 보호에 대한 법률 재정이 중요 사안으로 떠오르게 되었다. 동물보호에 대한 필요성이 점차 높아지면서 1991년 동물보호법이 제정된 이후로 여러 번의 개정을 통해서 현재의 동물보호법이 시행되고 있다. 현재 발생하고 있는 동물복지 문제들에 대한 해결방안으로 이 법이 모든 해결책을 제시할 수 있는 것은 아니지만 이 법을 통해서 동물복지를 증진하는 방향으로 나아갈 수 있다는 것이 큰 의의라고 할 수 있겠다.

동물보호법에서는 동물과 소유자에 대한 정의를 제시하며 반려동물을 돌보는 소유자들의 의무에 대해서 명시를 하고 있다. 원론적으로는 동물보호의 기본원칙에 대해 제시를 하고 있으며, 동물학대에 대한 금지조항, 학대받고 있는 동물의 구조와 보호에 대한 조항도 명시하여 동물의 기본적인 안정권이 보장될 수 있도록 법제화하고 있다. 그 외에도 동물복지위원회, 동물보호센터 설치 및 지정, 동물보호감시원, 동물보호명예감시원에 대한 조항을 제정하여 동물복지가 제대로 실행될 수 있도록 법적으로 조치를 취하고 있다.

현재 사회적으로 문제가 되고 있는 유기동물에 대한 사안에 대해서는 등록대상동물의 등록·관리 조항을 제시하여 동물들이 안전하고 체계적으로 관리되고 보호될 수 있도록 법적으로 정하고 있다. 또한 정부는 5년마다 동물복지종합계획을 수립·시행하도록 함으로써 향후 동물복지 문제에 대한 고찰과 대응방안을 마련할 수 있도록 하여 정부차원에서 동물복지가 이루어질 수 있도록 하고 있다. 이에 관해서 자세한 내용은 12장 유기동물의 복지 부분에서 다룰 것이다.

반려동물과 관련된 동물보호법의 세부적인 내용은 아래 표 22-2와 같다.

▮표 22-2▮ 반려동물복지와 관련된 동물보호법

동물보호법 [시행 2013.4.5] [법률 제11737호, 2013.4.5, 일부개정]
총 칙
제1조(목적) 이 법은 동물에 대한 학대행위의 방지 등 동물을 적정하게 보호·관리하기 위하여 필요한 사항을 규정함으로써 동물의 생명보호, 안전 보장 및 복지 증진을 꾀하고, 동물의 생명 존중 등 국민의 정서를 함양하는 데에 이바지함을 목적으로 한다.
제2조(정의) 이 법에서 사용하는 용어의 뜻은 다음과 같다. 1. "동물"이란 소·말·돼지·개·고양이·토끼·닭·오리·산양·면양(綿羊)·사슴·여우·밍크 등 척추동물로서 대통령령으로 정하는 동물을 말한다. 2. "등록대상동물"이란 질병의 관리, 공중위생상의 위해 방지 등을 위하여 등록이 필요하다고 인정

하여 대통령령으로 정하는 동물을 말한다.

3. "소유자등"이란 동물의 소유자와 소유자를 위하여 동물의 사육·관리 또는 보호에 종사하는 사람을 말한다.

제3조(동물보호의 기본원칙) 누구든지 동물을 사육·관리 또는 보호할 때에는 다음 각 호의 원칙이 준수되도록 노력하여야 한다.

1. 동물이 본래의 습성과 신체의 원형을 유지하면서 정상적으로 살 수 있도록 할 것
2. 동물이 갈증 및 굶주림을 겪거나 영양이 결핍되지 아니하도록 할 것
3. 동물이 정상적인 행동을 표현할 수 있고 불편함을 겪지 아니하도록 할 것
4. 동물이 고통·상해 및 질병으로부터 자유롭도록 할 것
5. 동물이 공포와 스트레스를 받지 아니하도록 할 것

제4조(국가지방자치단체 및 국민의 책무) ① 국가는 동물의 적정한 보호·관리를 위하여 5년마다 다음 각 호의 사항이 포함된 동물복지종합계획을 수립·시행하여야 하며, 지방자치단체는 국가의 계획에 적극 협조하여야 한다.

1. 동물학대 방지와 동물복지에 관한 기본방침
2. 유실·유기동물 및 피학대 동물의 관리에 관한 사항
3. 동물실험시행기관 및 제25조의 동물실험윤리위원회의 운영 등에 관한 사항
4. 동물학대 방지, 동물복지 및 동물실험윤리 등의 교육·홍보에 관한 사항
5. 동물복지 축산의 확대와 동물복지축산농장 지원에 관한 사항
6. 그 밖에 동물학대 방지와 동물복지에 필요한 사항

② 특별시장·광역시장·도지사 및 특별자치도지사·특별자치시장(이하 "시·도지사"라 한다)은 제1항에 따른 종합계획에 따라 5년마다 특별시·광역시·도·특별자치도·특별자치시(이하 "시·도"라 한다) 단위의 동물복지계획을 수립하여야 하고, 이를 농림축산식품부장관에게 통보하여야 한다.〈개정 2013.3.23〉

③ 국가와 지방자치단체는 대통령령으로 정하는 민간단체에 동물보호운동이나 그 밖에 이와 관련된 활동을 권장하거나 필요한 지원을 할 수 있다.

④ 모든 국민은 동물을 보호하기 위한 국가와 지방자치단체의 시책에 적극 협조하는 등 동물의 보호를 위하여 노력하여야 한다.

[시행일:2012.7.1] 제4조제2항의 개정규정 중 특별자치시 및 특별자치시장에 관한 부분

제5조(동물복지위원회) ① 농림축산식품부장관의 다음 각 호의 자문에 응하도록 하기 위하여 농림축산식품부에 동물복지위원회를 둔다. 〈개정 2013.3.23〉

1. 제4조에 따른 종합계획의 수립·시행에 관한 사항
2. 제28조에 따른 동물실험윤리위원회의 구성 등에 대한 지도·감독에 관한 사항
3. 제29조에 따른 동물복지축산농장의 인증과 동물복지축산정책에 관한 사항
4. 그 밖에 동물의 학대방지·구조 및 보호 등 동물복지에 관한 사항

동물의 보호 및 관리

제7조(적정한 사육관리) ① 소유자등은 동물에게 적합한 사료와 물을 공급하고, 운동·휴식 및 수면이 보장되도록 노력하여야 한다.

② 소유자등은 동물이 질병에 걸리거나 부상당한 경우에는 신속하게 치료하거나 그 밖에 필요한 조치를 하도록 노력하여야 한다.

③ 소유자등은 동물을 관리하거나 다른 장소로 옮긴 경우에는 그 동물이 새로운 환경에 적응하는

데에 필요한 조치를 하도록 노력하여야 한다.

④ 제1항부터 제3항까지에서 규정한 사항 외에 동물의 적절한 사육·관리 방법 등에 관한 사항은 농림축산식품부령으로 정한다.〈개정 2013.3.23〉

제8조(동물학대 등의 금지) ① 누구든지 동물에 대하여 다음 각 호의 행위를 하여서는 아니 된다. 〈개정 2013.3.23, 2013.4.5〉

1. 목을 매다는 등의 잔인한 방법으로 죽이는 행위
2. 노상 등 공개된 장소에서 죽이거나 같은 종류의 다른 동물이 보는 앞에서 죽이는 행위
3. 고의로 사료 또는 물을 주지 아니하는 행위로 인하여 동물을 죽음에 이르게 하는 행위
4. 그 밖에 수의학적 처치의 필요, 동물로 인한 사람의 생명·신체·재산의 피해 등 농림축산식품부령으로 정하는 정당한 사유 없이 죽이는 행위

② 누구든지 동물에 대하여 다음 각 호의 학대행위를 하여서는 아니 된다.〈개정 2013.3.23〉

1. 도구·약물을 사용하여 상해를 입히는 행위. 다만, 질병의 예방이나 치료 등 농림축산식품부령으로 정하는 경우는 제외한다.
2. 살아 있는 상태에서 동물의 신체를 손상하거나 체액을 채취하거나 체액을 채취하기 위한 장치를 설치하는 행위. 다만, 질병의 치료 및 동물실험 등 농림축산식품부령으로 정하는 경우는 제외한다.
3. 도박·광고·오락·유흥 등의 목적으로 동물에게 상해를 입히는 행위. 다만, 민속경기 등 농림축산식품부령으로정하는 경우는 제외한다.
4. 그 밖에 수의학적 처치의 필요, 동물로 인한 사람의 생명·신체·재산의 피해 등 농림축산식품부령으로 정하는 정당한 사유 없이 상해를 입히는 행위

③ 누구든지 제14조제1항제1호 및 제2호에 해당하는 동물에 대하여 다음 각 호의 행위를 하여서는 아니 된다.

1. 포획하여 판매하거나 죽이는 행위
2. 제14조제1항에 따른 보호조치의 대상이 되는 동물임을 알면서 알선·구매하는 행위

④ 소유자등은 동물을 유기(遺棄)하여서는 아니 된다.

제16조(신고 등) ① 누구든지 다음 각 호의 어느 하나에 해당하는 동물을 발견한 때에는 동물보호센터나 지방자치단체의 장에게 신고할 수 있다.

1. 제8조에 따른 학대를 받는 동물
2. 유실·유기동물

② 다음 각 호의 어느 하나에 해당하는 자가 그 직무상 제1항에 따른 동물을 발견한 때에는 지체 없이 동물보호센터나 지방자치단체의 장에게 신고하여야 한다.

1. 제4조제3항에 따른 민간단체의 임원 및 회원
2. 제15조제3항에 따라 동물보호센터로 지정된 기관이나 단체의 장 및 그 종사자
3. 제25조제1항에 따라 동물실험윤리위원회를 설치한 동물실험시행기관의 장 및 그 종사자
4. 제27조제2항에 따른 동물실험윤리위원회의 위원
5. 제29조제1항에 따라 동물복지축산농장으로 인증을 받은 자
6. 제33조제1항에 따라 영업등록을 하거나 제34조제1항에 따라 영업신고를 한 자 및 그 종사자
7. 수의사, 동물병원의 장 및 그 종사자

③ 신고인의 신분은 보장되어야 하며 그 의사에 반하여 신원이 노출되어서는 아니 된다.

제6장 보칙

제40조(동물보호감시원) ① 농림축산식품부장관(대통령령으로 정하는 소속 기관의 장을 포함한다),

시 · 도지사 및 시장 · 군수 · 구청장은 동물의 학대 방지 등 동물보호에 관한 사무를 처리하기 위하여 소속 공무원 중에서 동물보호감시원을 지정하여야 한다. 〈개정 2013.3.23〉

④ 누구든지 동물의 특성에 따른 출산, 질병 치료 등 부득이한 사유가 없으면 제2항에 따른 동물보호감시원의 직무수행을 거부 · 방해 또는 기피하여서는 아니 된다.

제41조(동물보호명예감시원) ① 농림축산식품부장관, 시 · 도지사 및 시장 · 군수 · 구청장은 동물의 학대 방지 등 동물보호를 위한 지도 · 계몽 등을 위하여 동물보호명예감시원을 위촉할 수 있다. 〈개정 2013.3.23〉

③ 명예감시원은 제2항에 따른 직무를 수행할 때에는 부정한 행위를 하거나 권한을 남용하여서는 아니 된다.

제7장 벌칙

제47조(과태료) ① 다음 각 호의 어느 하나에 해당하는 자에게는 100만원 이하의 과태료를 부과한다.

1. 제8조제4항을 위반하여 동물을 유기한 소유자등
2. 제12조제1항을 위반하여 등록대상동물을 등록하지 아니한 소유자

3. 동물의 사육 및 관리방법에 관한 기준

동물의 사육 및 관리방법에 관한 아래와 같은 기준을 통하여 동물의 생명 보호와 복지를 실현시키고자 함이 목적이다.

1) 일반기준

동물의 소유자등은 동물을 사육 · 관리할 때에 동물의 생명과 그 안전을 보호하고 복지를 증진하기 위하여 성실히 노력하여야 한다.

동물의 소유자등은 동물로 하여금 갈증 · 배고픔, 영양불량, 불편함, 통증 · 부상 · 질병, 두려움과 정상적으로 행동할 수 없는 것으로 인하여 고통을 받지 아니하도록 노력하여야 한다.

동물의 소유자등은 사육 · 관리하는 동물의 습성을 이해함으로써 최대한 본래의 습성에 가깝게 사육 · 관리하고, 동물의 보호와 복지에 책임감을 가져야 한다.

동물의 소유자등은 자신이 기르는 동물이 공포감을 조성하거나 털, 소리, 냄새 등으로 인하여 다른 사람에게 피해를 주지 아니하도록 노력하여야 한다.

2) 개별기준

(1) 사육환경

동물의 종류, 크기, 특성, 건강상태, 사육 목적 등을 고려하여 최대한 적절한 사육환경을 제공하여야 한다. 야외에서 사육하는 경우에는 직사광선, 비바람 등을 피할 수 있는 공간이나 우리 등의 시설을 갖추어야 한다. 이 경우 우리는 동물에게 상해를 입히지 아니하는 재료로 제작된 것이어야 한다. 동물의 사육공간 및 사육시설은 동물이 자연스러운 자세로 일어나거나 눕거나 움직이는 등 일상적인 동작을 하는 데에 지장이 없는 크기이어야 한다.

(2) 건강관리

① 전염병 예방을 위하여 정기적으로 동물의 특성에 따른 예방접종을 하여야 한다.
② 개는 분기마다 1회 이상 구충을 하여야 한다.
③ 번식을 목적으로 하지 아니하는 개나 고양이는 수의사가 권고하는 연령이 되면 중성화(中性化) 수술을 시키도록 하여야 한다.

(3) 훈련

① 공동주택에서 사육하는 개는 짖지 못하게 하는 등 주변 사람들에게 피해를 주지 아니하도록 필요한 훈련을 시켜야 한다.
② 개의 경우에는 사람에 대한 공격성을 감소시키기 위하여 복종훈련을 시켜야 한다.

4. 동물판매업자의 준수사항

동물 판매업의 관리나 위생 뿐만 아니라 동물의 본래의 습성, 건강 및 정서를 보호하여 이윤만을 쫓기보다는 동물에 대한 건강과 복지가 지켜질 수 있도록 그 기준을 명시하였다. 관련 법은 아래의 표 22-3과 같다.

▮표 22-3▮ 동물판매업자의 준수사항

가. 판매할 수 있는 동물의 월령(月齡)은 다음과 같다.
   1) 2008년 12월 31일까지 : 1.5개월(6주) 이상
   2) 2009년 1월 1일 이후 : 2개월 이상

나. 14세 미만인 자에게는 동물을 판매하여서는 아니 된다. 다만, 보호자를 동반한 경우에는 그러하지 아니하다.

다. 동물을 사육하려는 개인에게 동물을 판매한 경우에는 「소비자기본법 시행령」 제8조제3항에 따른 소비자분쟁해결기준에서 정하는 계약서를 내주어야 하되, 계약서에는 동물판매업 등록번호, 업소명, 동물의 출생일자가 포함되어야 한다.

라. 동물판매업자에게 동물을 판매하는 경우에는 동물판매업 등록번호, 업소명, 동물판매업자의 성명과 주소, 동물의 품종, 털색깔, 출생일자, 성별, 치료기록 및 약물투여 기록, 판매일자 등이 포함된 서류를 내주어야 한다.

마. 동물은 종류별, 성별(어리거나 중성화된 동물은 제외한다), 크기별로 분리하여 관리하고, 질환이 있는 동물(상해를 입은 동물을 포함한다), 공격성이 있는 동물, 늙은 동물, 어린 동물(어미와 함께 있는 경우를 제외한다), 새끼를 배거나 젖을 먹이고 있는 동물은 분리하여 관리하여야 한다.

바. 영업장에 새로 들어온 동물에 대하여는 체온과 외부 기생충 및 피부병 등 건강상태를 확인하여야 한다.

사. 영업장 내 잘 보이는 곳에 동물판매업 등록증을 게시하여야 한다.

동물복지 관련 사회문제

학습목표
1. 동물복지와 관련한 사회문제에 관심을 가져보도록 하자.

1. 애니멀 호더

애니멀 호더(Animal Hoarder)란 동물을 기르는 것이 아니라 수집하는 행위에 가까운 사람들을 일컫는 용어로, 동물학대의 한 유형이다. 그러나 애니멀 호더들은 자신이 동물에게 모든 책임을 다하고 있다고 착각한다. 전문가들은 애니멀 호더 대부분이 정신질환을 앓고 있는 경우가 많다고 주장하며, 이들이 동물학대를 넘어 아동이나 노인학대 등으로 확대될 가능성이 있다는 점에서 문제라고 지적하고 있다.

애니멀 호더의 생활은 충격을 안겨주고 있다. 최근 한 방송에서는 세상과 철저히 단절된 채, 수십 마리의 개들하고만 고립된 생활을 하고 있는 애니멀 호더가 다뤄졌다. 집안은 온통 개 배설물, 크고 작은 벌레들과 쓰레기들로 가득하였고 게다가 개들이 화장실 변기 안에 있는 물을 마시고 있고, 피부병은 기본으로 갖가지 병에 걸린 개들의 몸 상태는 최악이었다. 그런데 개들과 함께 살기만을 고집하며 어떠한 도움도 거부하던 여자가 개들에 폭력을 가하는 모습이 포착되기까지 했다. 또 다른 방송에서는 집에 29마리의 고양이가 고양이 배설물과 쓰레기 더미 속에서 생활하고 있었을 뿐만 아니라 냉장고 안에 고양이 사체들을 수북이 쌓아놓고 사는 애니멀 호더가 소개되었다. 이 사체들은 1년이 지난 상태였기 때문에 썩을대로 썩어있는 상태였다.

2. 학대받는 종견

학대받는 종견, 일명 씨받이견이란 금전적 이윤을 극대화하기 위하여 암컷 개들로 하여금 새끼들을 낳고 회복할 시간도 없이 계속하여 새끼를 가지도록 하는 것을 말한다. 이러한 번식은 유전적 특성 등을 고려하지 않은 채 행하여지므로 선천적, 유전적 결함을 가진 개들이 계속적으로 태어나는 것을 방치하며, 암컷 개들은 번식이 불가능해졌다고 판단되는 경우 바로 죽임을 당하게 된다. 이러한 종견들은 적절한 관리나 사회화, 운동, 산책도 없이 과밀하고 비위생적인 환경(예를 들어, 오물 청소를 최소화하기 위한 철조망식 우리)에서 번식기계처럼 이용되다 죽는 것으로 알려져 있다. 병들어 죽을 때까지 강아지를 낳아야하는 씨받이견들에게 가해지는 학대에 대해 방송에서도 취재가 된 바가 있다. 어느 한 종견은 온 몸이 염증과 욕창으로 헐어버린 상태로 유기되어 구조되기도 하였다. 1년에 두 번씩 7년 간 새끼만 낳다 병들고 번식 능력이 없어지자 버려진 것이었다.

Chapter 23

고객 상담론

Customer Counseling

I. 상담의 이론과 실제

II. 고객 상담 실무

우리는 반려동물을 키우면서 다양한 문제들을 경험하고, 많은 사람들이 문제의 정확한 원인과 해결방법을 찾기 위해 상담을 원하는데 이러한 상담은 반드시 반려동물에 대한 정확한 전문지식을 갖춘 사람에 의해 진행되어야 한다.

반려동물에 대한 정확한 지식을 갖추었어도 고객(내담자)과 효과적인 상담을 하려면 상담심리에 대한 기본을 이해해야 한다. 이 장에서는 반려동물관리사가 기본적으로 알아야 할 상담의 이론과 실제, 고객 상담 실무에 대해서 다루려고 한다.

상담의 이론과 실제

학습목표
1. 상담의 기본개념, 기본적인 상담기법과 과정을 알 수 있다.
2. 상담의 윤리, 상담에 영향을 미치는 요인을 알 수 있다.

고객 상담을 잘 하기 위해서는 상담의 기본개념, 기본적인 상담기법, 상담의 과정, 상담윤리, 상담에 영향을 미치는 요인을 이해해야 한다.

1. 상담의 기본 개념

상담이란 상담자와 내담자, 그리고 두 사람과의 대면관계에서 이루어진다. 이 장에서는 상담자란 반려동물관리사(동물행동상담사, 동물매개심리상담사도 포함), 내담자란 내담동물보호자(고객)를 말하며 상담의 내용은 반려동물에 관련된 것뿐만이 아니라 내담동물보호자에 관련된 내용도 포함된다.

1) 상담의 정의

도움을 필요로 하는 사람(고객)이 전문적으로 훈련을 받은 사람(반려동물관리사, 동물매개심리상담사, 동물행동상담사 등)과의 대면관계에서 생활과제의 해결과 사고·행동 및 감정 측면의 인간적 성장을 위해 노력하는 과정이다.

2) 상담의 내용

상담은 단순한 정보를 얻거나 대화를 나누는 것이 아니라, 생활 속의 문제가 구체적으로 해결되고 사고방식이나 행동 측면에서 전보다 더 발전되기 위해 노력하는 것이다.

3) 상담자의 자질

(1) 전문적 자질

상담자는 상담목표를 달성하기 위해 그것에 필요한 전문적 지식과 경험을 갖추어야 한다. 먼저 상담이론에 대한 이해를 해야 하며 상담을 효율적으로 진행하는 방법과 절차에 관한 이해를 해야 한다.

(2) 인간적 자질

상담은 치료이론이나 기법으로 하는 것이 아니다. 상담자가 상담이론 및 기법을 훌륭히 갖추었다고 해도 훌륭한 인간적 자질을 갖추지 않으면 내담자가 상담을 받으려고 하지 않을 것이기 때문에 상담을 지속하기 어렵다. '아는 것은 참 많은데 사람이 틀렸다'거나, '사람은 참 좋은데 머리에 든 것은 없다'라는 이야기를 들어봤을 것이다. 이 말은 상담자가 되기 위해서는 전문적 자질과 함께 인간적 자질을 동시에 갖추어야 함을 잘 나타내 준다.

4) 상담에 오는 과정

상담을 받는 사람이라고 해서 다 심각한 문제가 있는 것은 아니다. 자신이 당면한 문제를 스스로 감당하기 힘들거나 해결하기 어려워 전문가의 도움이 필요하면 전문가의 도움을 받을 수 있다. 상담에 오는 과정은 다음과 같다.

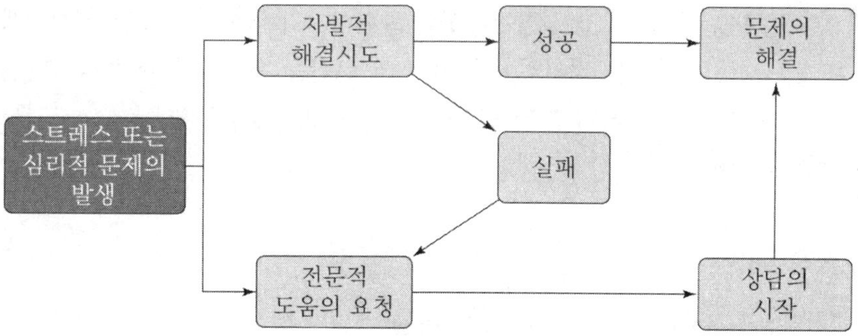

▌그림 23-1▐ 상담에 오는 과정

5) 상담자의 신념과 태도

상담자가 가진 신념과 상담에 임하는 태도는 내담자에게 영향을 준다. 그러므로 상담자는 다음과 같은 신념과 태도를 지녀야 한다.

① 내담자가 상담을 통해 변화될 것이라는 확신을 가져야 한다.

② 특별한 경우를 제외하고 내담자를 위해 비밀유지를 지키는 윤리적 책임을 져야 하며 상담이 진행되는 동안 내담자와 이중관계(예 : 성관계, 금전거래 등)를 해서는 안 된다.
③ 상담자는 내담자에게 모든 면에서 직·간접적으로 영향을 미치므로 본보기를 보여야 한다.
④ 내담자에게 전적으로 관심을 기울여 내담자를 위해 함께 함을 보여주어야 하며 상담자가 자주 강조해야 하는 말은 '나는 언제나 당신 편이에요'이다.
⑤ 적극적 경청을 해야 하며 내담자를 이해하기 위해 감정, 행동, 생각에 반복해서 나타나는 것을 이해해야 한다.
⑥ 상담면접기법을 숙달하고, 내담자를 끊임없이 격려해야 한다.
⑦ 내담자가 상담을 통해 달성하고자 하는 목표가 무엇인지 확인한 후, 내담자와 함께 구체적인 상담목표를 정해야 한다.

6) 상담의 기능

(1) 교육적 기능

내담자의 행동을 바람직한 방향으로 변화시키기 위한 전문적인 조력과정으로 정의 된다는 점에서 교육적 기능을 포함한다고 할 수 있다. 특히 상담을 학습과정, 재교육과정, 사회화 과정으로 보는 입장에서는 상담의 교육적 기능이 더욱 강조된다.

(2) 진단적·예방적 기능

내담자의 적응력을 향상시키고 성장가능성을 촉진시키기 위해서는 내담자가 현재 당면하고 있는 부적응 행동의 원인을 정확히 진단하고 그 원인을 제거하기 위한 적절한 상담기법의 적용이 필요하다. 따라서 상담의 진단적·예방적 기능은 상담문제 해결과 부적응의 예방을 위한 필요조건이다.

(3) 교정적 기능

어떤 내담자는 '나는 아무것도 할 수 없다'라는 그릇된 생각을 함으로써 성장이 지체되어 있는 경우가 많다. 이때 상담은 '생각 바꾸기', '마음 고쳐먹기'와 같은 하나의 교정적 과정을 나타내게 되는데 이때의 상담목표는 인간적 성숙이다.

(4) 치료적 기능

상담의 목표가 '성장을 저해하는 장애물이 있을 때는 언제나 이를 제거하고 극복하여 인적자원의 최적발달을 성취하도록 개인을 도와주는 것'이라고 할 때 치료적 기능은 상담의 기본적 기능에 속한다고 할 수 있다.

2. 기본적인 상담기법

기본적인 상담기법에는 비지시적 상담기법과 지시적 상담기법이 있다. 비지시적 상담기법이란 상담자가 내담자의 언어적 흐름을 방해하지 않고 따라가는 방법으로 경청, 질문, 반영, 명료화가 있고, 지시적 상담기법이란 상담사의 의견을 전달하려는 것으로 직면과 해석이 있다.

1) 경청

경청이란 내담자의 말과 행동에 상담자가 선택적으로 주목하는 것을 뜻한다. 내담자의 말과 행동을 경청하는 것은 상담을 성공적으로 이끄는 주요 요인이다. 경청은 내담자로 하여금 생각이나 감정을 자유롭게 표현할 수 있도록 북돋워 주고, 자신의 방식으로 문제를 탐색하게 하며, 상담에 대한 책임감을 느끼게 한다. 따라서 상담자는 자신이 내담자의 말을 주목하여 듣고 있음을 전달해 줄 필요가 있다.

2) 반영

반영은 내담자의 말과 행동에서 표현된 기본적인 감정·생각 및 태도를 상담자가 다른 참신한 말로 부연해 주는 것이다. 이것은 내담자의 자기이해를 도와 줄 뿐만 아니라, 내담자로 하여금 자기가 이해받고 있다는 인식을 주게 된다. 내담자의 감정은 겉으로 보이는 표면감정이 있고 보이지는 않으나 중심적인 내면감정이 있다. 상담자는 내담자의 내면적 감정을 정확히 파악하여 내담자에게 전달해 주어야 한다.

알아두기

반영의 표현방법

① ~ 때문에 ~를 느끼는 군요, ~게 들리는데요, 달리 말하면 ~게 느끼고 계시다는 말씀인가요?, ~라고 이해가 되는데요, 정말 ~한가 보네요.
② 상담자는 내담자가 말로 표현하는 것 뿐 아니라 자세, 몸짓, 목소리의 어조, 눈빛 등 비언어적 메시지에서 표현되고 있는 것도 반영해 주어야 한다.
③ 특히 내담자의 언어표현과 행동단서가 차이가 나거나 모순을 보일 때에는 이를 반영해주는 것이 필요하다.

3) 명료화

명료화는 내담자의 말 속에 내포되어 있는 것(내담자의 실제 반응에서 나타난 감정 또는 생각 속에 암시되었거나 내포된 관계와 의미)을 내담자에게 명확하게 해 주는 것을 뜻한다. 내담자가 애매하게만 느끼던 내용이나 지료를 상담자가 말로 표현해 준다는 점에서, 내담자에게 자기가 이해받고 있으며 상담이 잘 진행되고 있다는 느낌을 갖게 해 주고, 내담자로 하여금 미처 생각하지 못했던 측면을 생각하도록 하는 자극제가 된다.

> **알아두기**
>
> **선택적 명료화**
>
> 선택적 명료화란 내담자가 표현한 생각이나 느낌 중에서 상담자가 중요하다고 판단한 생각이나 느낌을 선택하여 강조하는 것이다.

4) 직면

직면은 내담자가 모르고 있거나 인정하기를 거부하는 생각과 느낌에 대해서 주목하도록 하는 것이다. 직면은 내담자의 변화와 성장을 증진시킬 수도 있는 반면, 내담자에게 심리적인 위협과 상처를 줄 수도 있다. 따라서 상담자는 직면반응을 사용할 때 시의성, 즉 내담자가 받아들일 수 있는 준비가 되어 있는 지를 면밀히 고려해야 한다.

> **알아두기**
>
> **상담자는 다음과 같은 상황에서 내담자를 직면시킬 수 있다.**
>
> ① 내담자 스스로는 못 깨닫고 있지만 그의 말이나 행동에서 어떤 불일치가 발견될 때 상담자는 이와 같은 불일치를 지적할 수 있다.
>
> ② 내담자로 하여금 자신의 욕구에 의해서만 상황을 바라볼 것이 아니라 상황을 있는 그대로 볼 수 있도록 할 때 직면반응을 사용할 수 있다.

5) 해석

해석은 내담자가 자신의 말이나 상황에 대해 명확하게 의식하지 못한 것에 대한 의미를 설명해주는 일종의 가설이다. 즉, 내담자로 하여금 과거의 생각과는 다른 각도에서 자기의 행동과 내면세계를 파악하게 하는 것이다. 해석은 내담자와 신뢰감이 없는 상태이거나 내담자의 욕구와 관계없이 이루어지면, 내담자가 이를 평가적으로 느껴 치료동맹에 손상을 줄 수 있으므로 내담자와 상담관계 형성이 이루어진 상담의 중기나 종결단계에서 진행한다. 해석은 전문성이 가장 많이 요구된다.

알아두기

질문

중요한 사항에 대한 적절한 질문은 상담자가 경청하고 있음을 전달해 줄 뿐만 아니라, 내담자의 자기탐색을 촉진한다. 질문에는 개방형 질문과 폐쇄형 질문이 있다.

① 개방형 질문

내담자의 대답이 한 두 마디의 말로 한정되지 않도록 하는 형태의 질문으로 내담자에게 더 많은 이야기를 할 수 있는 기회를 제공한다. 내담자의 감정을 명료화하고 내담자가 자기의 느낌에 주의를 기울이도록 한다.

- 개방형 질문의 예시

내담자 : 사람들이 저를 힐끔힐끔 쳐다보는 것이 기분 나쁘고 마치 동물원에 있는 동물 같은 느낌이 들었어요.

상담자 : 사람들이 ㅇㅇ씨를 동물원에 있는 동물같이 쳐다볼 때 기분이 어땠어요?

② 폐쇄형 질문

초기 단계에서 사실적인 정보를 탐색하기 위해 사용하며 구체적인 상황에 초점을 맞추거나 정확한 정보를 얻는 데 유용하다. 잠재적으로 위협적이거나 위험한 상황에서 내담자에게 무슨 일이 일어났는지 직접적으로 물어보는 데 유용하다.

- 폐쇄형 질문의 예시

상담자 : 자살을 하고 싶다는 생각을 한 적이 있으세요?

내담자 : 네

상담자 : 실제 자살을 시도해 보셨어요?

내담자 : 네

3. 상담의 과정

상담은 내담자와 처음 만났을 때(접수면접)부터 만남이 종결되기까지의 여러 번의 면접을 거치는 하나의 과정이다. 상담의 진행과정은 초기·중기·종결단계로 나눈다. 각 단계에서 행해져야 할 주요 과제들에 대해 알아보면 다음과 같다.

1) 접수 면접

내담자가 상담을 요청하면 제일 먼저 이루어지는 것이 접수면접이다. 내담자와 내담자의 반려동물에 대한 기본정보, 외모 및 행동, 호소문제, 현재 및 최근의 주요 기능상태, 스트레스 원에 대한 정보를 수집하기 위해 작업하는 단 한 번의 만남으로 첫인상이 중요하듯이 상담에서 접수면접은 매우 중요하다. 상담자는 접수면접에서 동물의 외모, 행동 · 심리동작 활동, 반려동물관리사에 대한 태도, 정서와 기분, 짖음과 으르렁거림, 지각장애, 일상생활에서의 두드러진 장애 등을 평가한다.

2) 초기단계 : 상담의 기틀잡기

초기단계는 상담의 기틀을 잡는 과정으로 내담자 문제의 이해, 상담목표의 설정, 상담의 진행방식에 대한 합의, 촉진적 상담관계의 형성 등을 어떻게 해 나가는지에 대해 알아야 한다.

(1) 내담자 문제의 이해(주호소 문제 탐색)

상담의 가장 중요한 목표는 내담자가 호소하는 문제를 해결하는 데 있다. 따라서 내담자의 문제가 무엇이고 그것이 어떤 배경에서 발생하였는지를 확인하는 것은 상담의 필수 사항에 해당된다. 초기단계에서는 내담자가 도움을 청하는 직접적인 이유를 확인하고, 문제의 발생 배경을 탐색하고, 문제해결 동기에 대해 평가해야 한다.

(2) 상담의 목표 및 진행방식의 합의

상담이 도달해야 할 지점을 상담의 목표라고 하는데 이것이 분명할수록 상담은 순조롭게 진행될 수 있다.

상담의 최우선적인 목표는 내담자가 호소하는 문제의 해결이다. 이런 의미에서 상담의 일차적 목표는 '증상 완화 또는 문제 해결적 목표'라고 부른다. 이차적 목표는 내담자가 내면적인 자유를 회복하고 자신이 가지고 있는 수많은 가능성과 잠재력을 드러낼 수 있도록 성격을 재구조화하여 인간적 발달과 성숙을 이루도록 하는 것으로 '성장 촉진적 목표'라고 부른다.

상담의 진행방식의 합의에서는 상담기간 및 시간에 대해 합의하고, 바람직한 내담자 행동 및 역할에 대해 안내해야 한다.

알아두기

상담목표 설정 시 고려사항

① 상담목표는 구체적이고 명확해야 한다.
② 상담목표는 현실적으로 내담자가 처한 상황에서 달성이 가능한 것이어야 한다.
③ 문제를 축약해야 한다. 내담자가 제시하는 문제들을 일일이 해결하는 것을 상담목표로 정하는 것은 바람직하지 않을 수 있다. 문제 축약이란 내담자가 호소하는 여러 가지 문제를 유사한 원인을 가지는 몇 가지 주요문제로 압축하는 것을 말한다.

(3) 촉진적 상담관계의 형성

상담자와 내담자가 솔직하고 신뢰가 되는 관계를 형성하는 것은 상담의 진전과 성공에 직결되는 대단히 중요한 문제다. 상담의 초기단계에서 촉진적인 상담관계를 형성하기 위해서는 끊임없이 내담자를 이해하려는 진지한 자세, 모든 것을 내담자 입장에서 생각해 보려는 내담자 중심적인 태도, 비난하거나 비판하기 보다는 수용하고 존중하는 허용적인 자세, 어떤 가식도 없는 진솔하고 투명한 태도, 내담자를 도와주고자 하는 조력적 자세, 변덕스럽지 않은 일관적인 태도와 행동 등이다.

알아두기

상담의 구조화

구조화는 상담의 효과를 최대한으로 높이기 위해 상담의 성질, 상담자와 내담자의 역할과 책임, 상담의 목표, 시간과 공간적인 제한 등을 설명하고 인식시켜 주는 것이다. 구조화는 상담의 초기에만 하는 것이 아니고, 과정이 진행됨에 따라 상담관계에 대한 재구성(재조정)을 할 필요를 느끼면 그때그때 다시 하여야 한다.

- 구조화의 예

  상담이란 당신의 반려동물을 보다 잘 이해하고 문제를 가능한 한 구체적으로 해결하도록 노력하는 것입니다. 먼저 ○○에 대해 생각나는 것을 자유롭게, 그리고 구체적으로 말씀해 주십시오. 오늘 상담할 수 있는 시간은 약 40분이고, 앞으로 1주일에 1회씩, ○요일, ○시에 계속 만나기로 하지요. 혹시 반려동물에 대해 어떤 점이 궁금하신지요?

3) 중기단계 : 문제 해결하기

상담의 중기 단계는 초기단계가 끝날 무렵부터 상담의 목표가 어느 정도 달성되기까지의 전체과정을 말한다. 중기단계의 가장 큰 특징은 초기단계에서 설정한 상담목표를 해결하기 위한 구체적인 상담 작업들이 행해진다는 데 있다. 이런 의미에서 상담의 중기단계는 '문제해결 단계'라고 부른다. 중기단계에서 상담자가 고려해야 할 사항은 다음과 같다.

(1) 과정적 목표의 설정과 달성

초기단계에서 설정된 상담의 목표를 달성하기 위해서는 목표에 도달하기까지 어떤 중간 통과 지점이 있게 마련인데, 이러한 중간 지점을 상담의 '과정적 목표'라고 한다.

(2) 저항의 출현과 해결

사람들에게는 저마다 습관적으로 행하는 사고·감정·행동패턴이 있는데, 이러한 패턴은 그대로 지속되려는 경향이 있다. 이들을 변화시키려고 할 때 변화에 대한 반대, 즉 저항이 일어나게 된다. 저항은 변화의 걸림돌로 작용하기 때문에 변화를 달성하기 위해서는 저항을 극복하지 않으면 안 된다.

4) 종결단계 : 성과 다지기

내담자가 원했던 변화가 일어나게 되면 상담은 종결된다. 즉, 반려동물의 문제행동이 상담에서 해결하고자 했던 문제라면 반려동물의 문제행동이 현저히 완화되었을 때 상담은 종결된다. 그렇지만 모든 상담이 성공적으로 종결되는 것은 아니다. 상담자로서 여러 가지 전문적인 노력을 기울여도 초기에 설정했던 목표달성에 실패하는 경우가 있다. 그러한 실패를 상담자 스스로의 힘으로 되돌릴 수 없을 때 부득이하게 상담은 종결될 수 있다. 그 외에도 내담자가 상담이 도움이 되지 않는다고 생각하고 상담을 거부하는 때도 있는데 이것을 비성공적 상담종결이라고 한다.

(1) 종결의 다양한 의미

종결에는 심리적 재탄생으로서의 종결, 타협 형성으로서의 종결, 성과 다지기로서의 종결이 있다.

(2) 성공적인 상담 종결의 조건

문제 증상이 완화되었을 때, 현실 적응력이 증진되었을 때, 성격 기능성이 증진되었을 때, 성공적인 상담종결을 시사하는 내담자의 태도나 생각이 달라졌을 때 상담을 종결할 수 있다.

(3) 종결의 실제

상담에서의 친밀한 관계를 종결한다는 것은 내담자에게는 매우 어려운 일이다. 상담자는 종결할 때 내담자에게 일어날 수 있는 여러 가지 감정과 생각들을 적절하게 다루는 과정을 거쳐야 한다. 이러한 과정을 제대로 거칠 때 내담자는 별다른 후유증 없이 상담자로부터 진정한 심리적 독립을 할 수 있다. 종결의 실제에는 종결의 준비과정, 종결에 대한 내담자의 불안 다루기, 상담자에 대한 의존성 극복, 성과 다지기 및 면역력 쌓기, 가능한 증상 재발에 대해 준비하기가 있다.

4. 상담 윤리

변호사나 의사 등과 마찬가지로 상담자도 상담을 할 때 고려해야 할 윤리적 문제들이 있다. 상담자는 내담자의 권리 및 상담자 자신의 상담에 대한 윤리관의 중요성을 충분히 인식하고 있어야 하며, 어떤 경우에라도 내담자의 인간으로서의 가치는 존중받고 보호되어야 한다는 원칙을 갖고 있어야 한다.

1) 상담자의 책임

상담자는 우선 내담자에 대한 책임이 있다. 즉 내담자가 호소하는 문제들을 해결함으로써 내담자의 복지를 증진시켜야 할 의무가 있다. 자신의 교육, 수련, 경험 등에 의해 준비된 범위에서 전문적인 서비스와 교육을 제시한다. 자신이 가진 능력 이상의 것을 주장하거나 암시해서는 안 되며, 타인에 의해 능력이나 자격이 오도되었을 때에는 수정해야 한다. 자신의 활동 분야에 있어서 최신의 과학적이고 전문적인 정보와 지식을 유지하기 위해 지속적인 교육과 연수의 필요성을 인식하고 참여한다.

2) 내담자와의 관계

상담자는 내담자와 새로운 상담관계를 시작하기 전에 상담의 목적과 목표, 상담에서 사용되는 기법, 상담에서 서로 지켜야 할 규칙들, 상담관계에 영향을 미칠 수 있는 여러 가지 가능한 제한점들에 대해 내담자에게 미리 알려주어야 한다.

3) 비밀보장의 문제

(1) 사생활과 비밀보호

상담에서 드러난 내담자에 관한 정보들은 일종의 위임된 정보들이다. 상담자는 사생활과 비밀유지에 대한 내담자의 권리를 최대한 존중해야 할 의무가 있고, 상담에서의 비밀보장을 내담자에게 약속해야 한다.

(2) 기록

법, 규제 혹은 제도적 절차에 따라 상담자는 내담자에게 전문적인 서비스를 제공하기위해서 반드시 기록을 보존한다. 녹음 및 기록에 관해 내담자의 동의를 구한다. 면접기록, 심리

검사자료, 녹음테이프, 기타 문서기록 등 상담과 관련된 기록들이 내담자를 위해 보존된다는 것을 인식하며 상담기록의 안전과 비밀보호에 책임진다. 내담자가 기록에 대한 열람이나 복사를 요구할 경우, 그 기록이 내담자에게 잘못 이해될 가능성이 없고 내담자에게 해가 되지 않으면 응하는 것이 원칙이다. 상담과 관련된 기록을 보관하고 처리하는 데 있어서 비밀을 보호해야 하며, 이를 타인에게 공개할 때에는 내담자의 직접적인 동의가 있을 때에만 가능하다.

(3) 비밀보장이 지켜지기 어려운 상황들

내담자가 자살에 관한 이야기를 자주하며, 심지어는 자살을 시도하는 구체적인 방법 들에 대해 말할 때 상담자는 이와 같은 사실을 그녀의 가족들에게 알려야 한다.

(4) 비밀보호의 한계

내담자의 생명이나 사회의 안전을 위협하는 경우가 발생했을 때, 내담자의 동의 없이도 내담자에 대한 정보를 관련 전문인이나 사회에 알릴 수 있다. 이런 경우 상담시작전에 이러한 비밀보호의 한계를 알려준다. 법적으로 정보공개가 요구될 때에는 비밀보호원칙에서 예외지만, 법원이 내담자의 허락 없이 사적인 정보를 밝힐 것을 요구할 경우, 내담자와의 관계를 해칠 수 있기 때문에 정보를 요구하지 말 것을 법원에 요청한다. 사적인 정보의 공개를 요구하는 상황에서는 오직 기본적인 정보만을 밝힌다. 상담시작과 과정 중에 내담자에게 비밀보호의 한계를 알리고 비밀보호가 불이행되는 상황에 대해 인식시킨다.

4) 상담관계

(1) 이중관계

객관성과 전문적인 판단에 영향을 미칠 수 있는 이중관계는 피해야 한다. 가까운 친구나 친인척 등을 내담자로 받아들이면 이중관계가 되어 전문적 상담의 성과를 기대할 수 없으므로 다른 전문가에게 의뢰하여 도움을 준다. 특별한 경우를 제외하고는 내담자와 상담실 밖에서 사적인 관계를 유지하지 않도록 한다. 또한 내담자와의 관계에서 상담료 이외의 어떠한 금전적·물질적 거래관계도 맺어서는 안 된다.

(2) 성적관계

내담자와 어떠한 종류이든 성적(애정)관계는 피해야 한다. 이전에 성적인 관계를 가졌던 사람을 내담자로 받아들이지 않는다. 상담관계가 종결된 이후 최소 2년 내에는 내담자와 성적 관계를 맺지 않는다. 상담 종결 이후 2년이 지난 후에 내담자와 성적 관계를 맺게 되는 경우에도 상담심리사는 이 관계가 착취적인 특성이 없다는 것을 철저하게 검증해야 한다. 자신의 힘으로 해결할 수 없다면 다른 전문가의 도움을 받거나 상담관계를 종결해야 한다.

5) 상담성과와 관련된 윤리문제

(1) 내담자가 도움을 받지 못할 때

내담자가 상담관계로부터 별다른 이익을 얻지 못한다는 것이 확실하다면 상담관계를 종결하도록 시도하고, 내담자와 상의 하에 도움을 줄 수 있는 다른 전문가에게 의뢰하는 등의 조치를 취한다.

(2) 내담자가 진전이 없는데도 종결을 거부할 때

일부 내담자는 단지 말벗이 필요해서, 누군가를 만나기 위해서 상담에 오기도 한다. 변화를 시도할 수 있도록 상담자가 여러 차례 개입하였지만 별다른 반응을 보이지 않았을 때 상담자는 종결이 최선이라고 판단되면 종결을 고려해야 한다.

(3) 더 이상 상담을 유지하기 어려운 기관에 있을 때

상담을 진행하면서 가족 간의 갈등 및 정서적인 문제 등을 발견하고 보다 장기적인 상담을 받을 필요가 있다고 판단될 때는 장기상담이 가능한 다른 상담자에게 의뢰한다.

5. 상담에 영향을 미치는 요인들

상담에 영향을 미치는 내담자 요인은 상담에 대한 기대, 문제의 심각성, 동기, 지능, 정서상태, 방어적 태도, 자아강도, 사회적 성취수준, 과거의 상담경험, 자발적인 참여도 등으로 나누어 볼 수 있다.

1) 상담에 대한 기대

내담자들의 상담에 대한 기대는 상담의 진행방향과 결과뿐만 아니라 첫 면접 이후 상담을 계속할 것인가 아닌가를 결정하는데도 영향을 미친다.

2) 문제의 심각성

내담자의 심리적 문제가 심각할수록 투자된 시간과 노력에 비해 상담의 효과가 적다.

내담자에 대한 진단이 정신과적 문제가 심각할 경우는 약을 복용하면서 상담 및 심리치료를 병행해야 한다(예 : 정신분열증, 편집증, 우울증 등). 문제가 지나치게 가벼운 경우는 상담 동기가 낮고 문제가 분명하지 않아서 상담의 진전이 늦을 수 있다.

3) 상담에 대한 동기

상담에 대한 동기가 클수록 상담효과가 높기 때문에 상담자들도 동기가 높은 내담자를 선호한다. 상담 초기에 상담에 대한 동기를 높이는 것이 성과에 큰 영향을 미친다. 상담에 대한 대가로 요금을 지불하는 것도 상담에 대한 동기를 증가시키기 때문에 결과적으로 상담효과를 높일 수 있다(예 : 상담료 지불, 상담에 대한 교육, 상담자의 전문성, 치료예후 안내).

4) 지능

지능이 높은 내담자일수록 상담자의 의도를 잘 파악하고, 문제를 분석하고 통합하는 능력이 높으며 자기이해가 빠르고 개입이 효과적이라 상담효과가 높다.

5) 정서 상태

내담자의 불안이 클수록 변화에 대한 동기가 강하고 상담에 대한 준비가 되어 있을 가능성이 높으나 지나친 불안수준은 오히려 방해가 될 수 있으므로 불안수준을 낮추는 개입을 먼저 해야 한다. 심한 불안, 우울증, 긴장 등을 경험하고 있는 내담자는 이런 정서 상태에서 벗어나기 위해 상담에 적극적으로 참여한다. 불편감 및 고통을 어느 정도 경험하고 있어야 동기가 높으며, 만성화되어 있는 경우는 동기가 낮고 상담성과도 또한 낮다.

6) 방어적 태도

내담자의 정서적 혼란이 심하면 자아의 적응 및 기능이 무너져 버린 상태에서 상담이 어렵고, 방어기제가 지나치게 강한 상태에서는 불안 및 갈등의 원인을 근본적으로 탐색 또는 직면하지 않으려는 경향이 강하기 때문에 상담과정에서의 저항적 요소로 작용한다. 상담에서는 적절한 정도의 자아방어가 바람직하다.

고객 상담 실무

학습목표
1. 고객 상담의 필요성, 고객 상담의 과정을 알 수 있다.
2. 고객 상담에서 지켜야 할 에티켓에 대해 알 수 있다.

또한 유능한 고객 상담사가 되기 위해서는 고객 상담의 필요성을 이해하고 고객 상담에서 지켜야 할 에티켓을 알고 있어야 한다.

1. 고객 상담의 필요성

1인 가구 및 고령인구의 증가에 따라 반려동물을 키우는 사람이 늘어나고 동물에 의존하는 사람이 증가함에 따라 동물로 인해 곤란을 겪는 사람도 많아지고 있다. 동물에 대한 이해 부족과 곤란함은 곧 반려동물을 키우는 고객(내담자)와 반려동물에게도 스트레스가 되므로 반려동물의 습성과 특징에 대해 이해하는 것이 필요하다. 반려동물을 키우는 고객이 스스로 문제를 해결하기 어렵다면 상담자(반려동물관리사, 동물행동상담사)에게 상담을 의뢰할 수 있다.

1) 문제행동의 원인

반려동물이 보이는 문제행동의 원인을 분석할 때 의학적이고 병리학적인 관점으로 접근하는 것은 아주 중요하다. 문제행동을 보이는 동물 중에서 의학적인 문제 때문에 보이는 행동들은 다른 방향으로 치료를 해 나가야 한다.

어린 동물에게는 유전적인 영향이 크겠지만, 나이가 든 동물의 경우에는 내분비선의 기능 장애나 관절염, 면역 반응에서 오는 특이 반응, 감각기능의 저하, 종양, 뇌를 포함한 여러 신체 기관의 기능 장애 등과 같은 질병이 일반적이다.

약물 처치와 함께 약물의 효능과 부작용에 대하여 숙지를 하는 것 또한 중요하며 최소한 물리학적 검사나 혈액검사, 뇨검사, 호르몬 검사 등이 선행되어야 한다.

반드시 의학적 문제가 있는 모든 동물이 문제 행동을 보이는 것은 아니다. 유전적, 의학적, 환경적 요인이 동물의 행동에 많은 영향을 미친다.

2) 문제행동

의학적 문제를 동반하지 않은 대부분의 행동학적 문제의 원인은 고객에게 있는 경우가 많다. 정상행동이지만 반려동물로서 받아들여지기 힘든 행동들에는 장난감이나 음식을 지키기 위한 공격행동, 집에 찾아오는 방문자에 대한 공격행동, 땅파기, 물어뜯기 또는 다른 동물들에 대한 공격행동 등을 들 수 있다. 비정상적인 행동들은 자극에 의한 두려움이 극도의 불안감으로 연결되는 경우가 많은데 이런 경우 내분비, 대사, 염증, 면역, 고령화 등과 같은 내인적 소인인 경우와 스트레스, 불안감, 갈등 등에 만성적이고 반복적으로 노출되는 외인적 소인인 경우로 나뉠 수 있다.

반려동물과 함께 사는 모든 가족들에게는 동물행동과 관련한 교육이 필수적이며, 반려동물이 문제행동을 보이는 경우 이를 고치려는 모든 가족 구성원들의 노력과 동물들을 이해하려는 마음가짐, 그리고 환경의 변화가 꼭 필요하다.

2. 고객 상담의 과정

반려동물이 문제행동을 보일 때 상담자는 먼저 문제를 진단하고, 진찰계획을 세운 다음 안전하고 효과적인 치료방법을 결정하고 그 계획에 따른 치료를 고객과 함께 해 나가는 것이 가장 바람직하다. 가능하면 모든 가족구성원들이 상담에 참가하는 것이 좋다.

문제행동을 보이는 동물의 경우 의학적인 검사나 실험실적 검사를 통하여 건강상태를 점검한 후 훈련사를 추천하거나 동물행동상담 전문수의사에게 의뢰하는 경우도 있다. 현재 이러한 상담 중 반려동물관리에 대한 것은 반려동물관리사가 할 수 있도록 준비해야겠다.

1) 의학적 조사

문제행동을 보이는 많은 동물들의 경우, 통증이나 내분비적 기전의 이상 등 의학적이거나 또는 정신적인 원인으로 인한 경우가 많다. 그러므로 감별진단을 위해 정신적인 문제를 중심으로 한 신체 전반적인 검사를 해야 하며 이전 병력이 있었는지에 대해서도 참고하여야 한다. 검사에는 건강진단, 내분비 호르몬 검사를 포함한 혈액검사, 오줌검사, 배변검사, 피부검사, 중추(신경학적) 검사 등이 있다.

2) 문제행동 분석

정밀한 진단을 하기 위해서는 동물의 행동을 잘 관찰하고 평소 동물의 행동에 대해 주의 깊게 고객에게 문진하여야 하는데 그 이전에 반려동물관리사는 고객에게 최소한 48시간 전에 문진표를 주고 상세한 내용을 기술할 수 있도록 해야 한다. 질문표는 표 23-1을 이용하면 된다.

▌표 23-1▐ 질문표

분류	내용
가족 정보	• 주거형태(아파트인지) • 지방인지, 도시인지 • 가족규모, 나이, 일정 • 신체적/정신적 문제나 제한 • 동물과 기억나는 일화 • 다른 동물의 유무
동물의 정보	• 모습 • 입양한 나이 • 동물을 어디서 입양을 하였는지, 이전보호자에 대한 정보 • 성격, 기질 • 의학적 내력(약물복용, 각종 검사결과) • 부모, 동기강아지나 한배 새끼들에 대한 정보 • 먹는 음식의 종류와 횟수, 급여방법, 급여하는 사람, 음식에 대한 행동
훈련	• 방법 • 도구 • 감금 훈련 • 보상 방법과 동물의 반응 • 벌주는 방법과 동물의 반응 • 훈련방법과 절차 • 행동 명령을 위한 도구(그에 대한 반응) • head halter와 같은 제어 도구들을 사용하는지와 그에 대한 반응
동물의 환경, 약력, 생활	• 동물 주거 공간, 밤과 낮이나 가족이 없을 때 어디에 있는지 • 감금하는 공간들, 먹는 공간, 노는 공간 • 평소의 놀이와 운동 • 좋아하는 장난감 • 혼자 있는 경우와 그 시간 • 집 안, 밖에 머무르는 시간 • 주로 돌보는 가족
동물과 사람에 대한 반응	• 가족 • 가족이 아닌 사람 • 집 안에 있는 다른 동물 • 낯선 동물 • 가족과 가족이 아닌 사람, 본적이 있는 사람과 처음 보는 사람에게 보이는 반응 • 자세, 성량, 반응, 가까이 갔을 때 행동, 두려움, 공격반응

분류	내용
처리에 대한 반응 문제점	• 목욕, 발톱 정리, 미용, 만지기 • 무슨 일이 있었나? • 문제행동은 어디에서 일어났나? • 언제 일어났나? • 사람과 동물 중 누구에게 문제가 생겼나? • 왜 그 문제행동이 일어났다고 생각하는가? • 보호자는 문제가 생길만한 초기 상황을 이해하고 있나? • 환경적 변화가 있었나? • 문제행동이 지속되는 기간 • 빈도 • 문제 행동을 일으키는 시발점 • 외형적인 변화 • 치료를 시도함에 따른 애완동물의 반응
부가적인 문제	• 그 외의 문제점이 더 있는가?

3) 고객 상담

고객 상담의 방법에는 고객(보호자, 내담자)과 반려동물이 직접 클리닉을 방문하는 방법 이외에도 문제행동을 보이는 동물의 생활공간으로 반려동물관리사가 방문하는 방법과 전화나 팩스 또는 이메일 등으로 상담하는 방법이 있다.

클리닉이나 전문병원으로 고객(보호자, 내담자)과 동물이 직접 방문할 경우, 의학적인 검사나 조치를 곧바로 할 수 있다는 장점이 있지만 동물이나 고객의 입장에서는 긴장될 수밖에 없는 공간이므로 평소와 같은 문제행동이나 일상의 관계를 관찰하기에는 쉽지 않다.

반려동물관리사가 동물이 생활하고 있는 공간을 방문하여 상담을 진행할 경우, 동물의 세력권 내에 침입해야 하는 것에 따른 위험성이 따르지만 평소와 같은 문제행동을 관찰하거나 고객과의 관계를 파악하기에는 좋은 방법이다.

반려동물관리사는 고객이 작성한 질문표의 내용을 다시 확인하는 것이 좋다. 확인해야 될 항목은 다음과 같다.

- 문제가 되는 동물의 연령, 성별, 품종, 병력 등과 같은 일반정보
- 진찰의 원인이 되는 문제행동의 개요(주요증상)와 고객이 희망하는 최종목표
- 진찰의 계기가 된 사건의 상세
- 문제행동을 일으키는 상황 : 인간, 시간대, 환경요인 등
- 문제행동에 이어서 나타나는 행동
- 문제행동의 경과 : 최초의 문제발생시기, 빈도, 정도의 변화 등
- 관련된 문제행동
- 마지막으로 일어난 사건의 상세
- 문제행동이 나타나지 않는 경우의 상황

반려동물의 행동과 고객과의 행동을 관찰하면서 잊지 말아야 할 것은 고객과의 대화를 통해 고객의 이해력을 정확히 평가하여야 한다. 문제행동을 보이는 반려동물의 경우 치료의 중심은 고객의 실천력이기 때문이다.

4) 고객 상담 후 처방

고객이 기재한 질문표, 진찰시의 정보, 의학적 검사결과를 종합적으로 판단하여 진단과 처방을 내리게 된다. 고객에게 진단명과 진단을 내린 근거를 명확히 전달하고 치료방침을 자세히 설명해야 하며 반려동물의 행동을 치료할 경우에는 약물투여나 환경수정 및 행동수정법 등 고객이 평소 실천해야 할 점들이 많으므로 충분한 시간을 할애하여야 한다.

3. 고객 상담에서 지켜야 할 에티켓

고객에 대한 에티켓은 상담에서 매우 중요하다. 상담자는 고객에게 호감을 주고, 폐를 끼치지 말아야 하며, 고객을 존경해야 한다. 이 장에서는 고객 상담에서 지켜야 할 에티켓 중 전화 응대 방법과 명함을 주고받는 방법에 대해 다루려고 한다.

1) 전화응대 매너

(1) 전화응대 매너의 특징

전화는 예고 없는 만남이고 오해가 생기기 쉬우므로 습관적인 말투와 부정확한 발음에 유의해야 한다. 또한 보안이 되지 않으며 고객에게 비용이 발생한다.

(2) 전화고객 응대방법

전화 걸기 전 응대방법은 전화번호, 소속, 성명, 용건 등을 확인할 준비를 해야 하고, 전화 걸 때의 응대방법은 첫인사, 소속과 이름, 내용을 요약하여야 한다. 전화 받을 때 응대방법은 벨이 3번 울리기 전에 받고 먼저 자기소개를 해야 하며 "감사 합니다. ○○○의 ○○○팀 ○○○입니다. 무엇을 도와드릴까요?"라고 해야 한다.

용건은 간단명료하게 메모하며 전화를 끊을 때는 작별인사를 잊지 말아야 한다.

(3) 항의전화 응대시

항의 전화 응대시에는 우선 사과 또는 공감-경청-공감을 한다.

2) 고객과 인사, 명함 주고받기

(1) 인사

- 친절하게 얼굴에 웃음 띄우면서 인사한다.
- 악수는 오른 손으로 하는 것이 원칙이다.
- 상대가 악수 청할 때 남성은 반드시 일어서야 하지만, 여자는 앉은 채로 해도 괜찮다.
- 남성은 악수할 때 반드시 장갑을 벗는 것이 예의지만 여성은 실외에서 악수를 하는 경우 반드시 장갑을 벗지 않는다.
- 악수를 하면서 가벼운 인사말도 건넨다.
- 연소자가 연장자에게 소개되었을 경우 먼저 악수를 청해서는 안 된다.
- 외국인 고객의 경우 반려동물관리사와 고객이 서로 동성일 때는 악수를 하고 이성 간에는 간단한 목례로 대신한다.

(2) 명함 건네는 방법

- 아랫사람이 윗사람에게 먼저 건넨다.
- 상대를 기다리게 하고 명함을 찾는 것은 매너에 어긋난다.
- 명함은 선 자세로 교환한다.
- 반려동물관리사의 성명이 상대방 쪽에서 바르게 보이도록 준다.
- 가볍게 목례(15도)하면서 가슴 높이 선에서 건넨다.

(3) 명함 받는 방법

- 명함은 오른 손으로 건네고 왼 손으로 받는다.
- 명함은 두 손으로 잡고 본다.
- 자신의 명함이 없으면 양해를 구한다.
- 명함을 받자마자 호주머니에 넣으면 실례가 된다.
- 상대가 여러 명일 경우, 한 사람씩 명함을 건네고 받는다.
- 테이블에서 명함을 받으면 책상 위 오른 쪽에 놓는다.
- 상대의 이름과 직함을 정확히 말한다.
- 소개를 받은 후 고객과 친밀감을 형성하기 위한 가장 손쉽게 접근할 수 있는 주제는

동물에 대한 것이니 동물에 대해 언급하는 것이 좋다.

3) 고객 상담 비즈니스 매너의 적용방안

(1) 비즈니스 인사매너

모든 만남은 인사에서 시작하고, 인사는 첫 인상을 결정하는 첫 관문이다. 인사의 기본요소에는 미소(진실), 목소리(명랑:C음계의 '솔'톤), 자세(공손 : 상체를 반듯하게 굽혀서 인사, 굽힌 상태에서 잠시 멈춘 후에 상체 일으킴)이며, 무엇보다 가장 중요한 것은 눈맞춤이다. 인사는 눈맞춤으로 시작하여 "안녕하십니까" 멘트 후 선 자세에서 눈 맞춤으로 마무리 한다. 먼저 발뒤꿈치를 붙이되, 남성은 약 30도(시계바늘 방향 10시 10분), 여성은 15도(시계바늘방향 11시 5분) 정도가 적당하다. 손의 자세는 공수법을 토대로 남성은 왼 손이 위로 가도록 두 손을 포개 잡는 반면, 여성은 오른 손이 위로 가도록 포개 잡는다.

(2) 비즈니스 명함 매너

- 명함은 자신을 보여주는 최초의 수단으로 얼굴을 의미한다.
- 명함은 항상 소중히 다루고 명함첩에 10장 이상씩 소지한다.
- 명함은 자리에서 일어나서, 아랫사람이 먼저 손윗사람에게 건네준 후 윗사람의 명함을 받는다.
- 자세를 바르게 하고 상대의 얼굴을 보면서(아이콘택) 회사명, 부서명, 이름을 밝힌다.

(3) 고객 상담 비즈니스 대화매너

원활한 인간관계를 유지하기 위해서는 바람직한 대화매너로써 진실된 마음을 담아 정확하게 말을 하고 상대의 말을 경청하는 것이 중요하다. 그리고 쿠션 언어를 추가하면 상대를 기분 좋게 할 수 있다. 쿠션언어의 대표적인 표현으로는 "죄송하지만", "폐가 안 된다면", "번거롭게 해드려서 죄송하지만" 등의 말을 본론으로 들어가기 전에 추가하여 부드럽게 표현하는 것이다.

알아두기

표정관리

미국의 심리학자 메라비안은 사람의 첫 인상을 결정하는데 있어서 시각적인 요인이 55%, 청각적인 요인이 37%, 말의 내용이 8%라고 발표했다. 첫 인상을 결정하는데 있어서 시각적인 요인인 표정관리는 매우 중요하다.

피부관리

맨 얼굴은 무기 없이 적에 대항하는 것이다. 적당한 화장은 아름답게 보이면서 자신의 단점을 숨길 수 있는 좋은 방법이다.

모발관리

머리 스타일과 머리색은 중요하다. 나이에 맞지 않는 머리색은 염색하는 것이 좋다.

단원 학습 정리

1. 상담이란 도움을 필요로 하는 사람(고객)이 전문적으로 훈련을 받은 사람과의 대면관계에서 생활과제의 해결과 사고·행동 및 감정 측면의 인간적 성장을 위해 노력하는 과정이다.

2. 상담자의 자질에는 전문적 자질과 인간적 자질이 있다.

3. 상담자가 가진 신념과 상담에 임하는 태도는 내담자에게 영향을 준다.

4. 상담의 기능에는 교육적 기능, 진단적·예방적 기능, 교정적 기능, 치료적 기능이 있다.

5. 내담자가 상담을 요청하면 제일 먼저 이루어지는 것이 접수면접이다. 내담자와 내담자의 반려동물에 대한 기본정보, 외모 및 행동, 호소문제, 현재 및 최근의 주요 기능상태, 스트레스 원에 대한 정보를 수집하기 위해 작업하는 단 한 번의 만남으로 접수면접은 매우 중요하다.

6. 기본적인 상담기법에는 비지시적 상담기법과 지시적 상담기법이 있다. 비지시적 상담기법에는 경청, 질문, 반영, 명료화가 있고, 지시적 상담기법에는 직면과 해석이 있다.

7. 상담의 진행과정은 초기·중기·종결단계로 나눈다.

8. 상담의 최우선적인 목표는 내담자가 호소하는 문제의 해결이다. 이런 의미에서 상담의 일차적 목표는 '증상 완화 또는 문제 해결적 목표'라고 부른다. 이차적 목표는 내담자가 내면적인 자유를 회복하고 자신이 가지고 있는 수많은 가능성과 잠재력을 드러낼 수 있도록 성격을 재구조화하여 인간적 발달과 성숙을 이루도록 하는 것으로 '성장 촉진적 목표'라고 부른다.

9. 상담에 영향을 미치는 요인은 상담에 대한 기대, 문제의 심각성, 상담에 대한 동기, 지능, 정서상태, 방어적 태도, 자아강도이다.

10. 의학적 문제를 동반하지 않은 대부분의 행동학적 문제의 원인은 보호자에게 있는 경우가 많다.

11. 상담자는 고객에게 호감을 주고, 폐를 끼치지 말아야 하며, 고객을 존경해야 한다.

12. 사람의 첫 인상을 결정하는데 있어서 시각적인 요인이 55%, 청각적인 요인이 37%, 말의 내용이 8%이다.

Chapter 24

관련 직업 및 전망

Related Jobs and Prospects

I. 반려동물관리사
II. 펫헬스테라피의 이해
III. 펫헬스테라피의 종류

I

반려동물관리사

학습목표
1. 반려동물관리사의 역할을 이해할 수 있다.
2. 반려동물관리사의 전망과 비전을 알 수 있다.

1. 반려동물관리사란?

반려동물관리사는 한국동물매개심리치료학회에서 평가를 통해 자격 발급을 받은 반려동물 관리 전문가를 말한다. 반려동물관리사 자격은 민간자격을 관장하는 한국직업능력개발원에 등록된 민간자격으로 한국동물매개심리치료학회(www.kaaap.org)가 교육 과정 운영 및 자격 검증을 맡아 수행하고 있다.

2. 반려동물관리사의 비전과 전망

한국동물매개심리치료학회(http://www.kaaap.org/)에서 발급하는 반려동물관리사 자격증은 한국직업능력개발원 민간자격 인증을 받고 발급하고 있다.

반려동물관리사는 반려동물인 개와 고양이의 분양, 건강관리, 사육, 위생관리, 미용관리, 행동상담, 장례, 유기동물의 입양, 분양관련 업무, 특수견 관리, 위탁관리, 위생관리, 핸들링(교감), 반려동물에 대한 상담과 교육 등의 업무를 수행할 수 있다. 반려동물관리사는 반려동물에 대한 종합적인 업무를 맡을 수 있는 기본 자격증으로 반려동물 분야의 직업군으로 전망이 밝은 자격이다.

▌표 24-1▐ 반려동물관리사의 SWOT 분석

강점(Strength)	**약점**(Weakness)
• 반려동물 건강 관리 • 문제 행동 교정 보조 • 반려동물 스트레스 감소 • 반려동물 복지 향상 • 반려동물과 보호자 상호교감 증대 • 보호자 지도 교육 가능 • 다양한 진로 선택 가능	• 반려동물 생리학, 반려동물행동학, 동물질병학에 대한 다학제적 전문지식 습득 필요 • 풍부한 임상 경험 필요 • 동물간호복지사, 애견미용사, 애견훈련사, 도그워커 등의 세부 전문 인력 배출 • 전문가로 특성화된 직업 창출에 노력 필요
기회(Opportunity)	**위협**(Threat)
• 반려동물 사육 인구 증가 • 동물복지 요구 증대 • 반려동물 관리에 대한 필요성 증대 • 반려동물과 보호자 상호교감 필요성 증대 • 반려동물에 대한 스트레스 감소 요구 증대 • 보호자의 반려동물 관련 학습 욕구 증대	• 반려동물 관리역할에 대한 제도화 필요 • 맹견에 대한 관리 방안 등 정부 주도 반려동물 규제에 대한 분위기 증대 • 세부 전문 인력 배출 증대로 경쟁 심화

▌표 24-2▐ 반려동물관리사의 진로

직 장	활동 내용
반려동물관리센터	반려동물 관리 위탁 책임자
동물행동상담센터	반려동물 관리에 의한 반려동물의 심리 안정 유도
반려동물 유통 시설	반려동물 관리 전문 스텝으로 건강한 반려동물 유통에 기여
반려동물 장묘 시설	반려동물 관리 전문 스텝으로 장묘 절차와 진행 담당
애견 카페, 애견유치원	반려동물 관리 전문 스텝
동물병원	반려동물 관리 전문 스텝
유기동물보호센터	반려동물 관리 전문 스텝으로 유기동물의 심리 안정과 입양 희망 방문자들의 심리 안정 유도
방문관리	가정 방문하여 반려동물 관리 및 보호자 교육
교육 강의 및 컨설팅	반려동물 관리에 관한 특강 및 교육 프로그램 운영. 동물병원 및 펫샵 등의 반려동물 관리 시설 컨설팅 업무
진학	동물매개치료 및 동물행동상담 관련 대학원 진학

II

펫헬스테라피의 이해

학습목표
1. 펫헬스테라피 정의를 알 수 있다.
2. 펫헬스테라피 용어를 비교 정리할 수 있다.

1. 펫헬스테라피 정의

펫헬스테라피(pet health therapy)는 반려동물인 개와 고양이의 건강 증진을 위한 테라피를 수행할 수 있는 자격을 한국동물매개심리치료학회에서 취득하여 수행하는 요법을 말한다.

펫헬스테라피(pet health therapy)는 반려동물인 개와 고양이의 건강 증진을 위해 실시하는 1) 펫아로마테라피, 2) 펫푸드테라피, 3) 펫마사지, 4) 펫요가, 5) 펫뮤직테라피, 6) 펫하이드로테라피와 같은 요법들이다.

▌표 24-3▐ 펫헬스테라피의 구성

1. 펫아로마테라피(Pet Aroma Therapy)
2. 펫푸드테라피(Pet Food Therapy)
3. 펫마사지(Pet Massage)
4. 펫요가(Pet Yoga)
5. 펫뮤직테라피(Pet Music Therapy)
6. 펫하이드로테라피(Pet Hydrotherapy)

2. 용어의 정의

펫헬스테라피(pet health therapy)는 반려동물인 개와 고양이의 건강 증진을 위한 보완대체의학적 요법들을 말한다. 구성 요법들로는 1) 펫아로마테라피, 2) 펫푸드테라피, 3) 펫마사지,

4) 펫요가, 5) 펫뮤직테라피, 6) 펫하이드로테라피가 있으며 이들에서 사용되는 용어에 대하여 미리 학습하여 숙지할 필요가 있다.

1) 아로마테라피(Aromtherapy)

아로마테라피의 역사를 보면 아주 오랜 고대로부터 중국, 이집트, 인도, 그리스 등에서 행해져 왔다.

아로마테라피라는 용어가 쓰이게 된 것은 20세기에 들어선 후의 일로 1920년대 프랑스의 과학자인 '르네 드 가트포스(Rene M. Gattefosse)'는 가족이 운영하는 향수공장에서 향수를 만들었다. 그는 향수를 만들 때 인공 향보다는 식물의 자연 추출물을 첨가했을 때 그 향수가 더 잘 팔리고 있다는 것을 깨닫고 실험을 하다가 화상을 입었다. 응급상황에서 마침 옆에 있던 라벤더 오일에 손을 담갔는데, 그 회복 속도에 놀라 에센셜 오일에 대한 연구를 하면서 그러한 명칭이 지어지게 됐다고 한다. 아로마테라피라는 용어는 화학자이자 향수 제작자인 프랑스의 '르네 모리스 가트포세'가 1928년에 처음 사용하면서 알려지게 되었다. 즉, '르네 모리스 가트포세'가 심하게 데인 손에 라벤더 오일을 발라 주자 상처가 빠르고 깨끗하게 치유되는 걸 보고 아로마테라피의 치료적 효능을 우연히 발견하였다. 그 후 1차 세계대전 중에 군인들을 대상으로 한 연구를 바탕으로 아로마테라피(1937년)란 책의 제목으로 출판되면서 현재 사용하는 아로마테라피 용어가 공식적으로 사용하게 되었다.

'르네 모리스 가트포세'의 제자였던 '마가렛 모리' 여사(Madame Marguerite Maury)는 피부 재생과 노화방지에 관심을 가지고, 영국에 이러한 내용을 전하며 뷰티 아로마테라피를 널리 보급했다. 그래서 아로마테라피의 본고장으로 알려진 두 나라 중 프랑스는 메디컬 영역으로, 영국은 뷰티영역으로 각각 아로마테라피를 발전시키고 전문화 시켰다.

에센셜 오일을 더욱 발전시킨 사람은 프랑스의 의사인 장 발네(1964년, Dr. Jean Vallet)로, 그는 2차 세계대전 중에 부상당한 군인들에 적용하여 심리치료 효과를 크게 얻었고 이런 결과들을 '아로마테라피'란 책 출판하면서 아로마테라피가 대중에게 알려지기 시작하였다.

건강증진, 질병예방, 미용 등을 목적으로 향기 나는 식물(Herbe)에서 추출한 100% 순수한 정유(Essential Oil)를 이용하는 자연 치료법이다.

아로마테라피(Aromatherapy)

- 프랑스어로 'aroma'의 뜻인 향기와 'therapy'의 치료가 결합된 단어다.
- 흔히 '향기 치료'라고 부르기도 한다.
- 아주 오랜 고대로부터 중국, 이집트, 인도, 그리스 등에서 행해져 왔다.
- 아로마테라피라는 용어는 화학자이자 향수 제작자인 프랑스의 '르네 모리스 가트포세'가 1928년에 처음 사용하면서 알려지게 되었다.

2) 에센셜오일(Essential oil)

허브 식물에서 추출된 오일들은 식물이 함유하고 있는 성분에 따라 고유의 효능을 가지며 대부분 저분자량의 탄수화수소, 알코올, 케론, 페놀알레이드 등으로 이루어져 있다. 또한 효능이 비슷한 에센셜 오일끼리 적절하게 혼합하면 효과가 배가되는 특성을 가지고 있다.

아로마테라피에서 사용되는 오일은 에센셜 오일을 사용한다. 에센셜오일이란 식물의 줄기나 뿌리 잎 등에서 추출한 향기가 있는 순수한 식물성 오일을 말한다. 이러한 향기(오일)들을 마사지, 목욕과 흡입법 등을 통해 우리 몸에 흡수되도록 하면서 심신의 건강에 도움을 주는 것이 아로마테라피다.

> **에센셜오일(Essential oil)**
> • 식물의 줄기나 뿌리 잎 등에서 추출한 향기가 있는 순수한 식물성 오일

3) 아로마 향을 구분하는 3단계

향에 대한 느낌을 나타내는 것으로 발향 순서에 따라 탑노트(top note; 상향), 미들노트(middle note; 중향), 베이스노트(base note; 하향)로 구분 되는데, 액체인 오일이 향기로 퍼질 때까지의 속도와, 방향이 지속되는지를 3단계로 구분해 놓은 것이다.

> **아로마 향 3단계**
> 탑노트, 미들노트, 베이스노트(상향, 중향, 하향)로 구분

4) 푸드테라피 (Food Therapy)

푸드테라피는 음식의 Food와 치유의 Therapy의 합성어로서 자연식으로 조리된 음식을 섭취하여 음식이 가지고 있는 다양한 성질을 이용하여 건강을 증진하는 자연치유 건강법이다.

> **푸드테라피**
> 자연식으로 조리된 음식을 이용하여 건강을 증진시키는 자연치유법

5) 요가 (yoga)

요가(산스크리트어 : yóga)는 힌두교의 종교적 · 영적 수행 방법의 하나다. 산스크리트어 요가

(Y ga)의 뜻은 다양한데 제어(Control) · 합일(Union) · 수단(Means) · 방편(Means) 등의 의미가 있다. 힌두교에서는 "요가란 실천 생활 철학에 철저함을 추구하는 것"이라고 정의하고 있다. 힌두교의 정통 육파철학 중 하나인 요가 학파의 주요 경전인 '요가 수트라'의 제일 첫머리(정확히는 두 번째 구절)에서는 요가를 "마음의 작용(心作用 · Citta-Vṛtti)의 지멸(止滅 · Nirodhaḥ)"이라고 정의하고 있다.

이와 같이 요가는 고대 인도에서 널리 행해진 종교적 실천법으로, 심신의 통일이나 훈련 등에 의하여 물질의 속박에서 자유로워지는 것을 목표로 한다. 오늘날 요가는 심신의 건강법 또는 단련법의 하나로 건강 유지를 위한 활동으로 받아들여지고 있다.

6) 음악치료(Music therapy)

음악치료자가 치료적인 상황에서 체계적으로 내담자에게 음악을 듣게 하거나 적절한 연주 행동을 하게 함으로써 개인의 신체적, 심리적, 정서적 통합과 바람직한 행동 변화를 가져오게 하는 등의 치료적 효과를 보게 하는 특수한 심리 치료법이다. 그 효과는 내담자의 기분뿐만 아니라 신체적 기능에까지도 작용하는데, 음악을 통해서 심신의 건강이 심리적 원인에 의해서 영향 받는다는 것을 이해시키고 음악의 기능을 통해 건강을 회복, 증진시키기는 것이다.

음악치료 프로그램은 개인적인 표현과 정서적 욕구를 위하여 안전한 환경과 구조를 마련한 것이어서 내담자의 고통스러운 정서를 표현하게 하고 받아 주기 위한 그릇이라 할 수 있으므로 자신을 되돌아보는 데 안정감을 가지게 하고 현실을 그대로 받아들이도록 도와준다.

7) 하이드로테라피(Hydrotherapy)

하이드로테라피(Hydrotherapy)란 물을 이용한 건강증진 및 질병치료를 이르는 말이다. 이러한 물을 이용한 질병치료가 사용된 인류의 역사는 고대로부터 시작되었다. 고대 그리스에서는 악성종양, 신경활성에 물을 사용했고 로마시대에는 황제를 비롯해 일반시민에 이르기까지 물을 이용한 치료를 널리 활용했다.

이 같은 물을 이용한 질병치료는 근대까지 이어졌으며 1950년대에 이르러 각종 질병에 물을 사용하는 것이 실제로 매우 효과적이라는 것에 구체적인 관심을 갖기 시작했다.

1960년대부터는 유럽을 중심으로 치료위주의 물 사용이 더욱 발전해 특정질병의 치료와 더불어 건강증진을 위해 물을 사용하는 하이드로테라피가 미국에서 본격적으로 발전하기 시작했다.

오늘날의 하이드로테라피는 단순히 물에 몸을 담그는 것에서 벗어나 다양한 수압 및 수류를 만드는 각종 장비를 사용한 건강증진, 의료적 처치의 병행요법, 비만완화 및 스트레스 해소에 이르기까지 광범위한 분야에 적용되고 있다.

III

펫헬스테라피 종류

학습목표
1. 펫아로마테라피, 펫푸드테라피를 이해할 수 있다.
2. 펫요가, 펫마사지에 대해 알 수 있다.
3. 펫뮤직테라피, 펫하이드로테라피를 이해할 수 있다.

1. 펫아로마테라피

1) 펫아로마테라피란?

펫아로마테라피(pet aroma therapy)는 반려동물인 개와 고양이들에게 효과가 검증된 아로마 향을 제공하여 반려동물의 건강 향상과 안정을 유도하는 요법이다.

꽃이나 나무 등 식물에서 유래하는 방향 성분(정유)을 이용하여, 반려동물에게 심신의 건강이나 심리적 안정을 증진하는 기술로 펫아로마테라피가 이용된다. 또한, 향이나 프레그랑스 캔들(향초)도 포함해 반려동물 뿐 아니라 보호자 생활에 자연의 향기를 도입해 반려동물과 보호자 둘 다의 스트레스를 해소하거나 심신을 휴식시키는 일도 포함할 수 있다.

펫아로마테라피는 펫마사지나 펫요가를 하면서 함께 수행하여 상호 시너지 효과를 얻을 수도 있다.

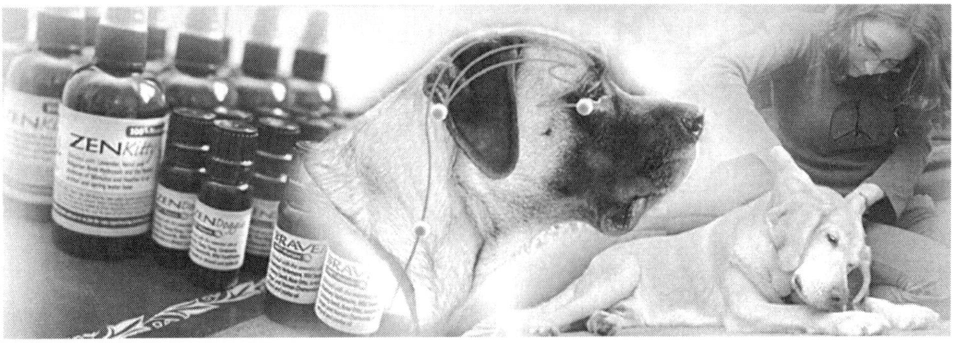

▌그림 24-1▐ 펫아로마 에센셜 오일과 작용 기전

2) 펫아로마관리사

한국동물매개심리치료학회(http://www.kaaap.org/)에서 발급하는 펫아로마관리사 자격증이 민간자격 인증을 받고 발급하고 있다.

펫아로마관리사는 아로마 향을 이용한 반려동물 심리 안정 유도와 이와 연계된 관련 업종에 적용이 가능하여 향후 반려동물의 안정감 증대와 건강을 향상 시키고 보호자와 반려동물 간의 상호 교감을 향상하여 행복한 반려동물 문화 형성에 크게 기여할 수 있는 이색 직업으로 주목을 받고 있다. 아로마 향은 반려동물의 흥분 감소, 수면 유도 효과, 진정 효과를 유도할 수 있으며 보호자에게도 동일한 효과를 유도할 수 있다.

▌표 24-4▐ 펫아로마관리사의 SWOT 분석

강점(Strength)	**약점**(Weakness)
• 반려동물 문제 행동 교정 보조 • 반려동물 스트레스 감소 • 반려동물 복지 향상 • 반려동물과 보호자 상호교감 증대 • 보호자 지도 교육 가능 • 펫아로마센터 운영 가능 • 펫마사지, 펫뮤직테라피와 시너지 가능 • 다양한 진로 선택 가능	• 아로마, 반려동물 생리학, 반려동물행동학, 동물 질병학에 대한 다학제적 전문지식 습득 필요 • 풍부한 임상 경험 필요 • 치유효과 유도가 간접적으로 오랜 시간 필요 • 보조적 요법으로 인식되어 전문가로 특성화된 직업 창출에 노력 필요
기회(Opportunity)	**위협**(Threat)
• 반려동물 사육 인구 증가 • 대체요법에 대한 인식 증가 • 동물복지 요구 증대 • 반려동물과 보호자 상호교감 필요성 증대 • 반려동물에 대한 스트레스 감소 요구 증대 • 보호자의 반려동물 관련 학습 욕구 증대	• 펫아로마테라피 담당 역할에 대한 제도화 필요

▌표 24-5▐ 펫아로마관리사의 진로

직 장	활동 내용
펫아로마테라피센터	펫아로마 시술 및 관리 책임자
동물행동상담센터	펫아로마 전문 스텝으로 펫아로마에 의한 반려동물의 심리 안정 유도
펫마사지센터	펫아로마 전문 스텝으로 펫마사지 효과에 펫아로마 시술을 병합하여 시너지 효과 유도
펫뮤직테라피센터	펫아로마 전문 스텝으로 펫뮤직테라피 효과에 펫아로마 시술을 병합하여 시너지 효과 유도
애견 카페, 애견유치원	펫아로마 전문 스텝
동물병원	펫아로마 전문 스텝
유기동물보호센터	펫아로마 전문 스텝으로 유기동물의 심리 안정과 입양 희망 방문자들의 심리 안정 유도

직 장	활동 내용
방문관리	가정 방문하여 펫아로마 시술 및 보호자 교육
교육 강의 및 컨설팅	펫아로마에 관한 특강 및 교육 프로그램 운영. 동물병원 및 펫샵 등의 펫아로마 시설 컨설팅 업무
진학	동물매개치료 및 동물행동상담 관련 대학원 진학

❀ 펫아로마관리사란?

펫아로마관리사는 한국동물매개심리치료학회(http://www.kaaap.org/)에서 발급하는 펫아로마관리사 자격증을 취득한 자로서, 반려동물인 개와 고양이들에게 효과가 검증된 아로마 향을 제공하여 반려동물의 건강 향상과 안정을 유도시키며 아로마 향을 이용하여 반려동물과 보호자 둘 다의 스트레스를 해소하거나 심신을 휴식시키는 일을 설계하고 시술하는 전문가이다.

펫아로마테라피는 펫마사지나 펫요가, 펫뮤직테라피를 하면서 함께 병행 수행하여 시너지 효과를 얻을 수도 있다. 펫아로마테라피의 이러한 병행 용이성은 독자적인 전문센터 활동 이외에도 애견 카페, 동물병원 등의 다양한 분야에서 적용이 가능하다.

– 한국동물매개심리치료학회(www.kaaap.org) –

2. 펫푸드테라피

1) 펫푸드테라피란?

펫푸드테라피(pet food therapy)는 반려동물인 개와 고양이들에게 주는 자연 식이와 음식을 통하여 반려동물의 건강을 회복하거나 증진시키는 것이다. 이미 효과가 검증된 자연 식이나 음식을 이용하여, 반려동물에게 심신의 건강을 향상시키는 기술로 펫푸드테라피가 이용된다.

펫푸드테라피에 이용되는 자연식이나 음식은 그 효과가 과학적으로 반려동물에서 입증된 것을 활용하여야 한다.

▌그림 24-2▐ 펫푸드테라피 관련 서적과 원료

3. 펫요가

1) 펫요가란?

펫요가(pet yoga)는 반려동물인 개와 고양이들과 요가를 보호자가 함께 하는 것으로, 펫 요가를 통하여 반려동물의 적절한 운동과 신체 재활, 적절한 자극의 제공을 통하여 반려동물의 건강 향상에 크게 기여할 수 있다.

또한, 보호자와 반려동물이 공동으로 요가 자세를 구현하게 되어 보호자의 성취감 제공과 활동 과정에 스킨십을 제공하여 반려동물들이 사람들과 사회화가 촉진되며, 공격적 성향을 갖지 않도록 하기위한 예방 효과도 유도할 수 있다.

펫요가는 반려동물들의 건강에 유익한 효과가 있을 뿐 아니라, 보호자들의 정신건강 향상과 반려동물과의 반려감 상승에도 큰 도움을 준다.

펫요가는 펫아로마테라피, 펫마사지, 펫뮤직테라피를 함께 병행 수행하여 시너지 효과를 얻을 수도 있다.

요가 자세는 여러 가지 어려운 동작을 취해야 하는 경우가 발생하여 고난이도 요가 자세는 동물학대 문제가 발생할 수 있다. 따라서 펫요가는 동물복지 가이드라인을 철저히 준수하면서 반려동물과 함께하는 즐거운 교감활동으로 수행되어야 한다.

[출처] http://www.irishdogs.ie/

▌그림 24-3▐ 펫요가 클래스

2) 펫요가지도사

한국동물매개심리치료학회(http://www.kaaap.org/)에서 발급하는 펫요가지도사 자격증이 민간자격 인증을 받고 발급하고 있다.

국내의 펫요가는 향후 반려동물의 건강을 향상 시키고 보호자와 반려동물간의 행복하고 즐거운 경험을 공유하게 하여 건전한 반려동물 문화 형성에 크게 기여할 수 있는 이색 직업으로 주목을 받고 있다.

▌표 24-6▐ 펫요가지도사의 SWOT 분석

강점(Strength)	**약점**(Weakness)
• 반려동물과 즐거운 놀이 활동 • 반려동물 스트레스 감소 • 반려동물 복지 향상 • 반려동물과 보호자 상호교감 증대 • 보호자 지도 교육 가능 • 펫요가센터 운영 가능 • 펫아로마테라피, 펫마사지, 펫뮤직테라피와 시너지 가능 • 다양한 진로 선택 가능	• 과도한 요가 자세는 동물학대로 분류됨 • 동물복지 가이드라인 준수 필요 • 요가, 반려동물 생리학, 반려동물행동학, 동물질병학에 대한 다학제적 전문지식 습득 필요 • 풍부한 임상 경험 필요 • 요가에 대한 전문 지식 필요
기회(Opportunity)	**위협**(Threat)
• 반려동물 사육 인구 증가 • 대체요법에 대한 인식 증가 • 반려동물과 보호자 상호교감 필요성 증대 • 반려동물에 대한 스트레스 감소 요구 증대 • 보호자의 반려동물 관련 학습 욕구 증대	• 펫요가지도사 담당 역할에 대한 제도화 필요

▌표 24-7▐ 펫요가지도사의 진로

직 장	활동 내용
펫요가센터	펫요가 시술 및 관리 책임자
애견 카페, 애견유치원	펫요가 전문 스텝
방문관리	가정 방문하여 펫요가 시술 및 보호자 교육
교육 강의 및 컨설팅	펫요가에 관한 특강 및 교육 프로그램 운영
진학	동물매개치료 및 동물행동상담 관련 대학원 진학

❃ 펫요가지도사란?
펫요가지도사는 한국동물매개심리치료학회(http://www.kaaap.org/)에서 발급하는 펫요가지도사 자격증을 취득한 자로서, 반려동물인 개와 고양이들과 요가를 보호자가 함께 할 수 있도록 지도하여 반려동물의 적절한 운동과 신체 재활, 적절한 자극의 제공을 할 수 있도록 프로그램을 설계하고 지도하는 전문가이다.
펫요가는 펫아로마테라피, 펫마사지, 펫뮤직테라피를 함께 병행 수행하여 시너지 효과를 얻을 수도 있다. 요가 자세는 여러 가지 어려운 동작을 취해야 하는 경우가 발생하여 고난이도 요가 자세는 동물학대 문제가 발생할 수 있다. 따라서 펫요가는 동물복지 가이드라인을 철저히 준수하면서 반려동물과 함께하는 즐거운 교감활동으로 수행되어야 한다.

– 한국동물매개심리치료학회(www.kaaap.org) –

4. 펫마사지

1) 펫마사지란?

펫마사지(pet massage)는 반려동물인 개와 고양이들에게 마사지를 해 주는 것으로, 펫 마사지를 통하여 반려동물에게 휴식을 줄 수 있고, 스킨십을 제공하여 반려동물들이 사람들과 사회화가 촉진되며, 공격적 성향을 갖지 않도록 하기위한 예방 효과도 유도할 수 있다.

펫마사지는 아동들에게는 반려동물들의 신체에 대한 구조를 알려주며 사람과 다른 인간들이 보호해야 하는 존재임을 가르칠 수 있다. 펫 마사지는 동물들의 건강에 유익한 효과가 있을 뿐 아니라, 보호자들의 정신건강 향상과 반려동물과의 반려감 상승에도 큰 도움을 준다.

[출처] http://petprosservices.com/

❚ 그림 24-4 ❚ 펫마사지 시술 장면

펫마사지의 주의점으로 비과학적인 과도한 마사지는 반려동물 건강을 악화시킬 수 있어 반드시 동물복지 가이드라인 준수가 필요하며 동물물리치료, 반려동물 생리학, 반려동물 해부학, 동물질병학에 대한 다학제적 전문지식 습득이 필요하다는 점이다. 적절한 마사지 처방을 계획하기 위하여 수의사와의 긴밀한 협력이 필요하다.

2) 펫마사지사

한국동물매개심리치료학회(http://www.kaaap.org/)에서 발급하는 펫 마사지사 자격증이 민간자격 인증을 받고 발급하고 있다.

국내의 펫 마사지는 향후 반려동물의 건강을 향상 시키고 보호자와 반려동물간의 상호교감을 향상하여 행복한 반려동물 문화 형성에 크게 기여할 수 있는 이색 직업으로 주목을 받고 있다.

표 24-8 펫마사지사의 SWOT 분석

강점(Strength)	**약점**(Weakness)
• 반려동물 스트레스 감소 • 반려동물 복지 향상 • 반려동물과 보호자 상호교감 증대 • 보호자 지도 교육 가능 • 펫마사지센터 운영 가능 • 펫아로마테라피, 펫요가, 펫뮤직테라피와 시너지 가능 • 다양한 진로 선택 가능	• 비과학적인 과도한 마사지는 반려동물 건강을 악화시킬 수 있음 • 동물복지 가이드라인 준수 필요 • 동물물리치료, 반려동물 생리학, 반려동물 해부학, 동물질병학에 대한 다학제적 전문지식 습득 필요 • 풍부한 임상 경험 필요 • 펫마사지에 대한 전문 지식 필요
기회(Opportunity)	**위협**(Threat)
• 반려동물 사육 인구 증가 • 대체요법에 대한 인식 증가 • 반려동물과 보호자 상호교감 필요성 증대 • 반려동물에 대한 스트레스 감소 요구 증대 • 보호자의 반려동물 관련 학습 욕구 증대	• 펫마사지사 담당 역할에 대한 제도화 필요

표 24-9 펫마사지사의 진로

직 장	활동 내용
펫마사지센터	펫마사지 시술 및 관리 책임자
동물병원	펫마사지 전문 스텝
애견 카페, 애견유치원	펫마사지 전문 스텝
방문관리	가정 방문하여 펫마사지 시술 및 보호자 교육
교육 강의 및 컨설팅	펫마사지에 관한 특강 및 교육 프로그램 운영
진학	동물매개치료 및 동물행동상담 관련 대학원 진학

> ✽ 펫마사지사란?
> 펫마사지사는 한국동물매개심리치료학회(http://www.kaaap.org/)에서 발급하는 펫마사지사 자격증을 취득한 자로서, 반려동물인 개와 고양이들에게 전문 마사지테라피를 시술하여 반려동물에게 휴식을 줄 수 있고, 스킨십을 제공하여 반려동물의 사회화 촉진 등을 유도할 수 있는 전문가이다.
> 펫마사지는 펫아로마테라피, 펫요가, 펫뮤직테라피를 함께 병행 수행하여 시너지 효과를 얻을 수도 있다. 펫마사지의 주의점으로 비과학적인 과도한 마사지는 반려동물 건강을 악화시킬 수 있어 반드시 동물복지 가이드라인 준수가 필요하다. 적절한 마사지 처방을 계획하기 위하여 수의사와의 긴밀한 협력이 필요하다.
> – 한국동물매개심리치료학회(www.kaaap.org) –

5. 펫뮤직테라피

1) 펫뮤직테라피란?

펫뮤직테라피(pet music therapy)는 반려동물인 개와 고양이들에게 음악을 들려주어 반려동물에게 심리적 안정과 휴식을 제공하는 요법이다.

이미 효과가 검증된 음악을 이용하여, 반려동물에게 심신의 건강이나 안정을 유도하는 기술로 펫뮤직테라피가 이용된다. 또한, 반려동물 뿐 아니라 보호자 생활에 음악을 도입해 반려동물과 보호자 둘 다의 스트레스를 해소하거나 심신을 휴식시키는 일도 포함할 수 있다.

펫뮤직테라피는 펫 마사지나 펫요가, 펫아로마테라피를 하면서 함께 수행하여 상호 시너지 효과를 얻을 수도 있다.

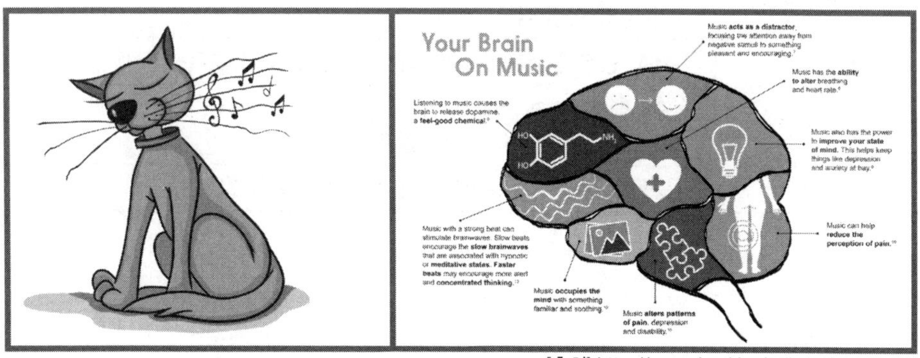

[출처] http://www.healthy-holistic-living.com/

▌그림 24-5▐ 펫뮤직테라피와 작용 기전

▌표 24-10▐ 펫뮤직테라피의 SWOT 분석

강점(Strength)	약점(Weakness)
• 반려동물 문제 행동 교정 보조 • 반려동물 스트레스 감소 • 반려동물 복지 향상 • 반려동물과 보호자 상호교감 증대 • 보호자 지도 교육 가능 • 펫뮤직테라피센터 운영 가능 • 펫요가, 펫마사지와 시너지 가능 • 다양한 진로 선택 가능	• 음악, 반려동물 생리학, 반려동물행동학, 동물 질병학에 대한 다학제적 전문지식 습득 필요 • 풍부한 임상 경험 필요 • 치유효과 유도가 간접적으로 오랜 시간 필요 • 보조적 요법으로 인식되어 전문가로 특성화된 직업 창출에 노력 필요
기회(Opportunity)	**위협**(Threat)
• 반려동물 사육 인구 증가 • 대체요법에 대한 인식 증가 • 동물복지 요구 증대 • 반려동물과 보호자 상호교감 필요성 증대 • 반려동물에 대한 스트레스 감소 요구 증대 • 보호자의 반려동물 관련 학습 욕구 증대	• 펫뮤직테라피 담당 역할에 대한 제도화 필요

▌표 24-11▐ 펫뮤직테라피 전문가(펫뮤직상담사)의 진로

직 장	활동 내용
펫뮤직테라피센터	펫뮤직테라피 시술 및 관리 책임자
동물행동상담센터	펫뮤직테라피 전문 스텝으로 펫아로마에 의한 반려동물의 심리 안정 유도
펫마사지센터	펫뮤직테라피 전문 스텝으로 펫마사지 효과에 펫아로마 시술을 병합하여 시너지 효과 유도
애견 카페, 애견유치원	펫뮤직테라피 전문 스텝
동물병원	펫뮤직테라피 전문 스텝
유기동물보호센터	펫뮤직테라피 전문 스텝으로 유기동물의 심리 안정과 입양 희망 방문자들의 심리 안정 유도
방문관리	가정 방문하여 펫뮤직테라피 시술 및 보호자 교육
교육 강의 및 컨설팅	펫뮤직테라피에 관한 특강 및 교육 프로그램 운영. 동물병원 및 펫샵 등의 펫아로마 시설 컨설팅 업무
진학	동물매개치료 및 동물행동상담 관련 대학원 진학

6. 펫하이드로테라피

1) 펫하이드로테라피란?

펫하이드로테라피(pet hydrotherapy, 수치료 : : 水治療)는 반려동물인 개와 고양이들에게 따뜻한 스파와 같은 물을 이용하여 체내의 혈액순환 및 신진대사를 촉진하고, 발한을 통해 노폐물과 독소를 제거하여 질병을 치료하는 방법을 말한다. 또한 반려동물을 수조 안의 물에서 운동을 하게 하여 근육의 피로와 재활을 도와주는 효과도 얻을 수 있다.

펫하이드로테라피는 적절한 물의 온도 조절과 운동이 가능한 크기의 수조 및 안전 장치 등의 특수 장비와 시설이 필요하기 때문에 공간과 비용이 어느 정도 확보되어 있는 기관에서 적용이 가능하다.

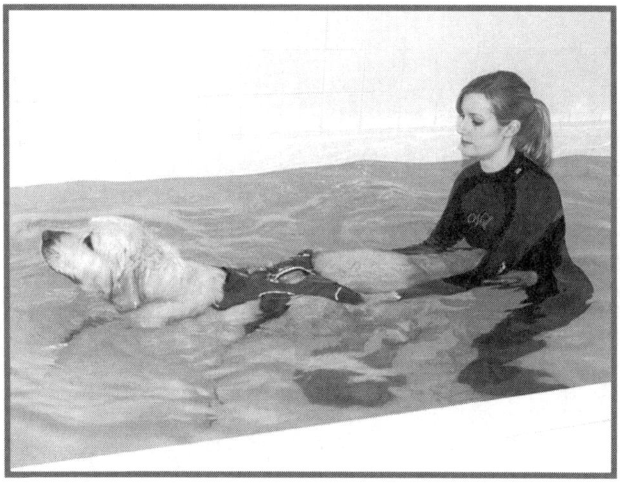

[출처] http://www.hawksmoorhydrotherapy.com/

▌그림 24-6▌ 펫하이드로테라피 센터의 시술 장면

▌표 24-12▌ 펫하이드로테라피의 SWOT 분석

강점(Strength)	**약점**(Weakness)
• 반려동물 대체요법 관심 증가 • 반려동물 복지 향상 • 반려동물과 건강 관리 관심 증가 • 펫하이드로테라피센터 운영 가능	• 동물물리치료, 반려동물 생리학, 동물질병학에 대한 다학제적 전문지식 습득 필요 • 풍부한 임상 경험 필요 • 보조적 요법으로 인식되어 전문가로 특성화된 직업 창출에 노력 필요
기회(Opportunity)	**위협**(Threat)
• 반려동물 대체요법에 대한 인식 증가 • 반려동물 사육 인구 증가 • 고령 반려동물 수의 증가	• 펫하이드로테라피 담당 역할에 대한 제도화 필요

▌표 24-13▐ 펫하이드로테라피 전문가의 진로

직 장	활동 내용
펫하이드로테라피센터	펫하이드로테라피 시술 및 관리 책임자
애견 카페	펫하이드로테라피 전문 스텝
동물병원	펫하이드로테라피 전문 스텝
진학	동물매개치료 및 동물행동상담 관련 대학원 진학

참고 문헌

1. 김옥진 외(2014). 동물행동상담학. 동일출판사.
2. 노안영(2008). 상담심리학의 이론과 실제. 학지사.
3. 이장호 외(2015). 상담심리학. 학지사.
4. 이장호(2011). 상담심리학. 박영사.
5. 이지영(2010). 상담심리학. 서울디지털대학교.
6. 애견종합관리학. 한국애견협회교육부편(2004), 신흥메드사이언스
7. 애완동물관리사 - 동물사육관리실무. 애완동물관리사시험연구회 편(2004), 양서원
8. 애완동물사육. 안재국(2005), 부민문화사
9. 애견돌보기. 편집부(2004), 21세기사
10. 애완견기르기. 조광원(1995), 삼호미디어
11. 작고 귀여운 애완동물 기르기. 윤신근(2001), 삼호미디어
12. 고양이 100배 행복하게 키우기. 박슬라(2005), 보누스
13. 고양이 종류와 선택백과. 조은옥(2004), 동학사
14. 애완동물 고양이. 김상근(2003), 충남대학교출판부
15. 관상조류. 박연진(1999), 선진문화사
16. 작은새 기르기. 김한조(1999), 삼호미디어
17. 열대어 기르기. 김희도(1999), 삼호미디어
18. 알기쉬운 물고기 질병과 대책. 임동주(1997), 마야
19. 관상조 http://my.dreamwiz.com/ardor9/main.html
20. 열대어 http://www.trofish.net/index2.html
21. 동물자원학개론. 김계웅(2003). 선진
22. 동물행동의 이해와 응용. 임신재(2005). 라이프사이언스
23. 애완동물. 강민수(2001). 선진

저자 약력

김 옥 진 서울대학교 대학원 수의학과/수의학박사
現 원광대학교 대학원 동물매개심리치료학과 학과장
現 한국동물매개심리치료학회 회장

김 현 주 서울대학교 대학원 수의학과/수의학박사
現 한국동물매개심리치료학회 윤리분과 위원장
現 서정대학교 애완동물과 교수

이 시 종 명지대학교 대학원 아동학과/박사수료
現 한국동물매개심리치료학회 상임이사
現 원광대학교 대학원 동물매개심리치료학과 외래교수

유 지 현 원광대학교 대학원 동물응용과학과/박사과정
現 국립축산과학원 기술지원과 농촌지도사

홍 선 화 원광대학교 대학원 동물응용과학과/농학박사
現 한국동물매개심리치료학회 상임이사
現 서울종합예술실용학교 애완동물 계열 교수

반려동물관리사를 위한 기본 지침서

반려동물관리학

발　　행 / 2022년 7월 25일

저　　자 / 김옥진, 김현주, 이시종,
유지현, 홍선화

펴 낸 이 / 정 창 희

펴 낸 곳 / 동일출판사

주　　소 / 서울시 강서구 곰달래로31길7 (2층)

전　　화 / (02) 2608-8250

팩　　스 / (02) 2608-8265

등록번호 / 제109-90-92166호

ISBN 978-89-381-1424-2 93520

값 / 20,000원